教育部高等学校电子信息类专业教学指导委员会规划教材

普通高等教育电子信息类专业系列教材

U0366916

现代无线通信

理论、技术与应用

刘劲 章喆 杨莘 杨永立◎编著

清华大学出版社

北京

内 容 简 介

本书集理论与实践于一体，旨在帮助读者全面掌握无线通信技术的基础知识并将其应用于实际工程实践中。

本书以新技术与基础相结合的方式，涵盖了广泛而深入的内容，包括无线信道、调制与抗衰落技术、OFDM、MIMO、组网技术、5G、B5G以及实验等内容。每部分都以清晰易懂的语言呈现，配有丰富的示例和案例，帮助读者逐步建立对无线通信系统的全面认识和深入理解。

本书可作为高等学校信息与通信工程、电子信息工程和其他相近专业的高年级本科生和研究生教材，也可作为通信工程技术人员和科研人员的参考书。

图书在版编目(CIP)数据

现代无线通信：理论、技术与应用 / 刘劲等编著. -- 北京：清华大学出版社，2025.6.
（普通高等教育电子信息类专业系列教材）. -- ISBN 978-7-302-68872-3

Ⅰ. TN92

中国国家版本馆 CIP 数据核字第 2025J2H281 号

责任编辑：曾　册
封面设计：李召霞
责任校对：刘惠林
责任印制：宋　林

出版发行：清华大学出版社
　　　网　　　址：https://www.tup.com.cn，https://www.wqxuetang.com
　　　地　　　址：北京清华大学学研大厦 A 座　　　邮　　　编：100084
　　　社 总 机：010-83470000　　　邮　　　购：010-62786544
　　　投稿与读者服务：010-62776969，c-service@tup.tsinghua.edu.cn
　　　质量反馈：010-62772015，zhiliang@tup.tsinghua.edu.cn
　　　课件下载：https://www.tup.com.cn，010-83470236
印 装 者：三河市龙大印装有限公司
经　　　销：全国新华书店
开　　　本：185mm×260mm　　　印　　　张：13　　　字　　　数：318 千字
版　　　次：2025 年 7 月第 1 版　　　印　　　次：2025 年 7 月第 1 次印刷
印　　　数：1～1500
定　　　价：59.00 元

产品编号：109299-01

前言
PREFACE

本书旨在为读者提供全面、系统的无线通信知识,帮助读者深入了解现代无线通信技术的基础理论和实践应用。在当今数字化和互联网时代,无线通信已经成为人们生活和工作中不可或缺的一部分,它不仅连接了人与人之间的沟通,也连接了人与物的交互,推动着社会的发展与进步。

本书旨在回应现代无线通信领域快速发展的需求,结合了近期的研究成果和工程实践,涵盖了无线通信领域的关键概念、基础理论和技术应用。无论您是无线通信领域的初学者,还是已经有一定工作经验的专业人士,本书都将为您提供有益的学习资源和参考资料。

在编写本书的过程中,我们深切地感受到了无线通信技术的广泛应用和深远影响。从传统的移动通信到物联网、5G、6G等新兴技术的涌现,无线通信领域呈现出了蓬勃发展的态势。而这一切的背后,是无数工程师、学者和创新者的不懈努力和持续探索。我们衷心希望本书能够为广大读者提供必要的知识储备和启发,激发更多人投身于无线通信领域的研究和实践之中。

本书共分为六部分。第一部分(第1章)讲述无线通信的基本概念、主要特点以及发展概况;第二部分(第2~4章)介绍无线信道、数字调制技术和抗衰落技术;第三部分(第5、6章)阐述正交频分复用和MIMO,二者是现代无线通信中常用的两种关键技术;第四部分(第7章)讲述了蜂窝移动通信系统的组网技术;第五部分(第8章)展示了5G、B5G关键技术,以及未来发展趋势;第六部分(第9章)介绍无线通信系统开发平台。每部分都以清晰的结构和易于理解的语言呈现,配有丰富的示例和案例,旨在帮助读者逐步建立起对无线通信系统的全面认识和深入理解。

本书第1、7章由刘劲编写,第2、3章由杨莘编写,第4、5、8、9章由章喆编写,第6章由杨永立编写,刘劲负责全书统稿。本书获得武汉科技大学研究生教材专项基金资助。

最后,我们衷心感谢所有为本书编写和出版作出贡献的人员和机构,以及所有为无线通信技术发展贡献智慧和力量的人们,特别感谢武汉易思达科技有限公司提供的XSPR软件无线电设备,助力本书顺利进行。希望本书能够成为您畅游无线通信领域的重要参考,共同见证无线通信技术在未来的辉煌发展!

由于编者水平有限,书中不免有疏漏和不当之处,恳请读者批评指正。

作　者

2024 年 11 月

目录
CONTENTS

第 1 章　无线通信概述 ··· 1

1.1　无线通信的概念与内涵 ·· 1

    1.1.1　无线通信的定义 ··· 1

    1.1.2　无线通信的特点 ··· 2

    1.1.3　无线通信系统组成 ·· 2

1.2　无线通信的发展概况 ·· 3

    1.2.1　Wi-Fi 发展历程 ··· 3

    1.2.2　蜂窝移动通信的发展简史 ······································· 4

    1.2.3　我国移动通信技术发展史 ······································· 6

    1.2.4　新一代移动通信技术的发展趋势 ································· 7

1.3　本章小结 ·· 9

第 2 章　无线信道 ·· 10

2.1　自由空间的电波传播 ··· 10

2.2　大气中的电磁波传播机制 ··· 12

    2.2.1　反射 ·· 12

    2.2.2　绕射 ·· 13

    2.2.3　散射 ·· 15

    2.2.4　大气折射 ·· 15

2.3　移动通信信道中的电波传播损耗特性 ··································· 16

2.4　多径传播特性 ··· 18

    2.4.1　多普勒频移 ·· 18

    2.4.2　多径接收信号的统计特性 ······································· 18

    2.4.3　衰落信号幅度的特征量 ··· 21

2.5　描述多径衰落信道的主要参数 ··· 23

    2.5.1　时延扩展和相关带宽 ··· 23

    2.5.2　多普勒扩展和相干时间 ··· 26

    2.5.3　角度扩展和相关距离 ··· 28

    2.5.4　多径衰落信道的分类 ··· 29

2.6　阴影衰落 ·· 30

2.7 电波传播损耗预测模型 ································· 31
　　2.7.1 地形环境分类 ································· 31
　　2.7.2 室外大尺度传播模型 ······················· 32
　　2.7.3 室内传播模型 ······························· 34
2.8 本章小结 ··· 35

第3章 数字调制技术 ····································· 36

3.1 数字调制概述 ····································· 36
　　3.1.1 数字调制基本理论 ························· 36
　　3.1.2 移动通信对数字调制的要求 ················· 37
　　3.1.3 数字调制的性能指标 ······················· 37
　　3.1.4 常用的数字调制技术 ······················· 38
　　3.1.5 数字调制信号的矢量图表示 ················· 39
3.2 信号成形 ··· 39
3.3 线性调制技术 ····································· 41
　　3.3.1 二进制相移键控(2PSK) ····················· 41
　　3.3.2 正交相移键控(QPSK) ······················· 43
　　3.3.3 偏移 QPSK ································· 46
　　3.3.4 π/4-QPSK ································· 47
3.4 恒包络调制技术 ··································· 49
　　3.4.1 相位连续的 FSK ··························· 49
　　3.4.2 最小频移键控(MSK) ······················· 51
　　3.4.3 高斯最小频移键控(GMSK) ··················· 52
3.5 多进制调制技术 ··································· 54
　　3.5.1 M 进制相移键控(MPSK) ····················· 54
　　3.5.2 正交振幅调制(QAM) ······················· 55
3.6 本章小结 ··· 57

第4章 抗衰落技术 ····································· 58

4.1 分集技术 ··· 58
　　4.1.1 分集的基本原理、概念及分类 ··············· 58
　　4.1.2 微分集 ··································· 59
　　4.1.3 宏分集 ··································· 61
4.2 均衡技术 ··· 61
　　4.2.1 基本原理与分类 ··························· 62
　　4.2.2 线性均衡 ································· 63
　　4.2.3 自适应均衡 ······························· 65
4.3 交织技术 ··· 69
　　4.3.1 分组交织与去交织 ························· 70

　　　4.3.2　卷积交织与去交织 ·············· 71
　4.4　本章小结 ······················· 71

第5章　正交频分复用技术 ·················· 72
　5.1　引言 ························· 72
　5.2　OFDM 技术基本原理 ················· 72
　5.3　循环前缀 ······················ 75
　5.4　OFDM 同步技术 ··················· 75
　　　5.4.1　定时同步 ··················· 76
　　　5.4.2　载波频率同步 ················· 80
　5.5　信道估计 ······················ 83
　　　5.5.1　基于导频的信道估计 ············· 84
　　　5.5.2　基于最小均方误差的信道估计 ········· 85
　　　5.5.3　基于深度学习的信道估计 ··········· 86
　5.6　OFDM 峰均功率比抑制技术 ············· 87
　　　5.6.1　峰均功率比定义 ················ 87
　　　5.6.2　典型的 PAPR 抑制技术 ············ 89
　5.7　OFDM 技术应用及演进 ··············· 93
　　　5.7.1　OFDMA ··················· 93
　　　5.7.2　SC-FDMA ·················· 94
　5.8　本章小结 ······················ 96

第6章　MIMO 无线通信系统基本原理 ············ 97
　6.1　确定性信道容量 ··················· 97
　　　6.1.1　SISO 信道及其容量分析 ··········· 97
　　　6.1.2　SIMO 信道及其容量分析 ··········· 99
　　　6.1.3　MISO 信道及其容量分析 ·········· 100
　　　6.1.4　MIMO 信道及其容量分析 ·········· 101
　6.2　衰落信道及相关容量 ················ 107
　　　6.2.1　多径衰落信道 ················ 107
　　　6.2.2　中断容量 ·················· 109
　　　6.2.3　遍历容量 ·················· 113
　　　6.2.4　自由空间视距通信 ·············· 115
　　　6.2.5　信道状态信息的获取 ············· 117
　6.3　多用户 MIMO 和大规模 MIMO ·········· 118
　6.4　MIMO-OFDM ··················· 120
　6.5　本章小结 ····················· 122

第7章　组网技术基础 ··················· 123
　7.1　移动通信网络的基本概念 ············· 123

7.1.1 空中网络 ………………………………………………………………… 123

7.1.2 地面网络 ………………………………………………………………… 124

7.2 移动通信环境下的干扰 …………………………………………………………… 125

7.2.1 同频干扰 ………………………………………………………………… 125

7.2.2 邻频干扰 ………………………………………………………………… 126

7.2.3 互调干扰 ………………………………………………………………… 126

7.2.4 阻塞干扰 ………………………………………………………………… 127

7.2.5 远近效应 ………………………………………………………………… 127

7.3 区域覆盖和信道配置 ……………………………………………………………… 128

7.3.1 区域覆盖 ………………………………………………………………… 128

7.3.2 信道分配 ………………………………………………………………… 134

7.4 蜂窝系统容量提升方法 …………………………………………………………… 136

7.4.1 频率复用 ………………………………………………………………… 136

7.4.2 小区分裂 ………………………………………………………………… 138

7.4.3 小区扇区化 ……………………………………………………………… 139

7.4.4 覆盖区域逼近方法 ……………………………………………………… 140

7.5 多信道共用技术 …………………………………………………………………… 141

7.5.1 话务量与呼损 …………………………………………………………… 142

7.5.2 多信道共用的容量和信道利用率 ……………………………………… 144

7.6 基本网络结构 ……………………………………………………………………… 145

7.7 移动性管理 ………………………………………………………………………… 147

7.7.1 系统的位置更新过程 …………………………………………………… 147

7.7.2 越区切换 ………………………………………………………………… 148

7.7.3 5G 通信网络中的移动性管理策略 …………………………………… 150

7.8 本章小结 …………………………………………………………………………… 151

第 8 章 5G、B5G 关键技术 …………………………………………………………… 152

8.1 5G 概念、愿景需求 ………………………………………………………………… 152

8.1.1 5G 典型应用场景 ……………………………………………………… 152

8.1.2 5G 关键性能指标 ……………………………………………………… 154

8.1.3 5G 频谱规划 …………………………………………………………… 155

8.2 5G NR 系统物理层关键技术 ……………………………………………………… 155

8.2.1 NR 帧结构 ……………………………………………………………… 155

8.2.2 毫米波技术 ……………………………………………………………… 157

8.2.3 大规模 MIMO 技术 …………………………………………………… 159

8.3 5G 网络架构及部署 ……………………………………………………………… 162

8.3.1 基于服务的 5G 网络架构 ……………………………………………… 162

8.3.2 5G 网络部署 …………………………………………………………… 163

8.4 5G 技术的应用 …………………………………………………………………… 165

8.4.1 云 VR/AR ……………………………………………………………… 165

8.4.2 车联网 V2X ･･････････････････････････････ 167

8.4.3 工业 4.0 ･･･････････････････････････････ 168

8.4.4 智慧城市 ･･･････････････････････････････ 169

8.5 B5G 技术展望 ･････････････････････････････････ 170

8.5.1 同频同时全双工技术 ･････････････････････････ 170

8.5.2 非正交多址技术 ･･････････････････････････ 171

8.5.3 智能超表面 ･････････････････････････････ 173

8.5.4 通信感知一体化 ･･････････････････････････ 174

8.5.5 空天地海一体化组网技术 ･･････････････････････ 175

8.6 本章小结 ･･････････････････････････････････ 176

第 9 章 无线通信系统开发平台及实验教程 ･･･････････････････････ 177

9.1 XSRP 软件无线电设备 ･･･････････････････････････ 177

9.1.1 数字基带部分 ･･･････････････････････････ 178

9.1.2 宽带射频部分 ･･･････････････････････････ 179

9.1.3 集成开发软件 ･･･････････････････････････ 179

9.2 衰落信道实验 ･･･････････････････････････････ 180

9.2.1 实验目的 ･･･････････････････････････････ 180

9.2.2 实验设备 ･･･････････････････････････････ 180

9.2.3 实验步骤 ･･･････････････････････････････ 180

9.2.4 实验记录 ･･･････････････････････････････ 183

9.2.5 实验结果分析 ･･･････････････････････････ 184

9.3 GMSK 调制解调实验 ･･･････････････････････････ 184

9.3.1 实验目的 ･･･････････････････････････････ 184

9.3.2 实验设备 ･･･････････････････････････････ 184

9.3.3 实验步骤 ･･･････････････････････････････ 184

9.3.4 实验记录 ･･･････････････････････････････ 188

9.4 AT 指令及其应用实验 ･･･････････････････････････ 189

9.4.1 实验目的 ･･･････････････････････････････ 189

9.4.2 实验设备 ･･･････････････････････････････ 189

9.4.3 实验原理 ･･･････････････････････････････ 189

9.4.4 实验步骤 ･･･････････････････････････････ 190

9.4.5 实验记录 ･･･････････････････････････････ 191

9.5 4G 移动终端入网与上网实验 ･･･････････････････････ 192

9.5.1 实验目的 ･･･････････････････････････････ 192

9.5.2 实验设备 ･･･････････････････････････････ 192

9.5.3 实验原理 ･･･････････････････････････････ 192

9.5.4 实验步骤 ･･･････････････････････････････ 193

9.5.5 实验记录 ･･･････････････････････････････ 194

参考文献 ･･････････････････････････････････････ 196

第1章

CHAPTER 1

无线通信概述

在当代社会,无线通信技术已经成为人们日常生活和工作中不可或缺的一部分。从最初的电话与电报,到如今的第五代(The 5th Generation,5G)移动通信系统,无线通信技术的发展已经为人们的生活带来了革命性的变化。随着无线通信技术的持续进步,人们迎来了数字化时代,通过无线通信,人们可以轻松地进行语音通话、短信发送、互联网浏览等各种交流活动。

随着第六代(The 6th Generation,6G)移动通信系统的研究和发展,无线通信技术将迎来全新的突破和机遇。6G技术预计将进一步提高通信速度和容量,为用户提供更快速、更稳定的连接体验。这将推动各种应用程序的发展,让人们能够更加便捷地享受视频流媒体、在线游戏、虚拟现实等服务。

无线通信技术不仅促进了信息传播和社会交流,还推动了各行各业的创新与发展。在医疗领域,6G技术有望实现更高效的远程医疗服务,为全球范围内的患者提供及时的医疗援助。在教育领域,6G技术将为在线学习和远程教育带来更好的网络支持,促进知识的传播和学习的普及。在商业领域,6G技术将推动企业数字化转型,实现智能制造、智能物流等领域的升级和创新。

总的来说,随着6G技术的到来,无线通信技术将迎来更广阔的发展前景和更多的应用场景。我们期待6G技术的推广和应用,为人类社会带来更先进、更便捷、更安全的通信体验,助力社会的进步与发展。

1.1 无线通信的概念与内涵

1.1.1 无线通信的定义

通信按传输媒介分类可分为有线通信和无线通信。有线通信是指通信设备传输间需要经过缆线连接,即利用架空线缆、同轴线缆、光纤等传输介质传输信息的方式。有线通信的最大优势就是抗干扰性强、稳定性高,具备一定的保密性,传输速率快;但存在施工难度大、移动性差、费用高等问题。无线通信是指不需要物理连接线的通信,即利用电磁波信号在自由空间中进行信息交换的通信方式。无线通信的最大优点是不受传输线的限制,具有一定的移动性,可以在移动状态下通过无线连接进行通信,施工难度低,成本低;但存在抗干扰能力弱、传输速率较慢、带宽有限、传输距离受限等问题。

无线通信又可分为两种:一种是固定点与固定点进行通信的固定无线通信;另一种是

固定点与移动体或移动体之间进行联系的移动无线通信,简称移动通信。近些年,信息通信领域中发展最快、应用最广的就是移动通信技术。限于篇幅,本书重点介绍代表移动通信发展方向、体现移动通信主流技术、应用范围最广的数字蜂窝移动通信技术和系统。

1.1.2　无线通信的特点

无线信道的传输特性决定了无线网络设计与有线网络设计的截然不同。随机的无线信道不是理想的传输媒介。

首先,无线频谱是稀缺资源,必须分配给不同的系统和业务使用,因此无线频谱必须由区域性和全球性的管理机构控制。工作于给定频段的区域性或全球性无线通信系统必须遵守相应管理机构对这一频段做出的种种规定。在 GHz 的频段上,无线通信器件容易做到尺寸合适、功耗适中、成本低廉,但这一频段已经拥挤不堪。而光纤传输的带宽已经可以做到THz 以上。

其次,无线信道随机多变。当信号通过电磁波在无线信道中传播时,墙壁、地面、建筑物和其他物体会对电磁波形成反射、散射和绕射,从而导致信号通过多条路径到达接收机,造成多径效应,多径效应会导致信号的衰落。如果发射机、接收机或周围的物体在运动,多径反射和衰减的变化将使接收信号经历随机波动。而在有线通信中信号传输过程中仅有衰减和噪声的干扰,接收端的信号相对稳定,没有多径效应和随机波动。无线信道的多径效应和时变特性限制了无线信道的频带利用率。

最后,由于无线电波能够全向传输的特性,导致一定区域范围内的无线信号可以相互干扰,为了克服干扰,必须把共享信道分成若干互不干扰的子信道,再分别分给各个用户,这限制了无线通信系统的容量;另外,无线电波能够全向传输的特性也使得无线通信的安全难以保证,任何人通过一部射频天线就可以轻松地截获电波。为了支持电子商务、信用卡交易这样的业务,无线网络的安全性必须进一步加强。

除了上述特性,无线通信对设备的要求也比有线通信要高。对手机的要求主要是体积小、重量轻、省电、操作简单和携带方便。对于车载台和机载台,除要求操作简单和维修方便外,还应保证在震动、冲击、高低温变化等恶劣环境中能正常工作。

从上面的论述可以看出,在数据传输速率和可靠性方面,无线网络永远无法与有线网络相媲美。但是无线网络不受连线束缚的特性,以及其组网方便迅速灵活,能应对临时突发需要的优点促使了无线通信技术在近年来飞速发展。虽然在某些方面,它与有线网络存在显著差距,但在巨大需求的驱使下,无线通信一直朝着速率更高、覆盖范围更全面、服务更便捷的方向快速发展。

1.1.3　无线通信系统组成

5G 无线通信系统的组成涉及用户设备(User Equipment,UE)、基站和核心网络,这三部分共同构成了整个 5G 网络的基础架构,为实现更快速、更稳定、更智能的无线通信服务提供了支持和保障。

首先,用户设备是 5G 系统中不可或缺的一部分。用户设备包括智能手机、平板计算机、物联网设备等,是用户与通信网络之间的主要接入点。在 5G 系统中,用户设备具有更高的处理能力和更多的连接选项,可以支持更多频段和更快的数据传输速率。同时,5G 用户设备还支持很多先进功能,如多天线技术、更复杂的调制解调器等,使得用户可以享受更流畅、更快速的通信体验。

其次,基站在5G系统中扮演着至关重要的角色。基站负责与用户设备之间的无线通信,是信息传输的桥梁。在5G系统中,基站通常称为gNB(gNodeB),具有更大的覆盖范围、更高的数据传输速率和更低的延迟。通过采用先进的波束成形技术,5G基站能够实现更精准的信号覆盖和更高的网络容量,从而提供更加稳定、高效的无线通信服务。此外,5G基站还支持灵活的部署方式,包括室内小型基站、室外宏基站以及移动基站,以满足各种环境下的通信需求。

最后,核心网络在5G系统中起着连接、管理和控制整个网络的关键作用。核心网络负责处理数据传输、用户认证、流量管理等重要功能。5G核心网络采用了云化架构,使网络更加灵活、可扩展性更强,并支持更多的应用场景,如物联网、车联网等。通过优化核心网络的架构和功能,5G系统能够实现更高效的数据传输和更智能的服务支持,为未来数字化社会的发展奠定了坚实基础。

用户设备、基站和核心网络是5G无线通信系统结构的重要组成部分,彼此紧密联系、相互配合,共同构建了一个高效、灵活、智能的5G网络。随着5G技术的不断演进和应用场景的拓展,用户设备、基站和核心网络将不断优化和升级,为人们带来更加便捷、安全、智能的无线通信体验,推动数字经济的繁荣发展。5G无线通信系统的结构不仅涉及用户设备、基站和核心网络,还包括了其他重要组成部分,如边缘计算、网络切片、虚拟化技术等。

边缘计算是指在网络边缘部署计算资源,以便更快速地处理数据和提供服务。在5G系统中,边缘计算可以降低通信延迟,实现更快速的响应和更好的用户体验。通过将计算资源靠近终端用户和物联网设备,边缘计算可以支持更多差异化的服务和应用场景。

网络切片是5G系统的另一个重要特性,它允许运营商根据业务需求和应用场景,将网络资源划分为多个独立的逻辑网络。每个网络切片都可以定制化配置,以满足各种服务的性能要求和安全需求。网络切片技术使得5G系统更加灵活、高效,可以同时支持多种应用,如智能城市、工业自动化等。

此外,虚拟化技术也在5G系统中发挥着重要作用。通过将网络功能虚拟化为软件,5G系统可以更容易地扩展和升级网络功能,减少硬件依赖性,提高网络灵活性和可管理性。虚拟化技术可以帮助运营商降低成本,加快新功能的部署速度,推动5G网络的发展和创新。

综上所述,5G无线通信系统的结构不仅包括传统的用户设备、基站和核心网络,还涉及边缘计算、网络切片、虚拟化技术等新型技术,这些技术共同构建了一个更加灵活、高效和智能的5G网络,为未来的数字化社会和物联网时代带来了更广阔的发展空间。

1.2 无线通信的发展概况

1.2.1 Wi-Fi发展历程

Wi-Fi是一种使用无线电波传输数据的技术,它允许计算机、智能手机和其他设备通过无线网络相互连接和通信。Wi-Fi的发展历史可以追溯到20世纪90年代,当时美国联邦通信委员会放开了2.4GHz频段的使用限制,使得无线局域网(Wireless Local Area

Network，WLAN)技术得以快速发展。以下是 Wi-Fi 发展的主要里程碑。

1997 年，IEEE 802.11 标准发布，该标准为 WLAN 技术的发展提供了技术支持。

1999 年，IEEE 802.11b 标准发布，支持更高的数据传输速率，最高可达 11Mbps。

2003 年，IEEE 802.11g 标准发布，最高数据传输速率可达 54Mbps，成为当时最主流的 Wi-Fi 标准。

2006 年，IEEE 802.11n 标准发布，支持更高的数据传输速率和更远的覆盖范围，最高可达 600Mbps。

2013 年，IEEE 802.11ac 标准发布，采用更高效的技术，支持更高的数据传输速率和更大的网络容量，最高可达 6.9Gbps。

2019 年，IEEE 802.11ax 标准发布，也称为 Wi-Fi 6，支持更多的设备同时连接，并提供更高的数据传输速率和更好的网络性能。

2020 年，Wi-Fi 6E 标准正式发布。Wi-Fi 6E 将频段扩展到 6GHz，提供更多的无线频谱资源，避免了与 2.4GHz 和 5GHz 频段拥挤的问题，进一步提高了网络性能和容量。

2021 年，Wi-Fi 6E 标准开始商用化并逐渐在新设备中得到应用。消费者可以通过选择支持 6E 频段的路由器和设备来获得更快速、更可靠的无线连接体验。

2022 年，IEEE 组织开始讨论和制定下一代 Wi-Fi 标准，即 802.11be，也称为 Wi-Fi 7。Wi-Fi 7 将进一步提高传输速率、降低延迟、增强安全性，并支持更多智能设备接入。

未来的 Wi-Fi 技术将更加智能化，通过人工智能和机器学习技术优化网络管理，实现自动化运维和智能化调度，提供更个性化、更高效的网络服务。Wi-Fi 和 5G 网络将更加紧密地结合，实现无缝切换和互补，为用户提供更广泛的覆盖范围和更快速的数据传输速率，推动多种场景下的数字化转型和智能化发展。

总体而言，Wi-Fi 技术在不断演进和完善中，进一步满足了人们对高速、便捷、安全的无线连接需求，成为推动数字化社会发展和智能生活的重要支撑。随着技术的不断突破和应用场景的拓展，Wi-Fi 技术将在未来继续扮演重要角色，助力人类社会进入更加互联、智能的未来。

1.2.2　蜂窝移动通信的发展简史

蜂窝移动通信发展至今，大约每十年完成一次标志性的技术革新，经历了从语音业务到高速宽带数据业务的飞跃式发展。20 世纪 80 年代初诞生了第一代(The 1st Generation，1G)移动通信系统，即蜂窝移动电话系统。1G 移动通信系统首次引入蜂窝网(即小区制)的概念，实现了频谱资源的空分复用，且采用频分多址接入(Frequency Division Multiple Access，FDMA)技术，提高了系统容量。它以模拟信号进行数据的传输，支持语音业务。其主要代表是美国贝尔实验室研制的先进移动电话系统(Advanced Mobile Phone System，AMPS)、欧洲的全址接入通信系统(Total Access Communication System，TACS)和北欧移动电话(Nordic Mobile Telephony，NMT)。1G 移动通信系统在商业上取得了巨大的成功，但是采用模拟信号进行数据传输的弊端也日益凸显，包括频谱利用率低、业务种类有限、传输速率低、保密性差以及设备成本高等。

为了解决模拟系统中存在的根本性技术缺陷，1991 年，第二代(The 2nd Generation，2G)移动通信系统即数字移动通信技术应运而生。2G 移动通信系统采用时分多址接入(Time

Division Multiple Access，TDMA)，并采用数字调制技术。它的系统容量、保密性和语音通话质量大幅提升，因而在商业上取得巨大成功。其主要代表是欧洲的全球移动通信系统(Global System for Mobile Communication，GSM)和北美的先进数字移动电话系统(Digital-Advanced Mobile Phone System，DAMPS)。GSM 首次使全球范围的漫游成为可能，被广泛接受。由于 2G 移动通信系统以传输语音和低速率数据业务为目的，因此也称为窄带数字通信系统。为了解决中速数据传输问题，在 GSM 的基础上又出现了通用分组无线服务(General Packet Radio Service，GPRS)技术和增强型数据速率 GMS 演进(Enhanced Data for GSM Evolution，EDGE)技术。这一阶段的移动通信均以语音以及中低速数据业务为主。

随着网络的发展，数据和多媒体业务飞速发展。2001 年，以数字多媒体移动通信为目的的第三代(The 3rd Generation，3G)移动通信系统进入商用阶段。3G 移动通信系统采用更先进的码分多址(Code Division Multiple Access，CDMA)技术，并在更高频段使用更大的系统带宽进行数据发送，因而其数据传输速率得到进一步提升。其主要代表是北美的 CDMA2000、欧洲和日本提出的宽带码分多址(Wideband Code Division Multiple Access，WCDMA)移动通信系统、中国的时分同步的码分多址(Time Division-Synchronization Code Division Multiple Access，TD-SCDMA)技术。1998 年底移动通信发展最有影响力的组织之一第三代合作伙伴项目(The 3rd Generation Partnership Project，3GPP)成立。在 3GPP 的牵头下，WCDMA 系统逐渐演进成高速下行分组接入(High Speed Downlink Packet Access，HSDPA)和高速上行分组接入(High Speed Uplink Packet Access，HSUPA)系统，其峰值速率可以达到下行 14.4Mbps 和上行 5.8Mbps。而后又进一步发展为增强型高速分组接入(High-Speed Packet Access＋，HSPA＋)技术，其峰值速率可以达到下行 42Mbps 和上行 22Mbps，该系统目前仍广泛应用于现有的移动通信系统中。

2011 年，3GPP 发布了第四代(The 4th Generation，4G)移动通信系统，即宽带数据移动互联网通信技术。4G 移动通信系统基于扁平化网络架构设计，在 3G 的长期演进(Long Term Evolution，LTE)基础上进行升级。LTE 系统采用正交频分多址(Orthogonal Frequency-Division Multiple Access，OFDMA)、自适应调制编码和多天线等关键技术，提高了频谱效率，上/下行峰值速率达到 50Mbps/100Mbps。4G 技术也称为高级国际移动通信(Advanced International Mobile Telecommunications，IMT-Adanved)。在 LTE 的基础上进一步采用了载波聚合(Carrier Aggregation，CA)、中继和多点协同传输(Coordinated Multiple Point，CoMP)技术，使上/下行峰值速率达到 500Mbps/1Gbps。其主要代表是以时分双工(Time Division Duplexing)/频分双工(Frequency Division Duplexing，FDD)的高级长期演进(Long Term Evolution Advanced，LTE-A)技术。

移动通信的持续快速增长已经是一种不可抵挡的潮流和定律。近年来，泛在的智能终端、多样的新型业务、物联网的广泛使用，对蜂窝移动通信系统提出了极致速率、超低时延、超高可靠、支持海量连接的新要求。基于新的业务和用户需求，以及应用场景，4G 及其前代技术都难以满足这些需求，5G 应运而生。

与前四代技术仅提供人与人之间的宽带移动通信不同，5G 作为面向 2020 年以后人类信息社会需求的移动通信系统，将渗透到物联网等领域，与工业设施、医疗器械、交通运输等深度融合，全面实行万物互联，有效满足工业、医疗、交通等垂直行业的信息化服务需要。它除了支持传统的人人通信外,还将支持大规模机器类的通信,成为推动国民经济和社会发展,促进产业转型升级的重要动力。在世界范围内,已经涌现出多个组织和机构对 5G 开展了积极的研究工作。比如,中国的国际移动通信(International Mobile Telecommunications,IMT)2020(5G)推进组、欧盟的 2020 信息社会的移动与无线通信推动者和 5G 公私合资合作联盟、韩国的 5G Forum、日本的无线工业及商贸联合会、北美的一些高校和由运营商主导的下一代移动网络联盟。5G 将渗透到未来社会生活的各个领域,以用户为中心构建全方位的信息生态系统。它将能为用户提供光纤般的接入速率,"零"时延的使用体验;支持千亿设备的连接能力,超高流量密度、超高连接数密度和超高移动性等多场景的一致服务,业务及用户感知的智能优化;同时将为网络带来超百倍的能效提升和超百倍的比特成本降低,实现"信息随心至,万物触手及"的愿景。

6G 所具备的卫星网络将会增强联网设备的传输能力,即使是偏远的山村、矿山、海底等复杂环境都能收到信号,对于偏远地区的建设有重要实用价值。此外,对于自然灾害预测、救援搜救、卫星定位、自动驾驶领域将会有变革作用,同时物联网、虚拟现实、全息技术、智慧医疗也将迎来新的助推力。2018 年,芬兰开始研究 6G 相关技术。2019 年 3 月 15 日,美国联邦通信委员会一致投票通过开放"太赫兹波"频谱的决定,以期其有朝一日被用于 6G 服务。2024 年 2 月 26 日,世界移动通信大会期间,美国、澳大利亚、加拿大、捷克共和国、芬兰、法国、日本、韩国、瑞典和英国就 6G 无线通信系统研发的共同原则达成一致。

1.2.3　我国移动通信技术发展史

自从有了移动通信,人类就装上了"千里眼"和"顺风耳"。1G 有了,人们可以在走动中通信,2G 实现了移动通信的覆盖,3G 带领人们走入宽带时代,4G 让宽带体验更加顺畅,5G 则让万物互联成为现实,峰值速率可达 10Gbps 以上,曾经 100s 才能完成的下载如今只需短短 1s。

我国在移动通信领域经历了"1G 空白、2G 追随、3G 突破、4G 赶超、5G 引领"的快速变迁过程。一步步走来,不但产业研发能力显著增强,形成了完整的产业链,而且成为国际标准的制定者。

中国移动通信的发展历史可以追溯到 20 世纪 80 年代初。

改革开放初期(20 世纪 80 年代初):在改革开放的背景下,中国开始探索引入移动通信技术。1987 年,中国邮电部成立了第一家移动通信公司——中国移动通信公司,并在 1987 年底在北京试运行了中国第一个模拟蜂窝移动电话网络。

数字化进程(20 世纪 90 年代):1994 年,中国启动了模拟蜂窝移动通信网升级为数字化通信网的项目,使得移动通信开始向数字化转型。同年,中国移动正式成立,成为中国大陆第一家国有移动通信运营商。

2G 时代(20 世纪 90 年代末至 21 世纪 00 年代初):在这个阶段,中国移动逐步引入CDMA 和 GSM 等 2G 技术,建设了全国性的 2G 网络。2001 年,中国正式启动了 GSM 制式的公众移动通信网建设,实现了中国移动通信技术的进一步发展。

3G 时代(21 世纪 00 年代末至 21 世纪 10 年代初):随着技术的进一步发展,中国移动积极推进 3G 技术的引入和发展。2009 年,中国移动率先推出 TD-SCDMA 技术的 3G 网络,并开始全国范围内的商用运营。

4G 时代(21 世纪 10 年代):中国移动继续加大对 4G 技术的推广和发展。在 2013 年启动的 4G 牌照发放后,中国移动成为中国首家推出 4G 商用服务的运营商,并在全国范围内迅速建设了高速、高质量的 4G 网络。

5G 时代(21 世纪 20 年代):中国移动积极参与全球 5G 技术标准制定,并于 2019 年获得 5G 商用牌照。随着 5G 技术的推出,中国移动在全国范围内快速部署 5G 网络,并带来了更快的速度、更低的延迟和更多的应用场景。目前,中国移动通信已经进入了 5G 时代,正持续推进移动通信技术创新和网络建设,助力中国的数字化转型和信息社会的发展。

6G 时代(预计在 21 世纪 30 年代):自 2018 年,中国已经着手研究 6G。2023 年 12 月 5 日,中国 6G 推进组首次对外发布了 6G 核心方案,预计 2030 年实现商用。2024 年 1 月,工业和信息化部等七部门发布关于推动未来产业创新发展的实施意见。其中提出:前瞻布局 6G、卫星互联网、手机直连卫星等关键技术研究,构建高速泛在、集成互联、智能绿色、安全高效的新型数字基础设施。引导重大科技基础设施服务未来产业、深化设施、设备和数据共享,加速前沿技术转化应用。推进新一代信息技术向交通、能源、水利等传统基础设施融合赋能,发展公路数字经济,加快基础设施数字化转型。2 月 3 日,搭载中国移动星载基站和核心网设备的两颗天地一体低轨试验卫星成功发射入轨。其中,"中国移动 01 星"搭载支持 5G 天地一体演进技术的星载基站,是全球首颗可验证 5G 天地一体演进技术的星上信号处理试验卫星;"'星核'验证星"搭载业界首个采用 6G 理念设计、具备在轨业务能力的星载核心网系统,是全球首颗 6G 架构验证星。3 月 26 日,市场监管总局会同中央网信办、国家发展改革委等 18 部门联合印发《贯彻实施〈国家标准化发展纲要〉行动计划(2024—2025 年)》,就 2024—2025 年贯彻实施《国家标准化发展纲要》提出具体任务。开展 6G、区块链、分布式数字身份分发等核心标准研究。

通过中国移动通信的发展历程可以看出,中国在科技实力上稳步提升。这与社会主义制度密不可分。

科技实力稳步提升。中国移动通信的发展可以追溯到 20 世纪 80 年代初,从最初的模拟蜂窝移动通信技术逐步升级到数字化、2G、3G、4G、5G 和 6G 等先进通信技术。中国移动在 3G、4G 和 5G 技术上取得了重要突破,并积极参与 6G 标准的制定和部署。这些进展彰显了中国在移动通信领域的创新能力和技术实力的提升。

中国特色社会主义制度优势显著。中国政府在移动通信发展中起到了积极的推动和引导作用。中国政府高度重视信息通信技术在国家经济社会发展中的战略地位,并采取了一系列政策措施来支持和促进移动通信行业的发展。同时,中国政府还为移动通信企业提供了有利的经营环境和投资条件,鼓励企业进行技术创新和市场竞争。这种政府支持和市场机制相结合的社会制度优势,为中国移动通信的快速发展提供了坚实的基础。

综上所述,中国移动通信的发展证明了中国科技实力的提升和中国特色社会主义制度的优越性。中国政府的政策支持和市场机制的作用,以及中国企业在技术创新和市场竞争中的表现,都彰显了中国的科技进步和合理有效的社会制度。这些因素共同推动了中国移动通信行业的迅猛发展,在全球范围内赢得了丰硕的成果。

1.2.4 新一代移动通信技术的发展趋势

随着科技的不断进步,人们对于移动通信技术的需求也在不断增长。未来的 6G 移动通信技术将会成为下一个革命性的突破,带来更快速、更可靠、更智能的通信体验。关于 6G

的发展趋势包括以下几方面。

超高速传输：6G 将实现比 5G 更快的数据传输速度。目前 5G 技术已经为人们带来了前所未有的快速数据传输体验，但是随着数据需求的增加和应用场景的多样化，6G 将进一步提升传输速度，实现更高效的数据交换。这将使用户可以更快地下载和上传大文件、流畅地观看高清视频以及享受云游戏等服务。

超低延迟：6G 将大幅降低通信的延迟。低延迟是实现实时互动应用的关键，尤其对于虚拟现实、增强现实、远程医疗、自动驾驶等领域至关重要。通过采用更先进的通信技术和网络架构，6G 将使这些应用能够更加流畅地运行，为用户带来更真实、更沉浸的体验。

物联网的整合：6G 将更好地整合物联网设备。未来，大量的物联网设备将被广泛部署，从智能家居到智慧城市，各种设备将相互连接并共同工作。6G 将提供更广泛的覆盖范围、更高效的连接方式以及更强大的网络容量，支持各种智能设备之间的互联互通，推动物联网技术的发展和普及。

人工智能（Artificial Intelligence，AI）驱动的智能网络：6G 将更多地采用人工智能技术来优化网络管理和资源分配。通过结合人工智能算法，6G 网络可以更智能地预测和调整网络流量、优化信号覆盖和资源利用效率，并快速适应不断变化的网络环境。这将使网络管理更加智能化，提高网络性能和用户体验。

安全与隐私保护：随着移动通信技术的发展，安全和隐私保护问题变得越发重要。在6G 时代，随着更多个人信息和商业数据通过网络传输，如何保障数据的安全性和隐私将是一个挑战。因此，6G 将会注重在网络设计和通信协议中融入更多的安全机制，采用加密技术、身份认证等手段来确保数据的安全传输，同时增强用户数据隐私的保护。

生态可持续性：随着人们对电子设备的依赖程度增加，电子废弃物处理和电能消耗也成为一个重要问题。在 6G 时代，将会更加注重通信技术的生态可持续性，包括减少电能消耗、推动绿色通信技术的发展、提倡循环利用旧设备等方面。通过技术创新和政策引导，6G 将致力于打造更环保、更可持续的通信网络。

总的来说，6G 移动通信技术将在未来带来更加全面的技术革新和智能化的通信体验，6G 将成为推动数字化社会发展和创新的重要引擎。通过不断探索和创新，6G 移动通信技术将改变人们的生活方式、推动产业升级和社会进步，为未来的数字化时代奠定坚实基础。

在 6G 时代，人们将迎来更加智能、高效和便捷的通信服务，各行各业也将得以获益。从自动驾驶汽车到智能工厂，从远程医疗到智慧城市，6G 技术将深刻影响和改变人们的生活和工作方式。同时，6G 的发展也将促进全球数字经济的发展，推动科技创新和产业竞争力的提升。

然而，随着技术的不断演进，人们也需要认识到潜在的挑战与风险。如网络安全、隐私保护、数据治理等问题需要得到足够重视和有效解决；此外，数字鸿沟、技术壁垒等问题也需要关注和解决。因此，在 6G 时代，除了不断推动技术创新，还需要建立健全的法律法规和政策框架，促进产业合作和国际标准制定，共同应对挑战，确保 6G 技术的可持续发展和社会效益的最大化。

总而言之，6G 移动通信技术的发展趋势将是多方面的、全面的，将引领人类进入一个更加智能、连接和可持续的数字化时代。随着技术的不断突破和应用场景的扩展，有理由期待6G 技术为人类社会带来更广阔的发展空间和更美好的未来。

1.3　本章小结

本章简要介绍了无线通信的定义、特点以及系统组成。首先,对无线通信进行了概念界定,并介绍了它在现代通信中的重要性;其次,探讨了无线通信的特点,包括频谱资源稀缺、信道多变、全向传输等特性;再次,回顾了 Wi-Fi 和蜂窝移动通信的发展历程,从早期的技术发展到如今的普及应用,展示了无线通信技术的演进过程;最后,对未来移动通信新技术进行了展望,展示了移动通信领域的潜力和前景。本章内容为后续章节的学习奠定了基础,为读者进一步理解无线通信提供了必要的背景知识。

第 2 章

CHAPTER 2

无 线 信 道

无线传播环境在无线通信系统中起着重要的作用，它决定了系统的性能。在介绍无线通信其他内容之前，有必要对无线介质中的传播现象进行详细的介绍。

2.1 自由空间的电波传播

自由空间的电波传播是指天线周围为无限大真空时的电波传播，它是理想传播条件。在自由空间中，电磁波为直射波传播，不会产生反射、折射、散射等，能量也不会被障碍物所吸收。这样的传播条件只有太空中飞船或卫星之间的无线通信可以满足。

如果地面上空的大气层是各向同性的均匀介质，相对介电常数 ε_r 和相对磁导率 μ_r 都等于 1，传播路径上没有障碍物阻挡，地面反射场强可以忽略不计，在这种情况下，电波也可视作在自由空间传播。

设电磁波由一个点波源发出。点波源是最简单的电磁波源。电磁波从这个点波源向各个方向等程度辐射，它的"波前"（即所有的辐射波在其中都有相同相位的一个表面）是一个球面。这样的波源被称为各向同性辐射器。自由空间中传播的电磁波通常设为平面波，对它的处理较球面波的处理更简单。

由于各向同性辐射器在各个方向上的辐射均相等，因此若要得到以瓦特每平方米表示的"功率密度"，只需要将总功率除以球体的表面积即可。数学表达式为

$$P_D = \frac{P_T}{4\pi d^2} \tag{2.1}$$

式中，P_D 为功率密度（W/m^2）；P_T 为发射功率（W）；d 为波源到天线的距离（m）。

实际的天线在各个方向上的辐射并不完全相等，因此可以定义如下"天线增益"表达式：

$$G_T = \frac{P_{DA}}{P_{Dt}} \tag{2.2}$$

式中，G_T 为天线的发射增益；P_{DA} 为实际的天线在给定方向上的功率密度；P_{Dt} 为具有相同功率 P_T 的各向同性辐射器在同样距离处的功率密度。

通常，天线增益以 dBi 为单位，其中的"i"表示它是参照各向同性辐射器而得到的增益值。

考虑天线增益，式（2.1）可转化为

$$P_D = \frac{P_T G_T}{4\pi d^2} \tag{2.3}$$

接收天线获取的电磁波功率等于该点的电磁波功率密度乘以接收天线的有效面积：

$$P_R = P_D \times A_R \tag{2.4}$$

式中，A_R 为接收天线的有效面积，它与接收天线增益 G_R 满足以下关系：

$$A_R = \frac{\lambda^2}{4\pi} G_R \tag{2.5}$$

式中，$\lambda^2/4\pi$ 是各向同性天线的有效面积。

结合发送天线与接收天线的增益，接收端获取的功率为

$$P_R = P_T G_T G_R \left(\frac{\lambda}{4\pi d}\right)^2 \tag{2.6}$$

当收、发天线增益为 0dB，即 $G_R = G_T = 1$ 时，接收天线上获得的功率为

$$P_R = P_T \left(\frac{\lambda}{4\pi d}\right)^2$$

此时，可以定义自由空间传播损耗 L_{fs} 为

$$L_{fs} = \frac{P_T}{P_R} = \left(\frac{4\pi d}{\lambda}\right)^2 \tag{2.7}$$

若以分贝表示，则有

$$L_{fs} = 10\lg\left(\frac{4\pi d}{\lambda}\right)^2 = 32.45 + 20\lg d + 20\lg f \tag{2.8}$$

式中，d 是收发天线之间的距离（km）；f 是工作频率（MHz）。

需要指出的是，自由空间并不吸收电磁能量。自由空间的传播损耗是指球面波在传播过程中，随着传播距离的增大，电磁能量在扩散过程中引起的扩散损耗。从式(2.7)可以看出，电波的自由空间传播损耗与距离的平方成正比，与频率的平方亦成正比。实际上，接收天线所捕获的信号能量只是发射天线的少量发射功率，大部分能量都散失了。

另外，由于无线系统中接收功率的动态范围大，常以 dBm 或 dBW 为单位来表示：

$$P_R(\text{dBm}) = 10\lg P_R(\text{mW})$$

$$P_R(\text{dBW}) = 10\lg P_R(\text{W})$$

如果接收信号功率为 1W，可以表示成 0dBW 或 30dBm；如果接收信号功率为 1mW，则可表示成 -30dBW 或 0dBm。

例 2.1 一个发射机发射载波频率为 900MHz 的信号，输出功率为 150W，与它相连的天线增益为 10dBi。接收天线与发射天线相距 10km，并且增益为 5dBi。设信号在自由空间中传播，且系统中无损耗和不匹配现象，试计算接收机的接收功率。

解：将发射机功率转换成 dBm 的形式：

$$P_T(\text{dBm}) = 10\lg\left(\frac{P_T}{1\text{mW}}\right) = 10\lg\left(\frac{150\text{W}}{0.001\text{W}}\right) = 51.8\text{dBm}$$

路径损耗：

$$L_{fs}(\text{dB}) = 32.45 + 20\lg d + 20\lg f = 32.44 + 20\lg 10 + 20\lg 900 = 111.52\text{dB}$$

接收功率：

$$P_R = P_T + G_T + G_R - L_{fs} = 51.8 + 10 + 5 - 111.52 = -44.72\text{dBm} \approx 3.37 \times 10^{-5}\text{mW}$$

2.2　大气中的电磁波传播机制

陆地无线通信系统中影响电磁波传播的三种最基本的机制为反射、绕射和散射。除此以外,由于电磁波主要在地球表面的大气层中传播,而大气层不是均匀介质,因此还存在折射现象。下面将分别对反射、绕射、散射和折射进行介绍。

2.2.1　反射

当电磁波遇到比其波长大得多的物体时会发生反射,反射常发生于地球、建筑物和墙壁等物体的表面。电磁波发生反射时,反射界面可能是平滑的,也可能是粗糙的。界面的反射特性用反射系数 R 表征,反射系数 R 是指入射波与反射波的比值。当反射表面是平滑的,也就是理想介质表面时,会将能量全部反射回来,此时,$R = -1$,即反射波振幅与入射波振幅相同,但两者相位差为 $180°$。

无线传播环境非常复杂,通常存在多条反射信道,接收端接收的多个波束都会对平均接收功率产生影响。两径传播模型是可用于展示这种影响的最简单模型。尽管这个模型相对简单,但是在相对高的基站天线和基站用户之间可视的宏小区系统中,它提供了合理的精确

图 2.1　两径传播模型

结果。两径传播模型由发射机与接收机之间的一条直射路径和一条地面反射路径组成,如图 2.1 所示。发射天线和接收天线高度分别为 h_t 和 h_r,收发天线间距为 d,直射波传播距离为 d',反射波在到达地面之前传播的距离为 d_1,经地面反射后到达接收天线传播的距离为 d_2,入射角和反射角均为 θ。

设发射机远场中的电场是一个频率为 f_C、幅度为 E_T 的正弦波,其复数表示式为

$$\widetilde{E}_T = E_T \exp(j\omega_C t) \tag{2.9}$$

式中,$\omega_C = 2\pi f_C$。发射功率 P_T 与电场幅度的平方成正比,为 KE_T^2,K 是一个比例常数。先看直射波到达接收天线的电场,它的复相位表达式为

$$\widetilde{E}_{R,D} = \frac{E_T}{d'} \exp\left[j\omega_C\left(t - \frac{d'}{c}\right)\right] \tag{2.10}$$

式中,c 为光速。对于接收到的反射波,设在地面发生理想反射,即反射波与入射波振幅相同,相位相反,则电场的复相位表达式如下:

$$\widetilde{E}_{R,I} = \frac{E_T}{d_1 + d_2} \exp\left[j\omega_C\left(t - \frac{d_1 + d_2}{c}\right)\right] \tag{2.11}$$

总的接收电场是这两个向量之和,表达式如下:

$$\widetilde{E}_R = \frac{E_T \exp\left[j\omega_C\left(t - \frac{d'}{c}\right)\right]}{d'}\left[1 - \frac{d'}{d_1 + d_2}\exp\left[-j\omega_C\left(\frac{d_1 + d_2 - d'}{c}\right)\right]\right] \tag{2.12}$$

鉴于平均接收功率 P_R 与电场值的平方成正比,式(2.12)可扩展到带增益的有向天线,表达式如下:

$$P_R = K \, |\widetilde{E}_R|^2 = P_T G_T G_R \left(\frac{\lambda}{4\pi d'} \right)^2 \left| 1 - \frac{d'}{d_1 + d_2} \exp(-\mathrm{j}\Delta\theta) \right|^2 \qquad (2.13)$$

式中，$\Delta\theta = \omega_C (d_1 + d_2 - d')/c = 2\pi\Delta d / \lambda$，为两路信号的相位差，其中 $\Delta d = d_1 + d_2 - d'$，为直射与地面反射的路径差。

将图 2.1 中 d_2 部分路径关于反射地面对称映射，则路径差 Δd 可以写成

$$\Delta d = d_1 + d_2 - d' = \sqrt{(h_t + h_r)^2 + d^2} - \sqrt{(h_t - h_r)^2 + d^2} \qquad (2.14)$$

当收发天线间距 $d \gg h_t + h_r$ 时，可用泰勒级数将式(2.14)化简为

$$\Delta d = d_1 + d_2 - d' \approx \frac{2 h_t h_r}{d} \qquad (2.15)$$

相位差 $\Delta\theta$ 可化简为

$$\Delta\theta = \frac{2\pi\Delta d}{\lambda} = \frac{4\pi h_t h_r}{\lambda d} \qquad (2.16)$$

在 $\Delta\theta$ 很小和 $(d_1 + d_2)/d' = 1$ 的条件下，可得到

$$\left| 1 - \frac{d'}{d_1 + d_2} \exp(-\mathrm{j}\Delta\theta) \right|^2 \approx (\Delta\theta)^2 \qquad (2.17)$$

于是，

$$P_R = P_T G_T G_R \left(\frac{\lambda}{4\pi d'} \Delta\theta \right)^2 = P_T G_T G_R \frac{(h_t h_r)^2}{d^4} \qquad (2.18)$$

此处，设 $d \approx d' \approx d_1 + d_2$，即发射天线与接收天线的距离 d，可以在计算平均接收功率时替代直射距离 d'。

当收发天线距离很远（即 $d \gg \sqrt{h_t h_r}$）时，两径传播模型的平均接收功率随距离的 4 次方衰减，而式(2.6)中自由空间中的平均接收功率随距离的平方衰减，因此，两径传播模型的平均接收功率的衰减比自由空间的要快得多。另外，值得注意的是，此时平均接收功率和路径损耗与频率无关。

2.2.2　绕射

当发射机和接收机之间存在障碍物遮挡时，电磁波能够绕过障碍物传播到接收机的现象称为绕射。尽管接收机移动到障碍物的阴影区时，接收场强衰减非常迅速，但是绕射场依然存在，并常常具有足够的强度。

绕射现象可由惠更斯(Huygens)-菲涅尔原理解释。波在传播过程中，波前上的所有点都可作为产生次级波的点源，这些次级波组合起来形成传播方向上新的波前。这样次级波就可以绕过障碍物继续向前传播，绕射场的场强是围绕障碍物所有次级波的矢量和。

设障碍物与发射天线 T、接收天线 R 的相对位置如图 2.2 所示。x 表示障碍物顶点 P 到 T 和 R 连线的距离，称为菲涅尔余隙。图 2.2(a)为阻挡情况，此时余隙为负值；图 2.2(b)为非阻挡情况，此时余隙为正值。

余隙与绕射损耗的关系可用菲涅尔区解释。菲涅尔区表示从发射天线到接收天线次级波的路径长度比直接路径长度大 $n\lambda/2$ 的连续区域。图 2.3 给出了一个位于发射机和接收

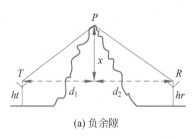 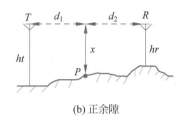

(a) 负余隙　　　　　　　　　　(b) 正余隙

图 2.2　余隙

机之间的透明平面,平面上的同心圆表示从相邻圆发出的次级波到达接收机的路径差为 $\lambda/2$,这些圆环称为菲涅尔区。第 n 个菲涅尔同心圆的半径近似为

$$x_n = \sqrt{\frac{n\lambda d_1 d_2}{d_1 + d_2}} \tag{2.19}$$

式中,λ 为波长;d_1 为发射机到平面的距离;d_2 为平面到接收机的距离。

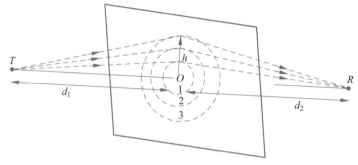

图 2.3　菲涅尔区

当 $n=1$,即最小圆时,就得到第一菲涅尔区半径,附加路径为 $\lambda/2$;对应 $n=2$ 和 $n=3$ 的圆,附加路径长度为 λ 和 $3\lambda/2$。同心圆的半径依赖平面的位置。如果平面刚好在发射机和接收机的中点,则图 2.3 中的菲涅尔区有最大的半径,当平面偏向发射机或接收机时,菲涅尔区半径减小。这说明阴影效应不仅对频率敏感,而且对障碍物在接收机和发射机之间的位置敏感。

在移动通信系统中,对次级波的阻挡产生了绕射损耗,仅有一部分能量能绕过障碍物。也就是说,障碍物使一些菲涅尔区发出的次级波被阻挡,根据障碍物的几何特征,接收能量为非阻挡菲涅尔区所贡献能量的矢量和。通常认为,在接收点处第一菲涅尔区的场强是全部场强的二分之一。

绕射损耗与菲涅尔余隙的关系如图 2.4 所示。横坐标为 x/x_1,其中 x_1 为第一菲涅尔区半径,由式(2.19)可得

$$x_1 = \sqrt{\frac{\lambda d_1 d_2}{d_1 + d_2}} \tag{2.20}$$

由图 2.4 可见,当 $x=0$ 时,障碍物顶点刚好到达 TR 直射线,附加损耗约为 6dB;当 $x<0$ 时,障碍物顶点高于 TR 直射线,损耗急剧增加;当 $x/x_1 > 0.5$ 时,附加损耗约为 0dB,说明障碍物对直射波的传播基本没有影响,因此,在选择天线高度时,根据地形尽可能使服务区各处的菲涅尔余隙 $x > 0.5x_1$。

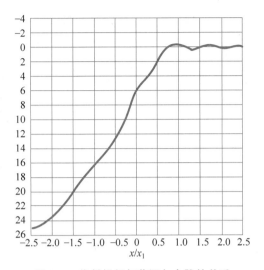

图 2.4 绕射损耗与菲涅尔余隙的关系

2.2.3 散射

当电磁波穿行的介质中存在小于波长的物体并且单位体积内障碍物的个数非常多时，会发生散射。散射使入射能量散布于各个方向，形成散射波。散射产生于粗糙表面、小物体或其他不规则物体。在实际的通信系统中，树叶、街道标志和灯柱等都会发生散射。

若电磁波入射角为 θ_i，则表面平整度参数 h_c 可定义为

$$h_c = \frac{\lambda}{8\sin\theta_i} \tag{2.21}$$

式中，λ 为入射电磁波的波长。

当平面上最大的突起高度 $h < h_c$ 时，可认为该表面是光滑的，电磁波入射后发生反射；当 $h \geqslant h_c$ 时，认为该表面是粗糙的，电磁波入射后发生散射。

2.2.4 大气折射

在实际的移动通信信道中，电磁波在低层大气中传播。而低层大气并不是均匀介质，它的温度、湿度以及气压都随时间和空间而变化，因此会产生折射现象。在不考虑传导电流和介质磁化的情况下，介质折射率 n 和相对介电系数 ε_r 的关系为

$$n = \sqrt{\varepsilon_r} \tag{2.22}$$

大气的相对介电系数与温度、湿度和气压有关。大气高度影响相对介电系数，进而影响 dn/dh。根据折射定理，电磁波传播速度 v 与大气折射率 n 成反比，即

$$v = \frac{c}{n} \tag{2.23}$$

式中，$c = 3 \times 10^8\,\mathrm{m/s}$，为光速。

当电磁波通过折射率随高度变化的大气层时，由于电磁波传播速度不断发生变化，导致电磁波传播轨迹发生弯曲，这种现象称为大气折射。大气折射的弯曲程度取决于大气折射率 n 的垂直梯度 dn/dh。

根据 dn/dh 值，电磁波传播在大气中的折射分为以下三种类型。

（1）无折射：当 dn/dh＝0，即折射率不随高度发生变化时，电磁波沿直线传播。

（2）负折射：当 dn/dh＞0，即折射率随高度升高而增大时，电磁波向远离地面的方向弯曲。

（3）正折射：当 dn/dh＜0，即折射率随高度升高而减小时，电磁波向地面方向弯曲。

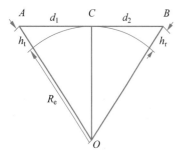

图 2.5 视距的极限传播距离

地球表面的大气折射率 n 随高度 h 的增加而减小，因此 dn/dh＜0，发生正折射。由于地球是球形，凸起的地球表面会挡住视线，两个天线之间直线传播的最大距离称为视距的极限传播距离，如图 2.5 所示。大气折射使得电磁波在传播过程中不断向地表方向弯曲，因此真实的传播距离比直线传播更远。大气折射对电磁波传播的影响，在工程上通常用"地球等效半径"来表征，即认为电磁波依然按直线方向行进，只是地球的实际半径 R_0（6370km）变成了等效半径 R_e，R_e 与 R_0 的关系为

$$k = \frac{R_e}{R_0} = \frac{1}{1 + R_0 \dfrac{dn}{dh}} \tag{2.24}$$

式中，k 称为地球等效半径系数。因为 dn/dh＜0，所以 $k>1$，$R_e>R_0$。在标准大气折射情况下，dn/dh $\approx -4 \times 10^{-8}$，此时，地球等效半径系数 $k=4/3$，地球等效半径 $R_e=8500$km。由此可知，大气折射有利于超视距的传播。

视距的极限传播距离可以根据图 2.5 进行计算。设收发天线的高度分别为 h_t 和 h_r，天线顶点的连线 AB 与地面相切 C 点，AC 和 BC 的距离分别为 d_1 和 d_2，则

$$d_1 = \sqrt{(h_t + R_e)^2 - R_e^2} \tag{2.25}$$

$$d_2 = \sqrt{(h_r + R_e)^2 - R_e^2} \tag{2.26}$$

由于地球等效半径 R_e 远远大于天线高度，则 d_1 和 d_2 可化简为

$$d_1 \approx \sqrt{2h_t R_e} \tag{2.27}$$

$$d_2 \approx \sqrt{2h_r R_e} \tag{2.28}$$

此时，视距的极限传播距离 d 可表示为

$$d = d_1 + d_2 = \sqrt{2R_e}(\sqrt{h_t} + \sqrt{h_r}) \tag{2.29}$$

将 $R_e=8500$km 代入，可得

$$d \approx 4.12(\sqrt{h_t} + \sqrt{h_r}) \tag{2.30}$$

式中，d 的单位为 km；h_t 和 h_r 的单位为 m。

2.3 移动通信信道中的电波传播损耗特性

移动通信的信道是指基站天线、移动用户天线和收发天线之间的传播路径，也就是移动通信系统面对的传播环境。无线电波在此环境下表现为 2.2 节介绍的多种主要传播方式，以及它们的合成。图 2.6 描述了一种典型的无线信号传播环境。

移动信道是时变的随机参数信道。信道参数的随机变化导致接收信号幅度和相位随机

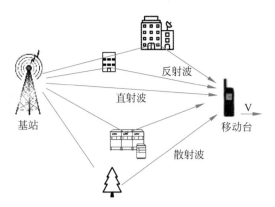

图 2.6 典型的无线信号传播环境

变化,这种现象称为衰落。无线电波在这种传播环境下受到的影响主要表现在如下多个方面:随信号传播距离变化而导致的传播损耗,即自由空间传播损耗;由于传播环境中的地形起伏、建筑物及其他障碍物电磁波的遮蔽所引起的损耗,称为阴影衰落;无线电波在传播路径上受到周围环境中地物的作用而产生的反射、绕射和散射,使得到达接收机时是从多条路径传来的多个信号的叠加,这种多径传播所引起的信号在接收端幅度、相位和到达时间的随机变化将导致严重的衰落,即多径衰落。以陆地为例,接收信号功率表达式如下:

$$P(d) = L(d) \times S(d) \times R(d) \qquad (2.31)$$

式中,d 为移动台与基站的距离。等式右侧三项对应上述三种衰落:$L(d)$ 为传播损耗,又称为路径损耗,与 d 的 n 次方成反比,n 为路径衰减因子,自由空间传播时 $n=2$,通常情况下 $n=3.5$;$S(d)$ 为阴影衰落;$R(d)$ 为多径衰落。

这三种效应表现在不同距离范围内,如图 2.7 所示为典型的实测接收信号场强。根据发送信号和信道变化速度,无线信道的衰落又可分为大尺度衰落和小尺度衰落。大尺度表征了接收信号在一定时间内的均值随传播距离和环境的变化而呈现的缓慢变化,小尺度表征了接收信号短时间内的快速波动。传播损耗和阴影衰落属于大尺度衰落,而多径衰落属于小尺度衰落。利用测试环境下移动通信信道的衰落中值公式,可以计算移动通信系统的覆盖区域。从无线系统工程的角度看,大尺度衰落主要影响无线区域的覆盖。而多径衰落是不可避免的,它严重影响信号传输质量,只能采用抗衰落技术来减小其影响。

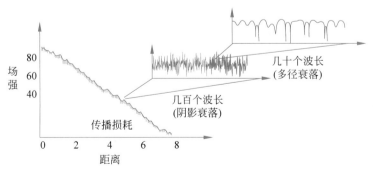

图 2.7 实测接收信号场强

2.4　多径传播特性

陆地移动信道的主要特征是多径传播。传播过程中会遇到各种建筑物、树木、植被以及起伏的地形，引起电波的反射。这样，到达移动台天线的信号不是单一路径来的，而是许多路径来的众多反射波的合成。由于电磁波通过各个路径的距离是不同的，因而各条反射波到达时间不同，相位也就不同。不同相位的多个信号在接收端叠加，有时同相叠加而增强，有时反相叠加而减弱。这样，接收信号的幅度将急剧变化，即产生了衰落，这种衰落是由多径现象所引起的，称为多径衰落。

2.4.1　多普勒频移

在移动通信中，终端的物理位置在不断地发生移动，终端的移动性会给接收波引入一个附加的频移，称为多普勒频移（Doppler Shift）。多普勒频移 f_D 的表达式如下：

$$f_D = \frac{v}{\lambda}\cos\alpha = f_m\cos\alpha \tag{2.32}$$

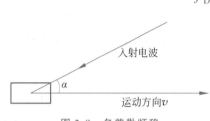

图 2.8　多普勒频移

式中，λ 是电磁波的波长；v 是终端的运动速度；α 是入射电磁波和终端运动方向的夹角；f_m 为最大多普勒频移，如图 2.8 所示。

设电磁波频率为 f_c，若 $\alpha=0$，波束到达方向与终端移动方向刚好相反，则 $f_D = v/\lambda = f_m$，即接收信号的频率增加为 $f_c + v/\lambda$；若 $\alpha=\pi$，波束到达方向与终端移动方向完全相同，则 $f_D = -v/\lambda = -f_m$，接收信号的频率减小为 $f_c - v/\lambda$。

例 2.2　如果载波 $f_0 = 1\text{GHz}$，移动台速度 $v = 100\text{km/h}$，求最大多普勒频移为多少？如果 $v = 5\text{km/h}$，最大多普勒频移又是多少？

解：载波波长 $\lambda = c/f_0 = 0.3\text{m}$

当 $v = 100\text{km/h}$，则 $f_m = v/\lambda \approx 92.6(\text{Hz})$

当 $v = 5\text{km/h}$，则 $f_m = v/\lambda \approx 4.6(\text{Hz})$

2.4.2　多径接收信号的统计特性

考虑到多普勒频移，处于运动之中的移动台的接收信号可以表示为

$$s(t) = a_0\cos(\omega_c t + 2\pi f_D t + \varphi_0) \tag{2.33}$$

式中，f_D 是多普勒频移；φ_0 为电磁波到达相位，$\varphi_0 = 2\pi l/\lambda$，其中 l 为传播路径长度。

下面分别介绍多径接收信号的三种统计分析模型。

1. 瑞利分布模型

为了便于对多径信号做出数学描述，首先给出下列条件：

（1）在发射机和接收机之间没有直射波通路；

（2）有大量反射波存在，到达接收天线的方向角是随机的，相位也是随机的，且在 $0\sim 2\pi$ 内均匀分布；

（3）各个反射波的幅度和相位都是统计独立的。

在离基站较远、反射物较多的地区,通常符合上述条件。在这种情况下,接收信号可以表示为

$$s_r(t) = \sum_{i=1}^{N} a_i \cos\left(\omega_c t + 2\pi \frac{v}{\lambda} \cos\alpha_i t + \varphi_i\right) \tag{2.34}$$

令

$$\theta_i = 2\pi \frac{v}{\lambda} \cos\alpha_i t + \varphi_i \tag{2.35}$$

则

$$s_r(t) = \sum_{i=1}^{N} a_i \cos(\omega_c t + \theta_i) = X_c(t)\cos\omega_c t - X_s(t)\sin\omega_c t \tag{2.36}$$

其中,

$$X_c(t) = \sum_{i=1}^{N} a_i \cos(\theta_i)$$

$$X_s(t) = \sum_{i=1}^{N} a_i \sin(\theta_i)$$

式中,$X_c(t)$ 和 $X_s(t)$ 分别为 $s_r(t)$ 的两个角频率相同的相互正交的分量。φ_i 为电波到达相位,α_i 为入射角,a_i 为信号幅度,它们都是随机变量。当 N 很大时,$X_c(t)$ 和 $X_s(t)$ 是大量独立随机变量之和。根据概率论中的中心极限定理,大量独立随机变量之和接近于正态分布。因而,$X_c(t)$ 和 $X_s(t)$ 是高斯随机过程。

如果 X_c 和 X_s 分别为 $X_c(t)$ 和 $X_s(t)$ 在时刻 t 时的随机变量,则 X_c 和 X_s 服从均值为零、方差为 σ_c^2 和 σ_s^2 的正态分布,概率密度为

$$p(X_c) = \frac{1}{\sqrt{2\pi}\sigma_c} \exp\left(-\frac{X_c^2}{2\sigma_c^2}\right) \tag{2.37}$$

$$p(X_s) = \frac{1}{\sqrt{2\pi}\sigma_s} \exp\left(-\frac{X_s^2}{2\sigma_s^2}\right) \tag{2.38}$$

式中,$\sigma_c = \sigma_s = \sigma^2$。

因为,$X_c(t)$ 和 $X_s(t)$ 为 $s_r(t)$ 的两个正交分量,二者互不相关,对于高斯过程,互不相关也即互相独立,所以,X_c 和 X_s 相互独立。由此可推出,X_c 和 X_s 的联合概率密度等于两者概率密度之积,即

$$p_{cs}(X_c, X_s) = p(X_c)p(X_s) = \frac{1}{2\pi\sigma^2} \exp\left(-\frac{X_c^2 + X_s^2}{2\sigma^2}\right) \tag{2.39}$$

为了求出接收信号幅度和相位的概率分布,需将式(2.39)由直角坐标形式变换成极坐标形式。可得其 r 和 θ 的联合概率密度:

$$p_{r\theta}(r, \theta) = \frac{r}{2\pi\sigma^2} \exp\left(-\frac{r^2}{2\sigma^2}\right) \tag{2.40}$$

在区间 $(0, \infty)$ 对 r 积分,可得 θ 的概率密度为

$$p_\theta(\theta) = \frac{1}{2\pi} \tag{2.41}$$

在区间$(0,2\pi)$对θ积分,可得r的概率密度为

$$p_r(r) = \frac{r}{\sigma^2}\exp\left(-\frac{r^2}{2\sigma^2}\right), r \geq 0 \tag{2.42}$$

由以上两式可知,接收多径信号的相位在$(0,2\pi)$服从均匀分布,包络服从瑞利分布。图2.9给出了相位和包络的概率密度函数曲线。

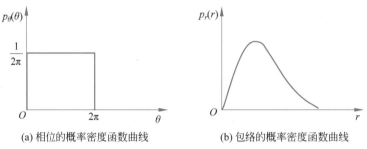

(a) 相位的概率密度函数曲线   (b) 包络的概率密度函数曲线

图2.9 瑞利分布模型的相位和包络概率密度函数曲线

瑞利信道适用于发射机和接收机之间不存在直射信号的情况,主要用于描述多径信道和多普勒频移现象。这一信道模型能够描述电离层和对流层发射的短波信道,以及建筑物密集的城市环境。

2. 莱斯分布模型

如果接收机接收的信号中除了有大量反射波以外,还有占支配地位的直射波,则此时的多径信号服从莱斯分布。莱斯分布的概率密度函数为

$$p_r(r) = \frac{r}{\sigma^2}\exp\left(-\frac{r^2+A^2}{2\sigma^2}\right)I_0\left(\frac{Ar}{\sigma^2}\right), r \geq 0, A \geq 0 \tag{2.43}$$

式中,r是衰落信号的包络,σ^2为r的方差,A为直射波幅度;$I_0(\cdot)$为零阶修正贝塞尔函数,它的数值可以查表得到,且$I_0(0)=1$。贝塞尔函数常用参数K来描述,$K=A^2/2\sigma^2$,其含义为主导信号功率与其他多径分量方差之比。K值是莱斯因子,完全决定了莱斯分布。当$A\to 0$,即无直射路径时,$K\to 0$,式(2.43)变成

$$p_r(r) = \frac{r}{\sigma^2}\exp\left[-\frac{r^2}{2\sigma^2}\right], r \geq 0 \tag{2.44}$$

此时,莱斯分布退化成瑞利分布。当直射波的功率远远大于多径分量,$K=A^2/(2\sigma^2)\gg 1$时,莱斯分布将趋近高斯分布。图2.10给出了莱斯分布的概率密度曲线。

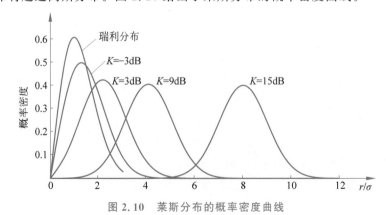

图2.10 莱斯分布的概率密度曲线

3. Nakagami-m 分布模型

瑞利分布和莱斯分布有时与实际环境下的测试数据不太吻合,因此20世纪60年代 Nakagami 提出了一种能贴近更多实验应用场景的通用信道衰落分布——Nakagami-m 分布。Nakagami-m 分布基于现场实测、曲线拟合得到。它能够向下兼容瑞利分布、莱斯分布等模型,在长距离、宽频带信道建模中广泛应用。Nakagami-m 分布的表达式为

$$p(r) = \frac{2m^m r^{2m-1}}{\Gamma(m)\Omega^m} \exp\left(-\frac{mr^2}{\Omega}\right), r \geqslant 0 \tag{2.45}$$

式中,r 是接收信号包络;$\Omega = E[r^2]$ 是接收信号的平均功率;$\Gamma(m)$ 是伽马函数,参数 m 称为 Nakagami-m 衰落的形状因子,用于描述散射环境造成的多径传播的衰落程度:

$$m = \frac{\Omega^2}{E[(r^2 - \Omega^2)]} \tag{2.46}$$

Nakagami-m 衰落通过改变参数 m 的值能够描述无衰落、轻微、中等、重度等不同程度的衰落信道,能够描述从瑞利衰落到任意莱斯因子 K 的莱斯衰落情况。当 m 为 0.5 时,Nakagami-m 衰落描述单边高斯分布;当 m 为 1 时,Nakagami-m 衰落退化为瑞利衰落;m 值越大,衰落程度越低,当 m 趋于∞时,描述无衰落的情况。

2.4.3 衰落信号幅度的特征量

在工程应用中,常用一些统计特征表示衰落信号的幅度特点。这些特征量有衰落率、电平通过率和衰落持续时间等。

1. 衰落率

衰落率是指信号包络在单位时间内以正斜率通过中值电平的次数,也就是信号包络衰落的速度。衰落率与发射频率、移动台行进速度、方向及多径传播的路径数有关。当移动台的行进方向朝着或背着电波传播方向时,衰落最快,此时,平均衰落率为

$$F_A = \frac{v}{\lambda/2} \tag{2.47}$$

式中,v 为移动台的速度;λ 为电磁波的波长。频率越高、速度越快,平均衰落率越大。

例 2.3 若一辆车以速度 $v = 100\text{km/h}$ 沿电波传播方向行驶,信号频率 $f_c = 1\text{GHz}$,则平均衰落率为

$$F_A = \frac{100 \times 1000/3600}{3 \times 10^8/(2 \times 1 \times 10^9)} \approx 185(\text{fads/s})$$

若一个人带着手机以 5km/h 沿电波传播方向行走,则平均衰落速率为

$$F_A = \frac{5 \times 1000/3600}{3 \times 10^8/(2 \times 1 \times 10^9)} \approx 9(\text{fads/s})$$

由上可知,行驶的汽车接收信号包络低于中值电平的次数约为 185 次/s,而步行的人接收信号包络低于中值电平的次数约为 9 次/s,因此移动台行进速度越快,衰落率越大。

2. 衰落深度

衰落深度是指信号的有效值与该次衰落的信号最小值的差值。观察实测信号的衰落情况可以发现,衰落速率和衰落深度有关。深度衰落发生的次数较少,而浅度衰落发生得相当频繁。例如,电场强度从 $\sqrt{2}\sigma$ 衰减 20dB 的概率约为 1%,衰减 30dB 和 40dB 的概率分别为

0.1% 和 0.01%。

3. 电平通过率

电平通过率是定量描述衰落速率和衰落深度关系的一个统计量。它是指接收信号包络在单位时间以正斜率通过某规定电平 R 的平均次数。当规定电平为信号的中值电平时,电平通过率就是衰落率,因此衰落率是电平通过率的一个特例。

电平通过率的表达式为

$$N(R) = \int_0^\infty \dot{r} p(R, \dot{r}) \mathrm{d}\dot{r} \tag{2.48}$$

式中,$\dot{r}$ 为信号包络 r 对时间的导数;$p(R, \dot{r})$ 为 R 和 $\dot{r}$ 的联合概率密度函数。

图 2.11 解释了电平通过率。R 为规定电平,在时间 T 内以正斜率通过 R 电平的次数为 4,所以电平通过率为 $4/T$。

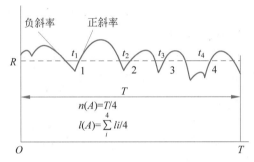

图 2.11　电平通过率

由于电平通过率是随机变量,通常用平均电平通过率来描述。对于瑞利分布可以得到

$$N(R) = \sqrt{2\pi} f_\mathrm{m} \cdot \rho \mathrm{e}^{-\rho^2} \tag{2.49}$$

式中,f_m 为最大多普勒频移;$\rho = R/\sqrt{2}\sigma = R/R_\mathrm{rms}$,信号的平均功率 $E(r^2) = \int_0^\infty r^2 p(r) \mathrm{d}r = 2\sigma^2$,$R_\mathrm{rms} = \sqrt{2}\sigma$ 为信号有效值。

4. 平均衰落持续时间

接收信号电平低于接收机门限电平时,可能造成语音中断或误比特率突然增大。因此,了解接收信号包络低于某个门限的持续时间的统计规律,就可以判断语音受影响的程度,或者确定是否会发生突发错误以及突发错误的长度,这对工程设计具有重要意义。由于每次衰落的持续时间是随机的,所以只能给出平均衰落持续时间。

平均衰落持续时间定义为信号包络低于某个给定电平值的概率与该电平值对应的电平通过率之比,可表示为

$$\tau_\mathrm{R} = \frac{P(r \leqslant R)}{N_\mathrm{R}} \tag{2.50}$$

在图 2.11 中,时间 T 内信号包络低于给定电平 R 的次数为 $N = 4$,第 i 次衰落的持续时间为 t_i,则平均衰落持续时间为

$$\tau_\mathrm{R} = \frac{1}{N} \sum_{i=1}^N t_i = (t_1 + t_2 + t_3 + t_4)/4 \tag{2.51}$$

对于瑞利衰落,可以得出平均衰落持续时间为

$$\tau_R = \frac{1}{\sqrt{2\pi} f_m \rho}(e^{\rho^2} - 1) \tag{2.52}$$

2.5　描述多径衰落信道的主要参数

移动通信信道是色散信道,电波通过移动信道后,信号在时域、频域和空间(角度)上都会产生色散,具体体现在:

(1) 时域上的时延扩展,可能发生频率选择性衰落;

(2) 频域上的频谱扩展,可能发生时间选择性衰落;

(3) 散射效应会引起角度扩展,可能发生空间选择性衰落。

通常,用功率在时间、频率以及角度上的分布描述多径信道的色散。信道在时间上的色散用功率延迟分布(Power Delay Profile,PDP)描述,在频率上的色散用多普勒功率谱密度(Doppler Power Spectral Density,DPSD)描述,在角度上的色散用功率角度谱(Power Azimuth Spectral,PAS)描述。

2.5.1　时延扩展和相关带宽

1. 时延色散参数

在多径传播环境下,发射机发送的信号会沿多条路径传播,到达接收机的时间各不相同,接收机接收的信号由这多个时延信号构成,产生时延扩展,如图 2.12 所示。

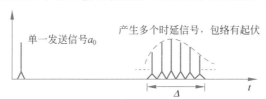

图 2.12　多径信号的时延扩展

为了考察多径信道,人们常用一些参数描述多径信道,如平均附加时延、rms 时延扩展以及附加时延扩展。这些参数可以由功率延时分布得到。功率延时分布 $P(\tau)$,又称时延谱,是由不同时延的信号分量具有的平均功率所构成的谱。图 2.13 给出了一个典型的对最强路径信号功率的归一化时延谱曲线,横坐标为时延 τ,纵坐标为功率延时分布。

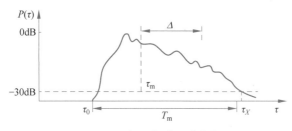

图 2.13　归一化时延谱曲线

平均附加时延 τ_m 是功率延时分布 $P(\tau)$ 的一阶原点矩,定义为

$$\tau_m = \int_0^\infty \tau P(\tau) d\tau = \frac{\sum_k a_k^2 \tau_k}{\sum_k a_k^2} = \frac{\sum_k P(\tau_k) \tau_k}{\sum_k P(\tau_k)} \tag{2.53}$$

式中,下标 k 为第 k 条多径路径;a_k 为第 k 个多径信号的幅度。

rms 时延扩展 Δ 是功率延时分布 $P(\tau)$ 的二阶中心矩,定义为

$$\Delta = \sqrt{E[\tau^2] - \tau_\mathrm{m}^2} \tag{2.54}$$

$$E[\tau^2] = \frac{\sum_k a_k^2 \tau_k^2}{\sum_k a_k^2} = \frac{\sum_k P(\tau_k)\tau_k^2}{\sum_k P(\tau_k)} \tag{2.55}$$

式中,最大附加时延扩展($X\mathrm{dB}$)T_m 定义为,多径能量从初值衰落到比最大能量低 $X\mathrm{dB}$ 处的时延。也就是说,最大附加时延定义为 $\tau_X - \tau_0$,其中 τ_0 是第一个到达信号,τ_X 是到达多径分量不低于最大分量减去 $X\mathrm{dB}$ 的最大时延值。值得注意的是,第一个到达的信号未必是最强的多径信号。由图 2.13 可以看出,最大附加时延扩展 T_m 为功率延时分布 $P(\tau)$ 下降到 $X\mathrm{dB}$ 处所对应的时延差。

以上参数中,时延扩展 Δ 是对多径信道以及多径接收信号时域特征的统计描述,表示时延扩展的程度。Δ 值越小,时延扩展越轻微;Δ 值越大,则时延扩展越严重。各个地区的时延扩展值只能由实测得到。表 2.1 给出了时延扩展的典型参数。

表 2.1　时延扩展的典型参数

参　　数	市　　区	郊　　区
平均时延(μs)	1.5～2.5	0.1～0.2
时延扩展(μs)	1.0～3.0	0.2～2.0
最大时延(−30dB)(μs)	5.0～12.0	3.0～7.0
平均时延扩展(μs)	1.3	0.5

2. 相关带宽

相关带宽是与时延扩展有关的一个重要概念。相关带宽就是指特定频率范围,在该范围内,两个频率分量有强幅度相关性。信号通过多径传播后会发生多径衰落,那么,信号中多个频率成分发生的衰落是否相同呢? 显然,这个问题的答案与信道有关。

为了简单起见,下面以两径模型为例进行分析。图 2.14 给出了两径模型的等效网络。设发射信号为 $S_\mathrm{i}(t)$,为分析方便,不计信道的固定衰减,用"1"表示直射路径,用"2"表示反射路径,其中 β 为比例常数,$\Delta(t)$ 为两条路径的时延差。接收信号 $S_\mathrm{o}(t)$ 为两条路径信号之和,可表示为

$$S_\mathrm{o}(t) = S_\mathrm{i}(t)[1 + \beta \mathrm{e}^{\mathrm{j}\omega \Delta(t)}] \tag{2.56}$$

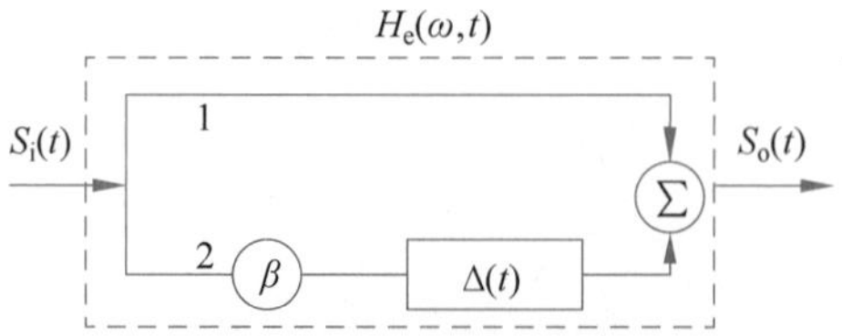

图 2.14　两径模型的等效网络

两径模型等效网络的传递函数 $H_\mathrm{e}(\omega, t)$ 为

$$H_\mathrm{e}(\omega, t) = \frac{S_\mathrm{o}(t)}{S_\mathrm{i}(t)} = 1 + \beta \mathrm{e}^{\mathrm{j}\omega \Delta(t)} \tag{2.57}$$

信道的幅频特性 $A(\omega, t)$ 为

$$A(\omega,t)=\mid H_e(\omega,t)\mid=\mid 1+\beta e^{j\omega\Delta(t)}\mid=\mid 1+\beta\cos[\omega\Delta(t)]+j\sin[\omega\Delta(t)]\mid \quad (2.58)$$

分析可知：

（1）当 $\omega\Delta(t)=2n\pi$（n 为整数）时，两径信号同相叠加，信号出现峰值；

（2）当 $\omega\Delta(t)=(2n+1)\pi$（$n$ 为整数）时，两径信号反相抵消，信号出现谷值。

图 2.15 给出了两径模型幅频特性 $A(\omega,t)$ 的曲线，可以看出，两相邻谷值之间的相位差为

$$\Delta\varphi=\Delta\omega\Delta(t)=2\pi$$

则

$$\Delta\omega=\frac{2\pi}{\Delta(t)} \quad (2.59)$$

或

$$B=\frac{\Delta\omega}{2\pi}=\frac{1}{\Delta(t)} \quad (2.60)$$

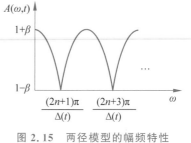

图 2.15 两径模型的幅频特性

由此可见，合成信号两相邻幅值为最小值的频率间隔与时延差 $\Delta(t)$ 成反比。实际上，移动信道中的传播路径通常不止两条，而是多条，且移动台处于运动状态，因此多径时应该用 rms 时延扩展代替时延差 $\Delta(t)$。由于 rms 时延扩展是随时间发生变化的，所以合成信号的振幅谷点和峰点在频率轴上的位置也随时间变化，使得信道的传递函数变得更加复杂，难以准确地分析相关带宽。通常的做法是先考虑两个信号包络的相关性，由大量实测数据统计得到 rms 时延扩展，再确定相关带宽。这也说明，相关带宽是信道本身的特性，与信号无关。如果相关带宽 B_c 定义为相关系数大于 0.9，则

$$B_c\approx\frac{1}{50\Delta} \quad (2.61)$$

如果将定义放宽至相关系数大于 0.5，则

$$B_c\approx\frac{1}{2\pi\Delta} \quad (2.62)$$

3. 频率选择性衰落

从图 2.15 中可以看出，两相邻谷底之间不同频率分量的衰落可能存在差别。根据衰落和频率的关系，可将衰落分为两种：频率选择性衰落和非频率选择性衰落。

频率选择性衰落是指在传输信道中，信号的衰落与频率有关。这会导致衰落信号波形发生失真。非频率选择性衰落，又称平坦衰落，是指信号经过传输信道后，各频率成分的衰落是一致性的，具有相关性，即信号的衰落与频率无关，衰落信号波形不失真。

信号传输过程中发生何种衰落由信号和信道两方面决定。当信号的带宽小于相干带宽时，发生平坦衰落；当信号的带宽大于相干带宽时，发生频率选择性衰落。在数字移动通信中，如果信号的码元速率较低，信号带宽较窄，小于相关带宽，则发生平坦衰落；如果信号的码元速率高，信号带宽宽，大于相关带宽，则发生频率选择性衰落。

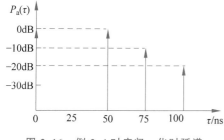

图 2.16 例 2.4 对应归一化时延谱

例 2.4 某移动环境的归一化时延谱如图 2.16 所示，试计算多径分布的平均附加时延和 rms 时延扩展。若信道相关带宽按 $B_c\approx 1/(2\pi\Delta)$ 计算，试分析带宽分别为 5MHz 和 10MHz 的信号，在

经过该信道后,是否发生频率选择性衰落?

解:总功率:$\sum P_a(\tau_k) = 1 + 1 + 0.1 + 0.01 = 2.11\text{W}$

平均附加时延:

$$\tau_m = \frac{\sum P_a(\tau_k) \cdot \tau_k}{\sum P_a(\tau_k)} = \frac{1 \times 0 + 1 \times 50 + 0.1 \times 75 + 0.01 \times 100}{2.11}$$

$$= \frac{58.5}{2.11} \approx 27.73\text{ns}$$

$$\overline{\tau^2} = \frac{\sum P_a(\tau_k) \cdot \tau_k^2}{\sum P_a(\tau_k)} = \frac{1 \times 0 + 1 \times 2500 + 0.1 \times 5625 + 0.01 \times 10\,000}{2.11}$$

$$= \frac{3162.5}{2.11} \approx 1498.82\text{ns}$$

时延扩展:$\Delta = \sqrt{\overline{\tau^2} - \tau_m^2} = \sqrt{1498.82 - 768.95} = 27.02\text{ns}$

相干带宽近似为

$$B_c \approx \frac{1}{2\pi\Delta} = \frac{1}{2 \times 3.14 \times 27.02 \times 10^{-9}} \approx 5.89 \times 10^6\text{Hz} = 5.89\text{MHz}$$

∵ 5.89MHz＞5MHz

∴ 带宽为 5MHz 的信号通过该信道后不会发生频率选择性衰落。

∵ 5.89MHz＜10MHz

∴ 带宽为 10MHz 的信号通过该信道后会发生频率选择性衰落。

2.5.2 多普勒扩展和相干时间

时延扩展和相关带宽是用于描述多径信道时间色散的两个参数。然而,它们并未提供信道时变特性的信息。这种时变特性可能由移动台与基站之间的相对运动引起,也可能由信道路径中物体的运动引起。

当信道时变时,在发送信号的过程中,信道特性可能发生变化,导致信号尾端的信道特性与信号前端的信道特性不一样,发生时间选择性衰落,造成信号失真。多普勒扩展和相干时间就是描述多径信道时变特性的两个参数。

1. 多普勒扩展

若接收信号为 N 条路径来的电波,其入射角都不尽相同,当 N 较大时,多普勒频移就成为占有一定宽度的多普勒扩展 B_D。

设发射频率为 f_c,到达移动台的信号为单个路径来的电波,其入射角为 α,则多普勒频移为 $f_D = f_m\cos\alpha$,式中,$f_m = v/\lambda$,为最大多普勒频移。

设移动台天线为全向天线,且入射角 α 服从 $0\sim2\pi$ 的均匀分布,即多径电波均匀地来自各个方向,则角度 α 到 $\alpha + d\alpha$ 之间到达的电波功率为 $\dfrac{P_{av}}{2\pi} \times |d\alpha|$,式中,$P_{av}$ 是所有到达电波的平均功率。

来自角度 α 和 $-\alpha$ 的电波引起相同的多普勒频移,使信号的频率变为

$$f = f_c + f_m \cos\alpha \tag{2.63}$$

多普勒频移 f_D 为入射角 α 的函数,当入射角从 α 变化到 $\alpha + \mathrm{d}\alpha$ 时,信号的频率从 f 变化到 $f + \mathrm{d}f$ 之间的接收信号功率为

$$S_{\mathrm{PSD}}(f) \mid \mathrm{d}f \mid = 2 \times \frac{P_{\mathrm{av}}}{2\pi} \times \mid \mathrm{d}\alpha \mid, 0 < \alpha < \pi \tag{2.64}$$

式中,$S_{\mathrm{PSD}}(f)$ 为接收信号功率谱密度。式(2.64)考虑了多普勒频移关于入射角的对称性,可得

$$S_{\mathrm{PSD}}(f) = \frac{P_{\mathrm{av}}}{\pi} \times \left| \frac{\mathrm{d}\alpha}{\mathrm{d}f} \right|, \quad 0 < \alpha < \pi \tag{2.65}$$

又

$$\sin\alpha = \sqrt{1 - \cos^2\alpha} = \sqrt{1 - \left(\frac{f - f_c}{f_m}\right)^2}$$

由式(2.63)可得

$$\mathrm{d}f = -f_m \sin\alpha \, \mathrm{d}\alpha$$

代入式(2.65)可得

$$S_{\mathrm{PSD}}(f) = \frac{P_{\mathrm{av}}}{\pi f_m} \times \frac{1}{\sqrt{1 - \left(\frac{f - f_c}{f_m}\right)^2}} \tag{2.66}$$

依据式(2.66),图 2.17 给出了多普勒效应引起的接收功率谱变化。可见,尽管发射频率为单频 f_c,但接收电波的功率谱密度 $S_{\mathrm{PSD}}(f)$ 却扩展到 $(f_c - f_m) \sim (f_c + f_m)$,这相当于单频电波在通过多径移动通信信道时受到随机调制。接收信号的这种功率谱展宽就称为多普勒扩展。如图 2.17 所示,多普勒扩展被定义为 f_m。在 $f = f_c \pm f_m$ 处出现无穷大的现象是由前述条件所致,事实上是不可能的。

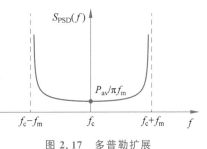

图 2.17 多普勒扩展

2. 相干时间

相干时间是信道冲激响应维持不变的时间间隔的统计平均值。也就是说,相干时间是指一段时间间隔,在此间隔内,两个到达信号具有强相关性,换句话说,在相干时间内信道特性没有明显的变化。因此相干时间表征了时变信道对信号的衰落节拍,这种衰落是由多普勒效应引起的,并且发生在传输波形的特定时间段上,即信道在时域具有选择性。由多普勒效应在时域产生的选择性衰落称为时间选择性衰落。时间选择性衰落对数字信号误码有明显的影响,为了减小这种影响,要求基带信号的码元速率远大于信道的相干时间。

时间相关函数与多普勒功率谱之间是傅里叶变换关系,由此关系可导出多普勒扩展与相干时间的关系,但推导复杂。相干时间 T_C 可近似定义为最大多普勒频移 f_m 的倒数,即

$$T_C = \frac{1}{f_m} \tag{2.67}$$

将相干时间定义为两个信号包络相关度为 0.5 时的时间间隔,则相干时间可近似为

$$T_C \approx \frac{9}{16\pi f_m} \tag{2.68}$$

显然，式(2.68)的估计要比式(2.67)更保守一些。

由相干时间的定义可知，时间间隔大于 T_C 的两个到达信号受到信道的影响各不相同。例如，移动台的移动速度为 30m/s，信道的载频为 2GHz，则相干时间约为 1ms。所以要保证信号经过信道后不会在时间轴上产生失真，就必须保证传输的符号速率大于 1kbps。

2.5.3 角度扩展和相关距离

由于无线通信中移动台和基站周围的散射环境不同，使得多天线系统中不同位置的天线经历的衰落不同，从而产生了角度色散，即空间选择性衰落。与单天线的研究不同，在对多天线的研究过程中，不仅要了解无线信道的衰落、延时等变量的统计特性，还需了解有关角度的统计特性，如到达角度和离开角度等，正是这些角度的原因才引发了空间选择性衰落。角度扩展和相关距离是描述空间选择性衰落的两个主要参数。

1. 角度扩展

角度扩展 δ 是由移动台或基站周围的本地散射体以及远端散射体引起的，它与角度功率谱 $P(\theta)$ 有关，是用来描述空间选择性衰落的重要参数。

角度功率谱是信号功率谱在角度上的分布。研究表明，角度功率谱 $P(\theta)$ 为均匀分布、截短高斯分布和截断拉普拉斯分布。

角度扩展 δ 等于角度功率谱 $P(\theta)$ 的二阶中心矩的平方根，即

$$\delta = \sqrt{\frac{\int_0^\infty (\theta - \bar{\theta})^2 P(\theta) \mathrm{d}\theta}{\int_0^\infty P(\theta) \mathrm{d}\theta}} \tag{2.69}$$

式中，θ 是来自散射体的入射电波与基站天线阵列中心和移动台阵列中心连线之间的夹角；$\bar{\theta}$ 为 θ 的平均值，表示为

$$\bar{\theta} = \frac{\int_0^\infty \theta P(\theta) \mathrm{d}\theta}{\int_0^\infty P(\theta) \mathrm{d}\theta} \tag{2.70}$$

角度扩展 δ 描述了功率谱在空间上的色散程度，可分布在 $0° \sim 360°$。角度扩展越大，表明散射越强，信号在空间的色散度越高；反之，角度扩展越小，表明散射越弱，信号在空间的色散度越低。

2. 相关距离

相关距离是信道冲激响应维持不变(或一定相关度)的空间间隔的统计平均值。在相关距离内，信号经历的衰落具有强相关性，它是空间自相关函数特有的参数，为衡量空间信号随空间相关矩阵变化提供了更直观的方法。在相关距离内，可以认为空间传输函数是平坦的，即若相邻天线的空间距离比相关距离小得多，则相应的信道就是非空间选择性信道。

当相关距离定义为两个信号包络相关度为 0.5 时的空间间隔，则可以推出相关距离近似为

$$D_C = \frac{0.187}{\delta \cos\theta} \tag{2.71}$$

相关距离除了与角度扩展有关外,还与来波到达角有关。在天线来波信号到达角相同的情况下,角度扩展越大,不同接收天线接收的信号之间的相关性就越小;反之,角度扩展越小,不同接收天线接收的信号之间的相关性就越大。同样,在角度扩展相同的情况下,来波信号的到达角越大,不同接收天线接收的信号之间的相关性就越大;反之,来波信号的到达角越小,不同接收天线接收的信号之间的相关性就越小。因此,为了保证相邻两根天线经历的衰落不相关,在弱散射下的天线间隔比在强散射下的天线间隔大一些。

2.5.4　多径衰落信道的分类

移动无线信道中的时间色散和频率色散机制可能导致 4 种效应。在多径的时延扩展引起时间色散以及频率选择性衰落的同时,多普勒扩展会引起频率色散以及时间选择性衰落,这两种传播机制彼此独立。

1. 平坦衰落和频率选择性衰落

多径特性引起的时间色散,导致发送信号产生平坦衰落或频率选择性衰落。

如果移动无线信道的带宽大于发送信号的带宽,且在带宽范围内具有恒定增益及线性相位,则接收信号会经历平坦衰落过程。在平坦衰落的情况下,信道的多径结构使发送信号的频谱特性在接收机处保持不变。然而,由于多径导致的信道增益起伏,使接收信号的强度会随着时间发生变化。

信号发生平坦衰落的条件为 $B_S \ll B_C$ 且 $T_S \gg \Delta$。其中,B_S 是信号的带宽,T_S 为信号周期(B_S 的倒数),B_C 和 Δ 分别为信道的相关带宽和 rms 时延扩展。

如果信道具有恒定增益及线性相位响应的带宽小于发送信号带宽,信号的某些频率成分会比其他分量获得更多的增益,那么该信道特性会导致接收信号产生频率选择性衰落。此时,信道冲激响应具有多径时延扩展,其值大于发送信号波形带宽的倒数,即信号周期,这样的信道会引起符号间干扰,从而产生接收信号失真。

信号发生频率选择性衰落的条件为 $B_S > B_C$ 且 $T_S < \Delta$。

通常,若 $T_S \geq 10\Delta$,该信道可认为是平坦衰落信道;若 $T_S < 10\Delta$,该信道是频率选择性衰落信道。但是,这个范围仍依赖所选择的调制类型。

2. 快衰落和慢衰落

根据发送的基带信号与信道变化速度,信道可分为快衰落信道和慢衰落信道。在快衰落信道中,信道冲激响应在符号周期内变化快,即信道的相干时间小于发送信号的信号周期。由于多普勒扩展引起频率色散(也称为时间选择性衰落),从而导致了信号失真。从频域可看出,由快衰落引起的信号失真随发送信号带宽的多普勒扩展的增加而加剧。因此,信号经历快衰落的条件是 $T_S > T_C$ 且 $B_S < B_C$。

需要注意的是,当信道被认定为快衰落或慢衰落信道时,并不能据此认定此信道为平坦衰落或频率选择性衰落信道。快衰落仅与由运动引起的信道变化有关。对于平坦衰落信道,可以将冲激响应简单近似为一个 δ 函数(无时延)。因此,平坦衰落、快衰落信道就是 δ 函数幅度的变化率快于发送基带信号变化率的一种信道。而在频率选择性衰落、快衰落信道中,任意多径分量的幅度、相位及时间变化率都快于发送信号的变化率。实际上,快衰落仅发生在数据速率非常低的情况下。

在慢衰落信道中,信道冲激响应变化率比发送的基带信号 $s(t)$ 变化率低得多。设在一个或若干带宽倒数间隔内,信道均为静态信道。在频域中,这意味着信道的多普勒扩展远小于基带信号带宽。所以信号经历慢衰落的条件是 $T_S \ll T_C$ 且 $B_S \gg B_C$。

　　显然,移动台的速度(或信道路径中物体的速度)及基带信号发送速率决定了信号是经历快衰落还是慢衰落。

　　需要强调的是,快、慢衰落涉及的是信道的时间变化率与发送信号的时间变化率之间的关系,不要与大、小尺度衰落相混淆。

2.6　阴影衰落

　　长期阴影衰落是指信号在传播路径上遇到地理障碍物如山峰,人工障碍物如建筑物、植被(高大的树林)等,而引起的传输信号的功率变化。

　　移动台在运动中通过建筑物的阴影时,就构成接收天线处场强中值的变化,从而引起衰落,称为阴影衰落。由于这种衰落的变化速率较慢,又称为慢衰落。

　　慢衰落是以较大的空间尺度(数十到数百米)来度量的衰落。它的特性由两个参数:慢衰落速率和慢衰落深度来描述。慢衰落速率主要决定于传播环境,即移动台周围地形,包括山峦起伏、建筑物的分布与高度、街道走向、基站天线的位置与高度、移动台行进速度等,而与频率无关;慢衰落深度,即接收信号局部中值电平变化的幅度,取决于信号频率与障碍物状况。

　　慢衰落的特性与环境特征密切相关,可用电场实测的方法找出其统计规律。现场实测时,将同一类地形地物环境的区域作为一个测试区,例如半径为 2km 的区域,然后再将整个测试区分成许多小的样本区,例如 20m 半径的区域,如图 2.18 所示,在每一个样本区内,测试接收信号电平,并求出其平均值。在上述例子中,这样的样本区有 10 000 个,可得到 10 000 个实测电平均值的样本。从这样得到的大量实测数据中,可求出其变化的统计规律。

　　统计分析表明,接收信号的局部均值近似服从对数正态分布,可表示为

$$f(\rho_{dB}) = \frac{1}{\sqrt{2\pi\sigma^2}} e^{-(\rho_{dB} - P_{R,dB})^2/2\sigma^2} \tag{2.72}$$

式中,P 为平均接收功率;σ 为均方差,典型值为 6~10dB。图 2.19 给出了阴影衰落的变化曲线,可以看出,阴影衰落以平均接收功率为中心上下波动。

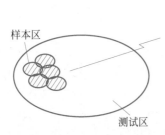

图 2.18　一个阴影衰落的测试区

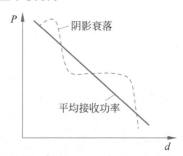

图 2.19　阴影衰落的变化曲线

2.7 电波传播损耗预测模型

设计无线通信系统时,首要的问题是在给定的条件下如何计算接收信号的场强,或接收信号中值。这样,才能进一步设计系统或设备的其他参数或指标。这些给定条件包括发射机天线高度、位置、工作频率、接收天线高度及收发射机之间的距离等。这就是电波传播的路径损耗预测问题,又称信号中值预测。

由于移动环境的复杂性和多变性,要对接收信号中值进行准确计算是相当困难的。无线通信工程的做法是,在大量场强测试的基础上,经过对数据的分析和统计处理,找出各种地形地物下的传播损耗(或接收信号场强)与距离、频率及天线高度的关系,给出传播特性的各种图表和计算公式,建立电波传播预测模型,从而能用较简单的方法预测接收信号中值。

在移动通信领域,已经建立了多种电波传播预测模型,它们是根据各种地形地物环境中的实测场强数据总结出来的,各有特点,适用于多种场合。

电波传播预测模型通常分为室外传播模型和室内传播模型,本节重点介绍室外传播模型,对室内传播模型只作简单介绍。下面首先简要介绍地形环境分类。

2.7.1 地形环境分类

1. 地形特征定义

1) 地形波动高度

地形波动高度 Δh 在平均意义上描述了电波传播路径中地形变化的程度,定义为沿通信方向,距接收地点 10km 范围内,10%高度线和90%高度线的高度差,如图 2.20 所示。

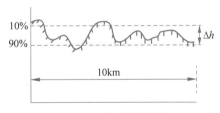

图 2.20 地形波动高度

2) 天线有效高度

移动台天线有效高度定义为移动台天线距地面的实际高度。基站天线有效高度定义为沿电波传播方向,距基站天线 3~15km 的范围内平均地面高度以上的天线高度,如图 2.21 所示。

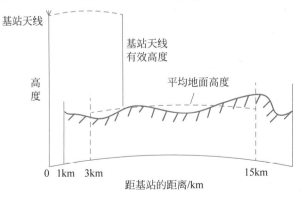

图 2.21 基站天线有效高度

2. 地形分类

从电波传播的角度考虑,地形可分为以下两大类。

准平坦地形:指该区域的地形波动高度在 20m 以内,而且起伏缓慢,地形峰顶与谷底之间距离大于地面波动高度,在以 km 计的范围内,其平均地面高度差仍在 20m 以内。

不规则地形:指除准平坦地形之外的其他地形。按其形态又可分为若干类,如丘陵地形、孤立山峰、倾斜地形、水路混合地形等。实际上,各类地形中的主要特征是地形波动高度 Δh。表 2.2 给出了各类地形中 Δh 的估计值。

表 2.2　各类地形中 Δh 的估计值

地　　形	$\Delta h/m$	地形	$\Delta h/m$
非常平坦地形	0～5	小山区	80～150
平坦地形	5～10	山区	150～300
准平坦地形	10～20	陡峭山区	300～700
小土岗式起伏地形	20～40	特别陡峭山区	≫700
丘陵地形	40～80		

3. 传播环境分类

(1) 开阔地区:在电波传播方向上没有建筑物或高大树木等障碍的开阔地带,其间可有少量的农舍等建筑。平原地区的农村属于开阔地区。在电波传播方向 300～400m 以内没有任何阻挡的小片场地,如广场也可视为开阔地区。

(2) 郊区:有 1～2 层楼房,但分布不密集,还可有小树林等。城市外围以及公路网可视为郊区。

(3) 中小城市地区:建筑物较多,有商业中心,可有高层建筑,但数量较少,街道比较宽。

(4) 大城市地区:建筑物密集、街道较窄、高层建筑较多。

2.7.2　室外大尺度传播模型

奥村(Okumura)模型是一个经典的室外大尺度传播模型。Okumura 等于 1962 年、1965 年在日本东京及其周围 100km 范围内,使用多个频率(200MHz、453MHz、922MHz、1310MHz、1430MHz 及 1920MHz)、多种天线高度、多种距离进行一系列测试,并对实测结果进行总结得出相应的曲线。Okumura 模型就是根据这些经验曲线所构成的模型。

由于查表的方式不太方便,Hata 根据 Okumura 模型中的各种图表曲线归纳出一个经验公式,称为 Hata 模型。

Hata 模型是被广泛使用的一种中值路径损耗预测的传播模型,适用于宏小区(小区半径大于 1km)的路径损耗预测。根据应用频率,Hata 模型又分为以下两种。

(1) Okumura Hata 模型,适用的频率范围为 150～1500MHz,主要用于 900MHz;

(2) COST-231 Hata 模型,是欧洲科技合作委员会(European Committee for Science and Technology Cooperation,COST)提出的将频率扩展到 2GHz 的 Hata 模型扩展版本。

目前常用的电波传播预测模型除了 Okumura Hata 模型、COST-231 Hata 模型,还有国际无线电咨询委员会(International Radio Consultative Committee,CCIR)模型、LEE 模型以及 COST-231-Walfisch-lkegami 模型等。

1. Okumura Hata 模型

Okumura Hata 模型延续了 Okumura 模型的风格,以准平坦地形的市区传播损耗为基准,其他地区在此基础上进行修正。模型应用频率为 $150\sim1500\text{MHz}$,适用于小区半径大于 1km 的宏蜂窝系统,基站有效天线高度为 $30\sim200\text{m}$,移动台有效天线高度为 $1\sim10\text{m}$。

Okumura Hata 模型中值路径损耗的经验公式为

$$L_\text{P}(\text{dB}) = 69.55 + 26.16\lg f - 13.82\lg h_\text{b} - a(h_\text{m}) +$$
$$(44.9 - 6.55\lg h_\text{b}) \times \lg d + C_\text{cell} + C_\text{terrain} \tag{2.73}$$

式中,f 为工作频率(MHz);h_b 为基站天线有效高度(m);h_m 为移动台有效天线高度(m);d 为基站天线和移动台天线之间的水平距离(km);$a(h_\text{m})$ 为移动台天线修正因子,表达式为

$$a(h_\text{m}) = \begin{cases} \text{中小城市,} & (1.11\lg f - 0.7)h_\text{m} - (1.56\lg f - 0.8) \\ \text{大城市、郊区、乡村,} & \begin{cases} 8.29(\lg 1.54h_\text{m})^2 - 1.1, & f \leqslant 300\text{MHz} \\ 3.2(\lg 11.57h_\text{m})^2 - 4.97, & f > 300\text{MHz} \end{cases} \end{cases} \tag{2.74}$$

C_cell 为小区类型校正因子:

$$C_\text{cell} = \begin{cases} 0, & \text{城市} \\ -2\left[\lg\left(\dfrac{f}{28}\right)\right]^2 - 5.4, & \text{郊区} \\ -4.78(\lg f)^2 - 18.33\lg f - 40.98, & \text{乡村} \end{cases} \tag{2.75}$$

C_terrain 为地形校正因子。地形分为水域、海、湿地、郊区开阔地、城区开阔地、绿地、树林、40m 以上高层建筑群、$20\sim40\text{m}$ 规则建筑群、20m 以下高密度建筑群、20m 以下中密度建筑群、20m 以下低密度建筑群、郊区乡镇以及城市公园。地形校正因子反映了地形环境因素对路径损耗的影响,如水域、树木、建筑等,其取值可通过传播模型的测试和校正得到。

2. COST-231 Hata 模型

COST-231 Hata 模型是 EURO-COST 组成的 COST 工作委员会开发的 Hata 模型扩展版本,应用频率为 $1500\sim2000\text{MHz}$,适用于小区半径大于 1km 的宏蜂窝系统,发射有效天线高度在 $30\sim200\text{m}$,接收有效天线高度在 $1\sim10\text{m}$。

COST-231 Hata 模型路径损耗计算的经验公式为

$$L_{50}(\text{dB}) = 46.3 + 33.9\lg f - 13.82\lg h_\text{b} - a(h_\text{m}) + (44.9 - 6.55\lg h_\text{b}) \times$$
$$\lg d + C_\text{cell} + C_\text{terrain} + C_\text{M} \tag{2.76}$$

式中,C_M 为大城市中心校正因子:

$$C_\text{M} = \begin{cases} 0\text{dB}, & \text{中等城市和郊区} \\ 3\text{dB}, & \text{大城市中心} \end{cases}$$

COST-231 Hata 模型和 Okumura Hata 模型的主要区别在于频率衰减的系数,COST-231 Hata 模型的频率衰减因子为 33.9,Okumura Hata 模型的频率衰减因子为 26.16。另外,COST-231 Hata 模型还增加了一个大城市中心校正因子 C_M,使大城市中心地区的路径损耗增加 3dB。

3. CCIR 模型

CCIR 模型给出了反映自由空间路径损耗和地形引入路径损耗联合效果的经验公式:

$$L_{50}(\text{dB}) = 69.55 + 23.16\lg f - 13.82\lg h_b - a(h_m) + (44.9 - 6.55\lg h_b) \times \lg d - B$$

$$(2.77)$$

该式为 Hata 模型在城市传播环境下的应用,其校正因子为 $B = 30 - 25\lg$(被建筑物覆盖区域的百分比)。例如,15%的区域被建筑物覆盖时:$B = 30 - 25\lg 15 \approx 0\text{dB}$。

上述常用的三种传播模型适用范围不同,计算路径损耗的方法和需要的参数也不相同。在使用时,应该根据预测点的位置、从发射机到预测点的地形地物特征、建筑物高度和分布密度、街道宽度和方向差异等因素选取适当的传播模型。如果传播模型选取不当,使用不合理,将影响路径损耗预测的准确性,并影响链路预算、干扰计算、覆盖分析和容量分析。

2.7.3 室内传播模型

室内无线信道与传统无线信道相比,具有两个特点:其一,室内覆盖面积小得多;其二,收发机间的传播环境变化更大。例如,门是打开还是关闭的、办公家具的配置、天线安置位置等都会改变室内的传播条件。研究表明,影响室内传播的主要因素是建筑物的布局、建筑材料和建筑类型等。

室内的无线传播同样受到反射、绕射、散射 3 种主要传播方式的影响,但是与室外传播环境相比,条件却不同。实验研究表明,建筑物内部接收的信号强度随楼层高度的增加而增加,在建筑物的较低层,由于都市群的原因有较大的衰减,使穿透进入建筑物的信号电平很小;在较高层,若存在视距(Line of Sight,LOS)路径,会产生较强的直射到建筑物外墙处的信号。根据美国芝加哥的测量数据,从底层到 15 层,穿透损耗以每层 1.9dB 的速率递减。因而对室内传播特性的预测,需要使用针对性更强的模型,更高楼层的穿透损耗会因相邻建筑物阴影效应而增加。

电波在室内的传播要区分两种情况。若发射点和接收点同处一室且中间无阻挡,相距仅数米或数十米,属于直射传播,此时的场强可按自由空间计算。由于墙壁等物的反射,室内场强会随地点起伏。用户持手机移动时也会使接收信号产生衰落,但衰落速度很慢,多径时延在数十纳秒,最大时延扩展为 $100 \sim 200\text{ns}$,对信号传输产生的影响很小。

若发射点和接收点虽在同一建筑物内,但不在同一房间,则情况要复杂得多,这时要考虑下列各种损耗。

1. 同楼层的分隔损耗

如果发射点和接收点在同一楼层的两个房间内,要考虑分隔损耗。居民住所和办公用户中有多个分隔和阻挡体。有些分隔是建筑物结构的一部分,称为硬分隔;有的分隔是可移动的,且未伸展到天花板,称为软分隔。分隔的物理和电气特性变化大,对特定室内设置应用通用模型是相当困难的。

2. 楼层的分隔损耗

建筑物楼层间损耗由该建筑物外部尺寸、材料,楼层和周围建筑物的结构类型等因素确定,建筑物窗子的数量、面积,窗玻璃有无金属膜,建筑物墙面有无涂料等都会影响楼层间损耗。

研究表明,室内路径损耗与对数正态阴影衰落的公式相似,其表达式如下:

$$L_M = L_M(d_0) + 10n_E \lg\left(\frac{d}{d_0}\right) + X_\sigma \tag{2.78}$$

式中，n_E 与周围环境和建筑物类型有关；d_0 为参考点与发射机之间距离；X_σ 代表用 dB 表示的正态随机变量；标准方差为 σ。

当考虑楼层的影响时，室内路径损耗的表达式为

$$L_M = L_M(d_0) + 10n_{SF}\lg\left(\frac{d}{d_0}\right) + \mathrm{FAF} \tag{2.79}$$

式中，n_{SF} 表示同一楼层的路径损耗因子测量值；FAF 是楼层衰减因子，它与建筑物类型和障碍物类型有关。

2.8 本章小结

本章首先介绍了自由空间中电波的传播方式，并深入剖析了电波在大气中的传播机制，包括反射、绕射、散射和大气折射；然后重点讨论了移动通信信道中的多径传播特性，包括多普勒频移和信号的统计特性，以及描述多径衰落信道的关键参数；此外，还介绍了阴影衰落和电波传播损耗的预测模型，为无线网络规划和优化提供了理论基础。

第 3 章

数字调制技术

无线信道属于带通信道，信源产生的或经过信源、信道编码的基带信号不适宜直接在无线信道中传输。无线通信系统中广泛采用调制技术将处于低频段的基带信号调制到某一高频率的载波上，再通过天线辐射出去。由于移动通信中无线电波恶劣的传播环境影响，寻求具有良好的抗干扰、抗衰落能力和高频带利用率的调制技术，一直是研究的重要课题。

3.1 数字调制概述

3.1.1 数字调制基本理论

广义的调制可以分为基带调制和带通调制（也称载波调制）。基带调制只改变信号的波形，不进行频谱搬移；带通调制则通过载波将信号的频谱搬移到目的频带。无论是基带调制还是带通调制，目的都是使信号的特性与信道的特性相匹配，能够更好地通过信道，从而得到更有效、更可靠的传输。无线通信系统中的调制属于带通调制。在大多数场合中，将调制仅作狭义的理解，即常将带通调制简称调制。

带通调制通常需要一个已知的周期性波形作载波，把基带数字信号调制到这个载波上，使载波的一个或多个变量（振幅、频率和相位）携带基带数字信号的信息，并且使已调信号的频谱位置适合在给定的带通信道中传输。

正弦波形是常用的载波，可表示为

$$s(t) = A\cos(\omega_0 t + \theta) \tag{3.1}$$

或

$$s(t) = A\cos(2\pi f_0 t + \theta) \tag{3.2}$$

式中，A 为载波的振幅（V）；ω_0 为角频率（rad/s）；f_0 为频率（Hz）；θ 为初始相位（rad）。

正弦载波一共有三个变量：振幅 A、频率 f_0（或角频率 ω_0）和初始相位 θ。这三个变量都可以独立地被调制，对应三种基本的数字调制制度：振幅调制、频率调制和相位调制。对于二进制基带数字信号，上述三种调制分别称为幅移键控（Amplitude Shift Keying，ASK）、频移键控（Frequency Shift Keying，FSK）和相移键控（Phase Shift Keying，PSK），它们的已调信号波形如图 3.1 所示。在这三种基本调制制度的基础上，为了得到更好更实用的调制效果，不断出现新的更复杂的调制制度。

根据已调信号频谱结构的特点，调制可以分为线性调制和非线性调制。线性调制的已调信号频谱结构和原基带信号的频谱结构基本相同，仅频谱位置在频率轴上发生了平移，如

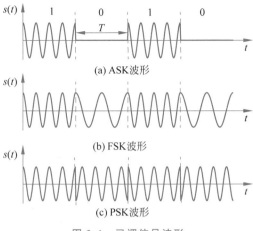

图 3.1　已调信号波形

2ASK；非线性调制的已调信号不仅发生了频谱搬移，而且频谱结构和原基带信号的频谱结构完全不同，会产生许多新的频率分量，如 2FSK。此外，根据已调信号包络是否恒定，调制还可以分为恒包络调制和非恒包络调制。从图 3.1 可以看出，2ASK 为非恒包络调制，2FSK 和 2PSK 为恒包络调制。

3.1.2　移动通信对数字调制的要求

在移动通信中，由于信号传播的条件恶劣和快衰落的影响，接收信号的幅度会发生急剧的变化。因此，在移动通信中必须采用一些抗干扰性能强、误码性能好、频谱利用率高的调制技术，尽可能地提高单位频带内传输数据的比特速率以适应移动通信的要求。数字调制方式应考虑如下因素：抗干扰性能、抗多径衰落能力、已调信号的带宽以及使用成本等。

具体而言，移动通信对数字调制技术的要求主要体现在以下六方面。

(1) 抗干扰性能强，如采用恒包络角度调制方式以对抗严重的多径衰落影响。

(2) 频谱利用率高，即要求单位带宽传送的信息速率高。

(3) 频谱的旁瓣尽量小，避免对邻近信道的干扰。

(4) 具有良好的误码性能。

(5) 调制和解调的电路容易实现。

(6) 能提供较高的传输速率，使用方便、成本低。

3.1.3　数字调制的性能指标

数字调制的性能常用它的功率效率 η_P 和带宽效率 η_B 来衡量。

功率效率描述了在给定功率情况下一种调制技术保持数字信号正确传送的能力。在数字通信系统中，提高信号的发送功率，可以提高系统的抗噪声性能。为得到可接受的误比特率，需要提供的信号功率数值，取决于使用的调制技术。调制技术的功率效率可表述成在接收机端特定的误码率下，每比特的信号能量 E_b 与噪声功率谱密度 N_0 之比：

$$\eta_P = \frac{E_b}{N_0} \tag{3.3}$$

带宽效率描述了调制方案在有限的带宽内容纳数据的能力,它反映了对分配带宽的有效利用。带宽效率定义为单位频带内的数据传输速率:

$$\eta_{\mathrm{B}} = \frac{R_{\mathrm{b}}}{B} \tag{3.4}$$

式中,R_{b} 为数据传输速率;B 为已调信号占用的带宽。提高带宽效率的常用方法有两种:第一种是采用多进制调制方式,在相同带宽的情况下提高数据传输速率;第二种是采用频谱旁瓣滚降迅速的调制方式,在信息传输速率不变的情况下,降低调制信号占用的带宽。

带宽效率有一个基本的上限,由香农定理决定:

$$C = B \log_2 \left(1 + \frac{S}{N}\right) \tag{3.5}$$

式中,C 为信道容量;B 为带宽;S/N 为信噪比。定理的含义为:在一个任意小的错误概率下,最大的带宽效率受限于信道内的噪声。从而可推导出最大可能的 η_{Bmax} 为

$$\eta_{\mathrm{Bmax}} = \frac{C}{B} = \log_2 \left(1 + \frac{S}{N}\right) \tag{3.6}$$

以 GSM 系统为例,当 $B = 200\mathrm{kHz}$,$\mathrm{SNR} = 10\mathrm{dB}$ 时,理论上的信道最大速率为

$$C = 200 \log_2 (1 + 10) \approx 691.886 (\mathrm{kbps}) \tag{3.7}$$

最大带宽效率为

$$\eta_{\mathrm{Bmax}} = \frac{C}{B} = \log_2 (1 + 10) \approx 3.46 (\mathrm{bps/Hz}) \tag{3.8}$$

GSM 系统的实际数据传输速率为 270.833kbps,只达到了 10dB 信噪比条件下信道容量理论值的 40%。

3.1.4　常用的数字调制技术

20 世纪 80 年代中期以前,由于对线性高频功率放大器的研究尚未取得突破性的进展,所以第二代移动通信系统 GSM 采用非线性的连续相位调制(Continue Phase Modulation,CPM),如最小频移键控(Minimum Shift Keying,MSK)和高斯滤波最小频移键控(Gaussian Filtered Minimum Shift Keying,GMSK)等,从而避开了线性要求,可以使用高效率的 C 类放大器,同时,也降低了成本。但是 CPM 的技术实现较为复杂。1987 年,线性高频功率放大技术取得了实质性的进展,人们将注意力集中到技术实现较为简单的 PSK。

第三代移动通信系统所采用的调制解调方式与传输信道有关,但都属于 PSK 类型,主要有二相 PSK(Binary Phase-Shift Keying,BPSK)、四相 PSK(Quadrature Phase-Shift Keying,QPSK)、偏移四相 PSK(Offset Quadrature Phase-Shift Keying,OQPSK),平衡四相扩频调制(Balanceble Quaternary phase shift keying Modulation,BQM)、复数四相扩频调制(Complex Quaternary phase shift keying Modulation,CQM)以及八相 PSK 等。

到了第四代移动通信系统,为了提高频谱利用率,除了 QPSK 调制外,还引入了正交振幅调制(Quadrature Amplitude Modulation,QAM)。QAM 调制的信号由相互正交的两个载波的幅度变化表示。接收端完成相反过程,正交解调出两个相反码流,均衡器补偿由信道引起的失真,判决器识别复数信号并映射回原来的二进制信号。LTE 采用的调制方式包括 QPSK、16QAM 和 64QAM 调制。

5G 的调制方式包括 $\pi/2$-BPSK、BPSK、QPSK、16QAM、64QAM 和 256QAM 等,以满足更多业务和场景的需求。

3.1.5 数字调制信号的矢量图表示

已调信号除了用波形图形象地表示外,还可以用矢量图表示。由欧拉公式:

$$e^{j\omega t} = \cos\omega t + j\sin\omega t \tag{3.9}$$

可以看出,余弦信号 $\cos\omega t$ 是指数函数 $e^{j\omega t}$ 的实部。所以,时常把此指数函数称为余弦信号的复数形式。在极坐标系统中,$e^{j\omega t}$ 可以用一个以角速度 ω 逆时针旋转的单位矢量表示,如图 3.2 所示。当 $t=t_1$ 时,$e^{j\omega t_1}$ 的水平分量等于信号 $\cos\omega t_1$,垂直分量等于 $\sin\omega t_1$,是信号的正交分量。当 $t=t_0=0$ 时刻,矢量位于水平位置,此时,$e^{j\omega t_0}=\cos\omega t_0=1$。所以,这种旋转矢量和信号波形是一一对应的。用这种旋转矢量完全可以代表信号波形。因此,矢量图和波形图在讨论调制和解调中都被广泛采用。

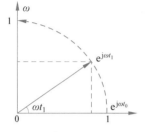

图 3.2 $e^{j\omega t}$ 的矢量图表示

3.2 信号成形

三种基本的数字调制方式为 ASK、FSK 和 PSK,由于数字无线通信系统的衰落环境希望信号是恒包络的,而 ASK 信号的幅度有变化,并不适合在无线信道中传输。FSK 和 PSK 信号是恒包络的,但从图 3.1(b)、(c)中可以看出,从 1 到 0 变换时会发生陡峭的相位变化,这种变化意味着信号频谱上无限的带宽。因此,通常需要通过信号成形来保证已调信号的带宽在指定系统带宽的范围内。

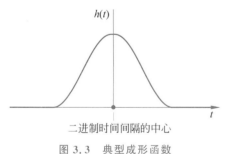

图 3.3 典型成形函数

成形函数用 $h(t)$ 表示。一个数据传输速率为 R bps 的基带二进制序列,每个二进制码元乘以 $h(t)$。码元 1 用 $h(t)$ 函数表示,码元 0 用空白表示。为了限制信号的带宽,必须让调制信号保持平滑,尤其是从 1 到 0 转换时,显然成形函数 $h(t)$ 必须有图 3.3 所表示的形式。函数在码元间隔 $1/R$ 的中间取得最大值,然后在最大值的两边平缓地下降。此时,成形后的基带序列如图 3.4 所示。从傅里叶分析可以得到,如果一个时间函数变窄,则在频域上其频带会相应地增加。而若函数在时域上加宽,则频域上带宽就会减小。脉冲的时域宽度和它的频带宽度彼此互为反相关关系。因此,如果 $h(t)$ 宽度减小,则基带信号序列的带宽就会增加,而 $h(t)$ 的宽度增加,则相应的带宽就会减小。然而,随着 $h(t)$ 宽度的增加,脉冲开始扩展到邻近的码元。这就会引起符号间的干扰,也就是码间串扰,如图 3.4 所示。理想情况下,通过在脉冲的中心抽样来决定是 0 还是 1。但是,若符号间的干扰大到影响了二进制信号时间间隔中点的值,就存在把 1 错判成 0 或 0 错判成 1 的概率。当存在噪声干扰传输信号时,这种概率更大。这样就存在一个在符号间干扰和传输带宽之间的权衡和折中。

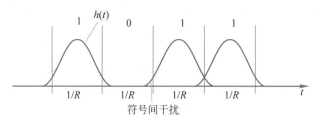

图 3.4　成形后的二进制序列

奈奎斯特(Nyquist)首先提出了一种方法,既能克服符号间干扰又能保持小的传输带宽。他发现只要把通信系统(包括发射机、信道和接收机)的整个响应设计成在接收端每个抽样时刻只对当前的符号有响应,而对其他符号的响应都等于零,这样符号间干扰的影响就能完全被抵消。升余弦滚降滤波器就是这样的一类特殊函数,它是移动通信系统中使用最普遍的脉冲成形滤波器。

升余弦滚降滤波器 $H(\omega)$ 的传递函数为

$$H(\omega) = \begin{cases} 1, & |\omega| \leqslant \omega_C - \omega_X \\ \dfrac{1}{2}\left(1 - \sin\dfrac{\pi}{2}\dfrac{\omega}{\omega_X}\right), & \omega_C - \omega_X \leqslant |\omega| \leqslant \omega_C + \omega_X \\ 0, & |\omega| > \omega_C + \omega_X \end{cases} \tag{3.10}$$

利用傅里叶逆变换,可得到该滤波器的冲激响应 $h(t)$:

$$h(t) = \frac{\omega_C}{\pi}\frac{\sin\omega_C t}{\omega_C t}\frac{\cos\omega_X t}{1 - (2\omega_X t/\pi)^2} \tag{3.11}$$

升余弦滚降滤波器的频率响应如图 3.5 所示。由于滤波器的边沿缓慢下降,通常称为"滚降",并将 ω_X/ω_C 称为滚降系数,用 r 表示,图 3.5 给出了不同 r 时的 $H(\omega)$ 的曲线。升余弦滚降滤波器的冲激响应见图 3.6。观察图 3.6,冲激函数 $h(t)$ 在 $t = k\pi/\omega_C (k = \pm 1, 2, 3, \cdots)$ 时刻等于 0。如果选择码元间隔 $T = 1/R = \pi/\omega_C = 1/2f_C$,就可以保证在对当前码元进行抽样判决的时刻其他码元都等于 0,从而实现二进制码序列的无码间串扰传输,如图 3.7 所示。在实际中,一些脉冲抖动总会出现,从而导致符号间的干扰。不过 $h(t)$ 的尾部以 $1/t^3$ 衰减,可以使符号间干扰降低到一个可以容忍的水平。

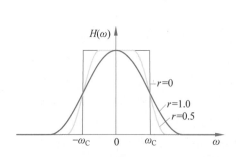

图 3.5　升余弦滚降滤波器的频率响应

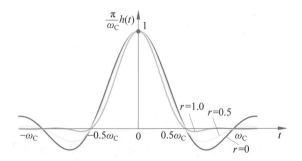

图 3.6　升余弦滚降滤波器的冲激响应

再来分析带宽,滤波器 $H(\omega)$ 的带宽 B 可表示为

$$B = \frac{\omega_C + \omega_X}{2\pi} = f_C + f_X = (1 + r)f_C = (1 + r)R/2 \tag{3.12}$$

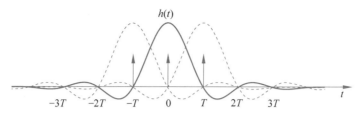

图 3.7　以时间间隔 T 进行传输的二进制码元序列

可以看出,成形信号带宽与滚降系数 r 有关,r 的取值范围为[0 1]。当 $r=0$ 时,对应于理想低通特性,此时得到最小带宽 $B=f_C=R/2$,但是时域抖动带来的符号间干扰的可能性却增大了;随着 r 的增大,带宽也慢慢增大,当 $r=1$ 时,得到最大带宽 $B=2f_C=R$。如果用可靠性和有效性来分析的话,r 越小,有效性越高,可靠性随之降低;r 越大,有效性越低,可靠性随之提升。通常需要在二者之间进行权衡处理。

对于 ASK 或 PSK 传输系统,已调信号的主瓣带宽 $B_{已调}$ 等于基带信号的 2 倍,即

$$B_{已调}=2B=(1+r)R \tag{3.13}$$

例如,设某系统的数据传输速率 $R=9.6\text{kbps}$,使用余弦滚降成形和 PSK 调制,若滚降系数 $r=0.5$,则传输带宽为 14.4kHz;若滚降系数 $r=1$,则传输带宽为 19.2kHz。如果数据传输速率增加,则传输带宽也随之线性增加。第二代蜂窝移动系统使用余弦滚降成形,滚降因子为 $r=0.35$。日本个人数字蜂窝系统也使用余弦滚降成形,滚降因子为 $r=0.5$。

3.3　线性调制技术

在线性调制中,传输信号 $s(t)$ 的幅度随数字调制信号 $m(t)$ 线性变化,可表示为

$$s(t)=\text{Re}[Am(t)\exp(j2\pi f_0 t)]=A[m_R(t)\cos(2\pi f_0 t)-m_I(t)\sin(2\pi f_0 t)] \tag{3.14}$$

式中,A 是载波振幅;f_0 是载波频率;$m(t)$ 为已调信号的复包络。

线性调制通常没有恒定的包络。线性调制方案具有良好的频谱效率,适用于在有限频带内需容纳较多用户的无线通信系统。但是,线性调制在传输中必须使用功率效率低的线性放大器,否则会造成严重的邻道干扰。目前,移动通信系统中使用最普遍的线性调制技术有 QPSK、OQPSK 和 $\pi/4$QPSK。

3.3.1　二进制相移键控(2PSK)

1. 2PSK 的基本原理

在 2PSK 中,通常用两个相差 π 的载波相位分别表示二进制码元 0 和 1,表示式为

$$s_{2\text{PSK}}(t)=A\cos(\omega_0 t+\theta) \tag{3.15}$$

式中,当发送 0 时,$\theta=0$;发送 1 时,$\theta=\pi$。式(3.15)可表示为

$$s_{2\text{PSK}}(t)=\begin{cases} A\cos(\omega_0 t), & 发送 0 时 \\ A\cos(\omega_0 t+\pi), & 发送 1 时 \end{cases} \tag{3.16}$$

或者

$$s_{2\text{PSK}}(t)=\begin{cases} A\cos(\omega_0 t), & 发送 0 时 \\ -A\cos(\omega_0 t), & 发送 1 时 \end{cases} \tag{3.17}$$

如果基带信号用双极性码表示,2PSK 信号可以表述为基带信号和正弦载波的乘积:

$$s_{2PSK}(t) = \left(\sum_{n=-\infty}^{\infty} a_n g(t-nT) \right) A\cos(\omega_0 t) \tag{3.18}$$

式中,$\sum_{n=-\infty}^{\infty} a_n g(t-nT)$ 为基带调制信号;A 为载波幅度;a_n 的统计特性为

$$a_n = \begin{cases} 1, & \text{概率为 } P \text{ 发送 0 时} \\ -1, & \text{概率为 } 1-P \text{ 发送 1 时} \end{cases} \tag{3.19}$$

2PSK 信号的产生方法主要有两种:相乘法和相位选择法,见图 3.8。以二进制码元序列 1101 为例,典型的 2PSK 信号波形如图 3.9 所示。

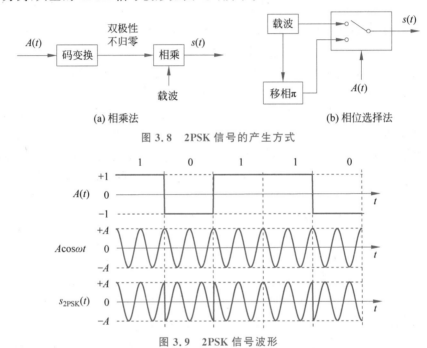

图 3.8　2PSK 信号的产生方式

图 3.9　2PSK 信号波形

2PSK 信号的解调方法是相干接收法。由于 PSK 信号是利用相位传递信息,所以在接收端必须利用信号的相位信息来解调信号。图 3.10 给出了 2PSK 信号相干接收原理。

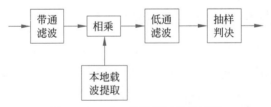

图 3.10　2PSK 信号相干接收原理

2. 2PSK 信号的功率谱密度

当基带波形为不归零码(Non-Return-to-Zero line code,NRZ)时,2PSK 信号的功率谱密度如图 3.11 所示。如果以功率谱密度的主瓣宽度作为信号带宽,2PSK 的带宽和带宽效率可表示为

$$B_{2PSK} = 2R_b \tag{3.20}$$

$$\eta_{2PSK} = \frac{R_b}{B_{2PSK}} = \frac{1}{2} bps/Hz \qquad (3.21)$$

如果将其用在移动通信系统中,信号的带宽就显得过宽。而且,从图 3.11 中可以看出,2PSK 信号的功率谱密度有较大的旁瓣,旁瓣的总功率约占信号总功率的 10%,带外辐射严重。

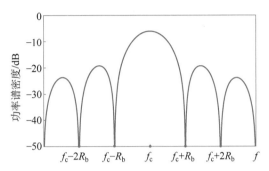

图 3.11 2PSK 信号功率谱密度(NRZ)

3.3.2 正交相移键控(QPSK)

1. QPSK 的基本原理

为了提高带宽利用率,研究者们提出了多进制相移键控(Multiple Phase Shift Keying,MPSK)。M 进制基带信号对应载波相位差为 $2\pi/M$ 的 M 个相位值。QPSK 是四进制相移键控方法,常称正交相移键控。在 QPSK 中,将待发送比特序列的每两比特组合成一个四进制码元,即双比特码元。双比特码元的 4 种状态:00、01、10、11,可用载波的 4 个相位 φ_k($k=1,2,3,4$)表示。表 3.1 和图 3.12 给出了一种双比特码元与相位的对应关系及矢量图。

表 3.1 双比特码元与相位的对应关系

双极性表示		φ_k
a_k	b_k	
$+1$	$+1$	$\pi/4$
-1	$+1$	$3\pi/4$
-1	-1	$5\pi/4$
$+1$	-1	$7\pi/4$

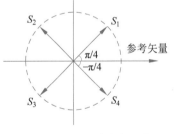

图 3.12 表 3.1 对应的矢量图

QPSK 信号可表示为

$$s_{QPSK}(t) = A\cos(\omega_0 t + \theta_k), \quad k=1,2,3,4, \quad kT_s \leqslant t \leqslant (k+1)T_s \qquad (3.22)$$

式中,A 是信号的幅度;ω_0 是载波频率。

将式(3.22)展开可得

$$s_{QPSK}(t) = A\cos(\omega_0 t + \theta_k) = A\cos\theta_k \cos\omega_0 t - A\sin\theta_k \sin\omega_0 t$$
$$= I_k \cos\omega_0 t - Q_k \sin\omega_0 t \qquad (3.23)$$

式中,$I_k = A\cos\theta_k$;$Q_k = A\sin\theta_k$。可以看出,QPSK 信号可以用正交调制方式产生。QPSK 正交调制的原理如图 3.13 所示。令输入的双比特码元 $(a_k, b_k) = (I_k, Q_k)$,分别进入两个并联的支路——I 支路(同相支路)和 Q 支路(正交支路),分别对一对正交载波进行调制,然后相加即得到 QPSK 信号。QPSK 调制器的各点波形如图 3.14 所示。可以看出,当 I_k,Q_k 信号为方波时,QPSK 信号是一个恒包络信号。

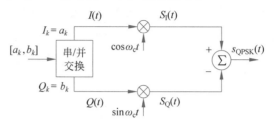

图 3.13　QPSK 正交调制原理

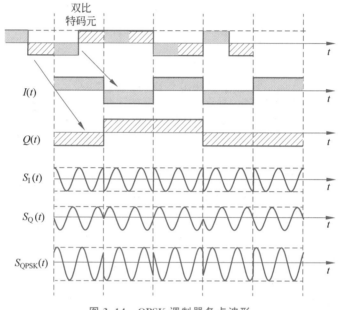

图 3.14　QPSK 调制器各点波形

2. QPSK 信号的功率谱密度和带宽

正交调制产生 QPSK 信号的方法实际上是把两个 2PSK 信号相加,因此它的功率谱密度曲线与图 3.11 类似。但是 2PSK 信号的码元宽度为一个二进制码元宽度 T_b,而 QPSK 信号的码元宽度为两个二进制码元宽度 $2T_b$,所以 QPSK 信号的主瓣带宽和带宽效率为

$$B_{QPSK} = 2R_s = R_b \tag{3.24}$$

$$\eta_{QPSK} = \frac{R_b}{B_{2PSK}} = 1 \text{bps/Hz} \tag{3.25}$$

与 2PSK 信号相比,QPSK 信号的主瓣带宽减小了二分之一,带宽效率提高了一倍。但是,当基带信号的波形是方波时,已调信号功率谱的旁瓣仍然大,主瓣功率只占 90%,而 99% 的功率带宽约为 $5R_b$。

为了限制基带信号的带宽,减小已调信号的旁瓣,可以选择在调制器的两个支路加入如 3.2 节介绍的信号成形器,也即低通滤波器,其调制框架见图 3.15。图 3.5 所示的升余弦滚降滤波器就是 QPSK 中常用的信号成形器。

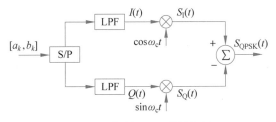

图 3.15　限带 QPSK 调制框架

采用余弦滚降滤波的 QPSK 信号的功率谱,在理想情况下信号的功率完全被限制在升余弦滚降滤波器的通带内,已调信号带宽 B_{QPSK} 为

$$B = \frac{1+r}{2} R_{\text{s}} \tag{3.26}$$

$$B_{\text{QPSK}} = 2B = (1+r)R_{\text{s}} = \frac{1+r}{2} R_{\text{b}} \tag{3.27}$$

式中,r 为滤波器的滚降系数,$0 < r \leqslant 1$; B 为低通滤波后的信号带宽。图 3.16 给出了 $r = 0.5$ 时 QPSK 信号的功率谱密度曲线。

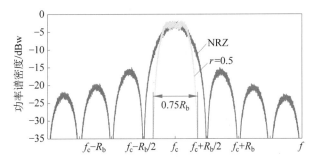

图 3.16　QPSK 信号的功率谱密度

由余弦滤波器形成的基带信号是连续的波形,它以有限的斜率通过零点,故各支路信号的包络有起伏,且最小值为零。因此,QPSK 信号的包络也不再恒定,如图 3.17 所示。

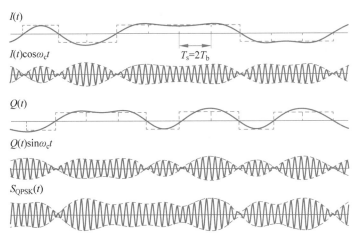

图 3.17　限带 QPSK 信号波形

3.3.3 偏移 QPSK

限带后的 QPSK 信号相位跳变情况与恒包络的 QPSK 信号一样，有 0、$\pm\dfrac{\pi}{2}$ 和 $\pm\pi$。由于它的包络不再恒定，当发生 π 相移时会导致信号包络产生瞬时过零点。对这样的信号进行非线性放大时，会出现频谱扩展和旁瓣再生现象。为了避免这个问题，这类 QPSK 信号只能使用频率较低的线性放大器。

偏移 QPSK（Offset QPSK，OQPSK）是针对这一问题的一种改进的 QPSK。OQPSK 的调制原理如图 3.18 所示，它把 QPSK 两个正交支路的码元在时间上错开 $T_s/2 = T_b$，这样，每经过时间 T_b，只有一个支路的符号发生变化，而另一个支路的符号保持不变，如图 3.19 所示。因此，两个支路的符号不会同时发生变化，从而使得相位的跳变被限制在 0 和 $\pm\pi/2$，不再出现 π 的跳变。图 3.20 给出了 QPSK 和 OQPSK 相位跳变的路径。

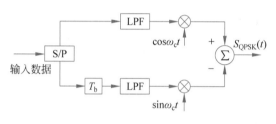

图 3.18 OQPSK 调制原理

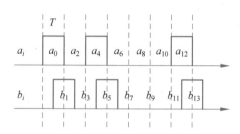

图 3.19 OQPSK 调制器中两支路
时间交错的波形

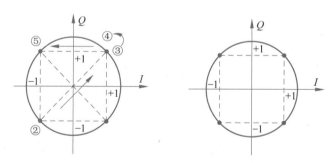

图 3.20 QPSK 和 OQPSK 相位跳变的路径

OQPSK 信号波形如图 3.21 所示，可以看出，它的包络变化幅度明显比 QPSK 信号小，且没有出现包络过零点的情况。如果使用非线性放大器，再生出的频谱旁瓣不再像波形成形的 QPSK 信号那么多，即 OQPSK 信号对功放的非线性不那么敏感。非线性功放可获得较高的功率效率，同时不会增大旁瓣功率。另外，OQPSK 信号仍可视为两路 BPSK 信号的叠加，它的功率谱密度和 QPSK 信号相同，所以二者具有相同的带宽效率。在 CDMA 系统中，移动台就使用这种调制方式向基站发送信号。

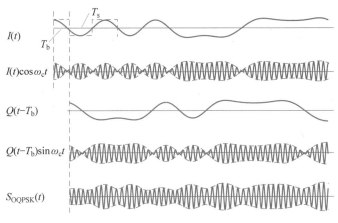

图 3.21　OQPSK 调制器各点波形

3.3.4　π/4-QPSK

π/4-QPSK 也是 QPSK 的一种改进,它是最大相位跳变介于 QPSK 和 OQPSK 之间的一种调制方案。QPSK 和 OQPSK 的最大相位跳变分别是 π 和 π/2,而 π/4-QPSK 的最大相位跳变是 3π/4。因此,限带 π/4-QPSK 信号的恒包络特性也介于 QPSK 和 OQPSK 之间。为了克服解调端载波恢复的相位模糊问题,π/4-QPSK 通常采用差分编码,即 π/4-DQPSK,从而可以采用非相干解调,简化接收机的设计。

1. π/4-DQPSK 的基本原理

π/4-DQPSK 可以采用正交调制方式产生,其原理如图 3.22 所示。

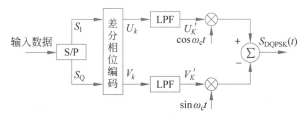

图 3.22　π/4-DQPSK 调制原理

输入的二进制码元流经串/并变换后分成两路数据 S_I 和 S_Q,它们的符号速率等于串行数据的二分之一。这两路数据经过一个变换电路(差分相位编码器)在 $kT_s \leqslant t \leqslant (k+1)T_s$ 期间变换成信号 U_k 和 V_k,为了限制已调信号的频带,通常先通过升余弦滚降滤波器进行信号成形,然后分别和一对正交载波相乘,最后将两路数据相加,即得到了 π/4-DQPSK 信号。信号的相位跳变取决于相位差分编码。为了简化起见,先不考虑信号成形,设基带信号是 NRZ 信号,则

$$s_{\frac{\pi}{4}\text{-DQPSK}}(t) = U_k\cos\omega_0 t - V_k\sin\omega_0 t = \cos(\omega_0 t - \theta_k), \quad kT_s \leqslant t \leqslant (k+1)T_s \quad (3.28)$$

式中,$U_k = \cos\theta_k$; $V_k = \sin\theta_k$; $\theta_k = \theta_{k-1} + \Delta\theta_k$,为当前码元的相位,$\theta_{k-1}$ 为前一码元结束时的相位,$\Delta\theta_k$ 为当前码元的相位增量。所谓相位差分编码就是输入的双比特$(S_I \quad S_Q)$的 4 个状态用 4 个 $\Delta\theta_k$ 来表示。对应的相位逻辑如表 3.2 所示。

表 3.2　相位逻辑表

S_I	S_Q	$\Delta\theta$	S_I	S_Q	$\Delta\theta$
$+1$	$+1$	$\pi/4$	-1	-1	$-3\pi/4$
-1	$+1$	$3\pi/4$	$+1$	-1	$-\pi/4$

当前码元的相位 θ_k 可以通过累加的方法求得。若已知 S_I 和 S_Q，设初始相位为 0，根据表 3.2 可以得到每个码元相位的跳变值 $\Delta\theta$，再通过累加的方法得到 θ_k，就可以求得 U_k 和 V_k 的值。表 3.3 给出了一个相位差分编码的例子。设二进制码元序列为"$+1+1-1+$ $1+1-1-1+1-1-1$"，初始相位 $\theta_0=0$，则

$k=1$：码元"$+1+1$"，$\theta_1=\theta_0+\Delta\theta_1=\pi/4$，$U_1=\cos\theta_1=\sqrt{2}/2$，$V_1=\sin\theta_1=\sqrt{2}/2$；

$k=2$：码元"$-1+1$"，$\theta_2=\theta_1+\Delta\theta_2=\pi$，$U_2=-1$，$V_2=0$；

$k=3$：码元"$+1-1$"，$\theta_3=\theta_2+\Delta\theta_3=3\pi/4$，$U_3=-\sqrt{2}/2$，$V_3=\sqrt{2}/2$

...

从上述例子可以看出来，U_k 和 V_k 有 5 种可能的取值：$0,\pm1,\pm\sqrt{2}/2$，且总满足

$$\sqrt{U_k^2+V_k^2}=\sqrt{\cos^2\theta_k+\sin^2\theta_k}=1, \quad kT_s\leqslant t\leqslant(k+1)T_s \qquad (3.29)$$

表 3.3　相位差分编码举例

k		0	1	2	3	4	5
数据 S_I	S_Q		$+1+1$	$-1+1$	$+1-1$	$-1+1$	$-1-1$
S/P	S_Q		$+1$	$+1$	-1	$+1$	-1
	S_I		$+1$	-1	$+1$	-1	-1
$\Delta\theta$			$\pi/4$	$3\pi/4$	$-\pi/4$	$3\pi/4$	$-3\pi/4$
$\theta_k=\theta_{k-1}+\Delta\theta_k$		0	$\pi/4$	π	$3\pi/4$	$3\pi/2$	$3\pi/4$
U_k		1	$\sqrt{2}/2$	-1	$-\sqrt{2}/2$	0	$-\sqrt{2}/2$
V_k		0	$\sqrt{2}/2$	0	$\sqrt{2}/2$	-1	$\sqrt{2}/2$

如果不加成形滤波器，$\pi/4$-DQPSK 信号也具有恒包络特性。为了抑制旁瓣限制带宽加入成形滤波器以后，$\pi/4$-DQPSK 信号就不再具有恒包络特性了。图 3.23 给出了 $\pi/4$-DQPSK 信号的波形。已调信号依然是两路 2PSK 信号的叠加，因此它的功率谱和 QPSK 相同，带宽利用率也相同。

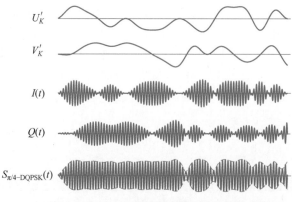

图 3.23　$\pi/4$-DQPSK 调制器各点波形

2. π/4-DQPSK 的相位跳变

π/4-DQPSK 的 $\Delta\theta$ 有 4 个取值: $\pm\pi/4$ 和 $\pm3\pi/4$,因此相位 θ 有 8 种可能的取值,对应星座图上的 8 个点。这 8 个点实际是由两个彼此偏移 $\pi/4$ 的 QPSK 星座图构成,相位跳变总是在这两个星座图之间交替进行,跳变路径如图 3.24 所示。可以看出,所有的相位路径都不经过原点。这种特性使得信号的包络波动比 QPSK 小。

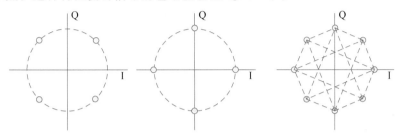

图 3.24　π/4-DQPSK 的跳变路径

π/4-DQPSK 具有频谱特性好、功率效率高、抗干扰能力强、实现简单等优点,多年前已应用于美国数字蜂窝移动通信系统、日本的个人数字蜂窝系统及无绳电话、美国的个人接入通信系统和欧洲的数字集群通信系统。

3.4　恒包络调制技术

在数字相移键控体系中,已调信号的相邻码元存在相位跳变,这会使信号功率谱扩展,旁瓣增大,对邻道形成干扰。为了使信号功率谱尽可能集中于主瓣之内,如果主瓣之外的功率衰减速度快,那么信号的相位就不能突变。恒包络连续相位调制技术就是按照这种思想产生的。

恒包络调制具有多个优点,如它可以使用功率效率较高的 C 类放大器而不会引起发送信号的频谱扩展;具有极低的旁瓣功率,带外辐射可达 $-60\sim-70$dB;容易恢复用于相干解调的载波等。它存在一个问题,即已调信号占用的带宽比线性调制占用的大,而且实现相对复杂。对于带宽效率比功率效率更重要的通信系统,恒包络调制未必是最佳调制方案。MSK 和 GMSK 是两种常用的恒包络连续相位调制技术。下面,从相位连续的 FSK 引出恒包络调制技术。

3.4.1　相位连续的 FSK

1. 2FSK 信号

设待发送的信号为双极性,用 $a_k=\pm1$ 表示,码元长度为 T_b,在一个码元时间内,它们分别用两个频率的正弦载波表示,如

$$\left.\begin{array}{l} a_k=+1: \quad s_{2\text{FSK}}(t)=A\cos(\omega_1 t+\varphi_1) \\ a_k=-1: \quad s_{2\text{FSK}}(t)=A\cos(\omega_2 t+\varphi_2) \end{array}\right\}, \quad kT_b \leqslant t \leqslant (k+1)T_b \qquad (3.30)$$

式中,$\omega_1=2\pi f_1$,$\omega_2=2\pi f_2$。定义载波角频率(虚载波)为

$$\omega_c=2\pi f_c=\frac{\omega_1+\omega_2}{2} \qquad (3.31)$$

ω_1 和 ω_2 对 ω_c 的角频偏为

$$\omega_d = 2\pi f_d = \frac{|\omega_1 - \omega_2|}{2} \tag{3.32}$$

定义调制指数

$$h = |f_1 - f_2| T_b = 2f_d T_b = 2f_d / R_b \tag{3.33}$$

根据 a_k, h, T_b 可以重写一个码元内 2FSK 信号表达式：

$$S_{FSK}(t) = \cos(\omega_c t + a_k \omega_d t + \varphi_k) = \cos\left(\omega_c t + a_k \cdot \frac{\pi h}{T_b} \cdot t + \varphi_k\right)$$

$$= \cos(\omega_c t + \theta_k(t)) \tag{3.34}$$

式中，$\theta_k(t) = a_k(\pi h / T_b)t + \varphi_k (kT_b \leqslant t \leqslant (k+1)T_b)$，称为附加相位，它是时间 t 的线性函数，斜率为 $a_k \pi h / T_b$，截距为 φ_k，附加相位特性如图 3.25 所示。

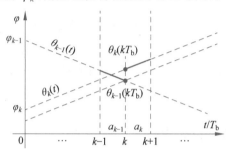

图 3.25　附加相位特性（注意斜率为 $\pm k$）

2. 相位连续的 2FSK 信号

2FSK 信号有两种产生方式：开关法和调频法，前者得到的通常是相位不连续的 2FSK 信号，而后者得到的是相位连续的 2FSK 信号（Continuous Phase FSK，CPFSK）。相位连续是指在码元持续时间和码元交替的时刻都不发生相位跳变，如图 3.25 中，码元 a_{k-1} 和 a_k 在 kT_b 时刻交替，此时相位发生了跳变，所以相位不连续。要使得相位连续，则在 kT_b 时刻两个码元的相位必须相等，即

$$\theta_{k-1}(kT_b) = \theta_k(kT_b) \tag{3.35}$$

$$a_k \frac{\pi h}{T_b} \cdot kT_b + \varphi_k = a_{k-1} \frac{\pi h}{T_b} \cdot kT_b + \varphi_{k-1} \tag{3.36}$$

这样就要求满足关系式：$\varphi_k = (a_{k-1} - a_k)\pi hk + \varphi_{k-1}$。

此时的 2FSK 信号就是 CPFSK 信号，波形如图 3.26(b) 所示。

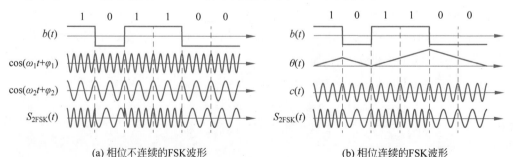

(a) 相位不连续的FSK波形　　　　　　(b) 相位连续的FSK波形

图 3.26　2FSK 信号的波形

2FSK 信号相位的连续和不连续使得它们的功率谱特性大不一样。图 3.27 给出了二者的对比。当调制指数 h 相同时,CPFSK 信号的带宽比普通 2FSK 信号的带宽小得多,也就意味着带宽效率更高;随着调制指数 h 的增大,CPFSK 信号和普通 2FSK 信号的带宽都在增大。为了得到更好的带宽效率,不宜选择太大的 h 值,但太小的 h 值又容易导致两个载频过于接近而不利于检测。下一节将讨论 h 的取值问题。

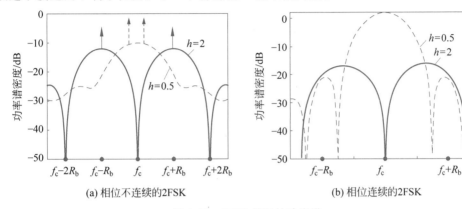

(a) 相位不连续的2FSK　　　　　　(b) 相位连续的2FSK

图 3.27　2FSK 信号的功率谱

3.4.2　最小频移键控(MSK)

最小频移键控(Minimum Shift Keying,MSK)是一种特殊的 CPFSK,它具有包络恒定、相位连续、占用带宽最小并且严格正交的特点。MSK 的"最小"就是指能以最小的调制指数获得正交信号。下面推导 MSK 的调制指数。

2FSK 信号的归一化互相关系数如下(令初相为零):

$$\rho = \frac{2}{T_b} \int_0^{T_b} \cos\omega_1 t \cos\omega_2 t \, dt = \frac{\sin(2\omega_c T_b)}{2\omega_c T_b} + \frac{\sin(2\omega_d T_b)}{2\omega_d T_b} \tag{3.37}$$

通常情况下,$\omega_c T_b \gg 1$,而 $|\sin(2\omega_c T_b)| \leqslant 1$,因此忽略右边第一项,式(3.37)可表示为

$$\rho = \frac{\sin 2\omega_d T_b}{2\omega_d T_b} = \frac{\sin 2\pi (f_1 - f_2) T_b}{2\pi (f_1 - f_2) T_b} = \frac{\sin 2\pi h}{2\pi h} \tag{3.38}$$

图 3.28 给出了 $\rho - h$ 的曲线图。当调制指数 $h = k/2(k=1,2,3,\cdots)$ 时,归一化互相关系数 $\rho = 0$,即两路信号正交。当 $k=1$ 时,调制指数最小值 $h = 0.5$,此时,如果给定 T_b,则可以得到最小的频差 $|f_1 - f_2| = 1/2T_b$,从而使得 2FSK 信号具有最小的带宽。

接下来分析 MSK 的相位路径。将 $h = 0.5$ 代入 FSK 信号的表达式,可得 MSK 信号的表达式:

$$S_{\text{MSK}}(t) = \cos(\omega_c t + \theta_k(t)), \quad kT_b \leqslant t \leqslant (k+1)T_b \tag{3.39}$$

式中,$\theta_k = a_k \pi / (2T_b) \cdot t + \varphi_k$。

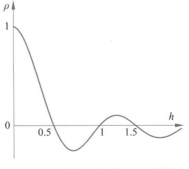

图 3.28　2FSK 信号的 $\rho - h$ 曲线

可以看出,一个码元从开始时刻到结束时刻,相位变化量(增量)为

$$\Delta\theta_k = \theta_k((k+1)T_b) - \theta_k(kT_b) = a_k \cdot \frac{\pi}{2} \tag{3.40}$$

由于 $a_k = \pm 1$，因此每经过时间 T_b，相位增加或减小 $\pi/2$。这样，随着时间的推移，附加相位的函数曲线是一条折线，相位约束条件为

$$\varphi_k = (a_{k-1} - a_k) \frac{\pi}{2} \cdot k + \varphi_{k-1} \tag{3.41}$$

图 3.29 给出了附加相位的相位路径的一个实例。

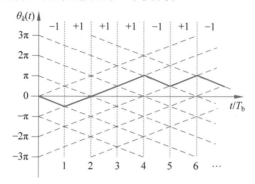

图 3.29 附加相位的相位路径

MSK 信号的功率谱密度表达式如下：

$$P_{MSK}(f) = \frac{16A^2 T_b}{\pi^2} \left(\frac{\cos[2\pi(f - f_c)T_b]}{1 - [4(f - f_c)T_b]^2} \right)^2 \tag{3.42}$$

式中，A 为信号的幅度。MSK 信号的功率谱密度曲线如图 3.30 所示。实线为 MSK 信号的曲线，虚线为 2FSK 信号的曲线，可以看出，MSK 信号的带宽效率明显比 2FSK 信号的更高。但是，MSK 信号的旁瓣功率大，90% 的功率带宽为 $2 \times 0.75 R_b$，99% 的功率带宽为 $2 \times 1.2 R_b$。在实际应用中，这个带宽仍较高。例如，GSM 空中接口的传输速率为 270kbps，则 99% 的带宽为 648kHz，而 GSM 的信道带宽仅 200kHz，不能满足需求。而且，1% 的功率相当于 −20dB 的干扰，而移动通信的邻道干扰要求为 −60～−70dB。因此，必须想办法降低旁瓣功率。

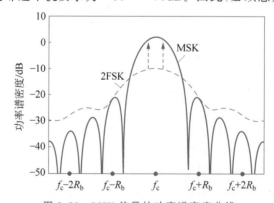

图 3.30 MSK 信号的功率谱密度曲线

3.4.3 高斯最小频移键控（GMSK）

1. GMSK 信号的产生

MSK 信号虽然较普通的 2FSK 信号在频带效率上有所提升，但旁瓣功率还是过大。而旁瓣功率主要来自相位路径的快速变化，如图 3.29 中的相位转折点。如果相位曲线能变得

更加平滑,就能加快已调信号频谱的滚降,减小旁瓣。GMSK 就是这样的一种 MSK 演进版本。将基带信号通过高斯低通滤波器后,再进行 MSK 调制,即可得到 GMSK 信号。图 3.31 给出了一个简单的 GMSK 发射机原理。

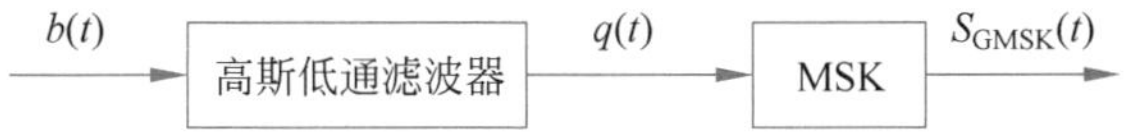

$$b(t) \longrightarrow \boxed{\text{高斯低通滤波器}} \xrightarrow{\ q(t)\ } \boxed{\text{MSK}} \xrightarrow{\ S_{\text{GMSK}}(t)\ }$$

图 3.31 GMSK 发射机原理

高斯滤波器的传输函数和冲激响应为

$$H(x) = \mathrm{e}^{-(f/1.7B_{\mathrm{b}})^2} = \mathrm{e}^{-(x/1.7x_{\mathrm{b}})^2} \tag{3.43}$$

$$h(\tau) = 3.01 x_{\mathrm{b}} \mathrm{e}^{-(5.3x_{\mathrm{b}}\tau)^2} \tag{3.44}$$

式中,参数 x_{b} 由滤波器的 3dB 带宽 B_{b} 和码元持续时间 T_{b} 确定,$x_{\mathrm{b}} = B_{\mathrm{b}} T_{\mathrm{b}}$,亦称归一化带宽。

GMSK 信号可表示为

$$\begin{aligned}
s_{\text{GMSK}}(t) &= A\cos[\omega_{\mathrm{c}} t + \theta(t)] \\
&= \cos\left\{\omega_{\mathrm{c}} t + \frac{\pi}{2T_{\mathrm{b}}}\int_{-\infty}^{t}\left[a_{n}g\left(\tau - nT_{\mathrm{b}} - \frac{T_{\mathrm{b}}}{2}\right)\right]\mathrm{d}\tau\right\}
\end{aligned} \tag{3.45}$$

式中,$g(t)$ 为经过高斯滤波后的码元波形。高斯滤波器将占据一个码元周期 T_{b} 的全响应信号转换成了占据数个比特周期的部分响应信号,导致了码间串扰的产生。MSK 信号在一个码元周期内的相位增量固定为 $\pm\pi/2$,而 GMSK 信号的相位增量与输入序列有关,通过引入可控的码间串扰,消除了 MSK 码元转换时刻的相位转折点,平滑了相位路径。图 3.32 给出了 GMSK 和 MSK 信号的相位路径对比,可以看出,GMSK 信号的相位路径消除了 MSK 信号的相位变化拐角,变成了一条平滑的曲线。

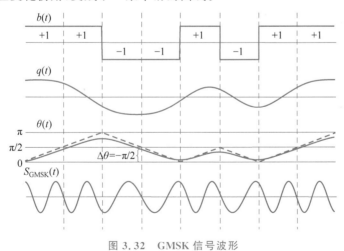

图 3.32 GMSK 信号波形

2. GMSK 信号的功率谱分析

图 3.33 给出了仿真得到的 GMSK 信号功率谱密度曲线,横坐标为归一化频率 $(f - f_{\mathrm{c}})T_{\mathrm{b}}$,纵坐标为功率谱密度,参数 $x_{\mathrm{b}} = B_{\mathrm{b}} T_{\mathrm{b}}$。由图可见,GMSK 信号的功率谱随 x_{b} 的减小衰减得很快。

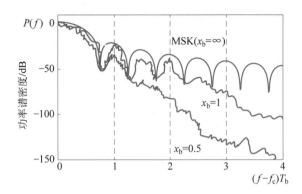

图 3.33　GMSK 信号功率谱密度曲线

表 3.4 给出了 GMSK 多个 x_b 的百分比功率带宽。同样可以看出，x_b 越小，带宽越窄。究其原因，当 x_b 越小，高斯滤波器的带宽越窄，基带信号的高频分量衰减越快，因此已调信号频谱也就更窄。但是，随着 x_b 变小，码元的时域波形越宽，码间串扰会越大。因此，以牺牲可靠性为代价，提升 GMSK 信号带宽效率是可行的。在真实系统中，需要对 x_b 进行折中处理。第二代移动通信系统 GSM 中就采用了 $x_b=0.3$ 的 GMSK 信号。GSM 系统的信息传输速率为 270.833kbps，信道带宽为 200kHz，系统的带宽效率为

$$\eta_{\text{GMSK}} = \frac{R_b}{B} = \frac{270.833}{200} \approx 1.35\text{bps/Hz} \tag{3.46}$$

可以看出，GMSK 信号的带宽效率仍然不够高。

表 3.4　GMSK 多个 x_b 的百分比功率带宽

x_b	90%	99%	99.9%	99.99%
0.2	0.52 R_b	0.79 R_b	0.99 R_b	1.22 R_b
0.25	0.57 R_b	0.86 R_b	1.09 R_b	1.37 R_b
0.5	0.69 R_b	1.04 R_b	1.33 R_b	2.08 R_b
MSK	0.76 R_b	1.20 R_b	2.76 R_b	6.00 R_b

3.5　多进制调制技术

随着移动通信技术的飞速发展，人们对数据传输速率的要求越来越高。如时分双工（Time Division Duplex，TDD）LTE 要在 20MHz 的带宽下实现 100Mbps 的下行峰值传输速率，也就是说需要 5bps/Hz 的频带利用率。在这种情况下，高阶调制就是一个解决方案。在阶数 $M \geqslant 8$ 时为高阶调制。移动通信中常用的高阶调制方式包括 8PSK、16QAM、32QAM、64QAM 等。

3.5.1　M 进制相移键控（MPSK）

3.3.2 节中介绍了 QPSK，它有 4 个载波相位，同样，在 M 进制相移键控 MPSK 中，载波相位有 M 种取值可能，即

$$\theta_k = \frac{2(i-1)\pi}{M}, k = 1, 2, \cdots, M$$

MPSK 信号可以表示为

$$s_{\text{MPSK}}(t) = A\cos(\omega_0 t + \theta_k), k = 1, 2, \cdots, M, kT_s \leqslant t \leqslant (k+1)T_s \quad (3.47)$$

式中，θ_k 为受调制的相位，其值取决于基带码元；A 为信号振幅。

式(3.47)可用正交形式表示为

$$s_{\text{MPSK}}(t) = A\cos(\omega_0 t + \theta_k) = A\cos\theta_k \cos\omega_0 t - A\sin\theta_k \sin\omega_0 t$$
$$k = 1, 2, \cdots, M, kT_s \leqslant t \leqslant (k+1)T_s \quad (3.48)$$

由于在 MPSK 信号中仅有两个基本信号 $\cos\omega_0 t$ 和 $\sin\omega_0 t$，所以 MPSK 信号的星座图是二维的，M 个信号点均匀分布在以原点为中心、以 A 为半径的圆周上。图 3.34 给出了 $M=8$ 和 $M=16$ 时的 MPSK 信号星座分布图。从图中信号的几何关系可以看出，8PSK 信号之间的最小间距为 $2A\sin(\pi/M)$。当 M 越大时，MPSK 信号之间的最小间距就越小，也就意味着误码率越大，可靠性越低。

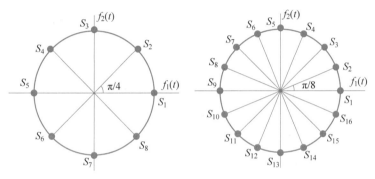

图 3.34　8PSK 和 16PSK 信号的星座分布图

从频带利用率看，若信息传输速率为 R_b，码元速率为 $R_s = R_b/\log_2 M$，已调信号的主瓣带宽为 $2R_s = 2R_b/\log_2 M$，则带宽效率为

$$\eta_{\text{MPSK}} = \frac{R_b}{B_{\text{2PSK}}} = \frac{\log_2 M}{2}\text{bps/Hz} \quad (3.49)$$

因此，8PSK 信号的带宽效率为 $3/2$bps/Hz，16PSK 信号的带宽效率为 2bps/Hz。随着 M 越来越大，η_{MPSK} 也越来越大，但这是以牺牲可靠性为代价的。

3.5.2　正交振幅调制(QAM)

MASK 单独使用振幅携带信息时，星座图是一维的，MPSK 单独使用相位携带信息时，星座图是圆形的，它们都不能充分地利用信号平面。随着调制阶数的增加，符号间的欧氏距离减小。如果能充分利用二维向量空间的平面，在保持欧氏距离不变的情况下增加星座点数就可以增加频带利用率。这就引出了 M 维正交幅度调制 MQAM。

QAM 信号的振幅和相位作为两个独立的参量同时受到调制，可以表示为

$$s_{\text{QAM}}(t) = A_k\cos(\omega_0 t + \theta_k), kT_s \leqslant t \leqslant (k+1)T_s \quad (3.50)$$

式中，k 为整数；A_k 和 θ_k 分别可以取多个离散值。

将式(3.50)展开，表示为

$$s_{\text{QAM}}(t) = A_k\cos\theta_k \cos\omega_0 t - A_k\sin\theta_k \sin\omega_0 t$$
$$= I_k\cos\omega_0 t - Q_k\sin\omega_0 t \quad (3.51)$$

式中，$I_k = A\cos\theta_k$，$Q_k = A\sin\theta_k$，I_k 和 Q_k 也是可以取多个离散值的变量，则式(3.51)可以看作两个正交的振幅键控信号之和。

若 θ_k 的值仅可以取 $0°$ 和 $90°$，A_k 的值仅可以取 $\pm A$，则此 QAM 信号就变成了 QPSK 信号。所以 QPSK 信号也可称为 4QAM 信号。图 3.35 给出了 4QAM、16QAM、64QAM 和 256QAM 信号的向量图。如图 3.35(b)所示，每一个黑点对应一组振幅 A_k 和相位 θ_k，即码元的一种状态。

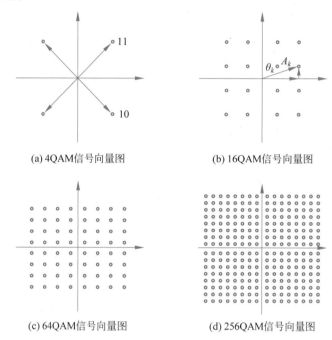

(a) 4QAM信号向量图　　　　(b) 16QAM信号向量图

(c) 64QAM信号向量图　　　　(d) 256QAM信号向量图

图 3.35　QAM 信号向量图

以 16QAM 为例分析 QAM 与 PSK 的误码率性能。图 3.36 按最大振幅相等画出了 16QAM 和 16PSK 信号的星座图。设最大振幅为 A_m，则 16PSK 信号的最小欧氏距离为

$$d_1 \approx A_m(\pi/8) = 0.393A_m \tag{3.52}$$

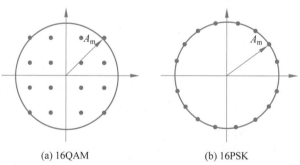

(a) 16QAM　　　　　(b) 16PSK

图 3.36　16QAM 和 16PSK 信号的星座图

16QAM 信号相邻点的距离为

$$d_2 = \frac{\sqrt{2}A_m}{3} = 0.471A_m \tag{3.53}$$

此距离直接代表噪声容限。因此,d_2 和 d_1 的比值就代表这两种制式的噪声容限之比。由上两式计算,d_2 超过 d_1 约 1.57dB。再考虑功率效率,16PSK 信号的平均功率等于其最大功率。16QAM 信号在等概率情况下,可以计算出最大功率与平均功率之比为 1.8,即 2.55dB。故在平均功率相等的条件下,16QAM 比 16PSK 信号的噪声容限大 4.12dB。

因此,在实际应用中,阶数 $M>8$ 的调制通常采用 QAM。

3.6　本章小结

本章深入探讨了数字信号在无线通信中的调制过程。首先概述了数字调制的基本概念;然后详细讨论了线性调制技术,包括 2PSK、QPSK 及其变体,这些技术通过改变相位来传输信息;接着,探讨了恒包络调制技术,如 FSK、MSK 和 GMSK,它们在移动通信中具有重要应用;最后,本章还介绍了多进制调制技术,如 MPSK 和 MQAM,它们通过增加调制阶数,提高了数据传输速率和频谱效率。通过本章的学习,读者将对数字调制技术有更深入的理解,并能够根据应用场景选择合适的调制方案。

第 4 章

抗衰落技术

在无线通信环境中,由于电波在传输过程中受到反射、散射和绕射的影响,信号从基站通过多条路径传播到达接收设备,即多径效应。这会导致信道存在瑞利衰落和时延扩展,甚至随着接收端的移动产生多普勒频移,从而加剧信号的衰落深度。此外,信号传输环境中的噪声与干扰也会影响接收质量,从而造成接收信号失真和误码。为了应对这些挑战,人们转而使用多种信号处理技术来有效地对抗衰落。这些技术包括分集技术、均衡技术、交织技术,它们可以根据实际的信道状态独立使用或者结合使用。

4.1 分集技术

在移动通信中,分集技术是对抗信号衰落的有效策略,它通过接收多条路径传播下同一信号的多径分量来弥补单一路径下的严重衰落。在分析衰落信道特性时,阴影衰落和多径衰落同时存在,阴影衰落主要是由于地理环境或大型障碍物引起的信号强度长期变化,而多径衰落则是由于信号在到达接收器前经过多条路径而产生的快速变化。这两种衰落模式的结合导致信号功率随时间和空间的变化而波动,进而影响通信系统的误码率。为了缓解这种衰落的影响,分集技术尤为重要。

考虑无线通信系统中的典型场景:一个移动接收端正尝试从另一个固定的发射端接收信号。信号从发射端到接收端的传播过程中,会经历多条传播路径,每条路径因其反射、折射或散射等现象而导致其信号衰落特性不同。设单条路径上信号强度低于接收端检测门限的概率为 p,则 N 条路径上的信号强度同时低于检测门限的概率 p^N 远低于单条路径的概率 p。通过综合这 N 条多径分量的信号,可以有效地提高接收信号的质量。这就是分集技术的基本思想。分集技术因需要跟踪多径信号分量,并对其进行及时的信号处理,从而增加了接收端复杂度,但它可以大幅提高多径衰落信道下的通信可靠性,故分集技术的应用非常广泛。

4.1.1 分集的基本原理、概念及分类

分集技术的基本思想是在无线传播环境中甄别出多个独立的多径信号来对抗信道衰落。这些多径信号在结构和统计特性上各具差异,通过合理地利用信号特性,可以有效地改善信号的质量。在实际应用中,分集通常用来减小平坦衰落信道上接收信号的衰落深度和衰落的持续时间。分集技术的参数通常由接收设备决定,而发射基站则不需要了解具体的

分集情况。

多个独立的衰落路径是实现分集的基础,它保证了各信号路径的衰落特性不相关。在此基础上,如果一条无线传播路径中的信号经历了深度衰落,另一条独立的路径中可能仍保留较强信号。通过空间分集、频率分集和时间分集等多种维度来获取独立的样值信号,其中空间分集通过多个天线接收信号,频率分集通过多个频率信道接收信号,而时间分集则通过在不同时间间隔接收信号。这样通过选择包含相同信息但统计独立的样值信号联合处理,就能提高接收端的瞬时信噪比和平均信噪比,并且通常可以提高 20~30dB。

根据分集技术的应用区域,可以分为宏分集和微分集两类。宏分集主要应用于蜂窝移动通信系统,也称为多基站分集,它源于地形地貌差异造成的阴影衰落,使接收信号平均功率在一个较长时间或较广空间区域发生波动;而微分集源于多径效应,使接收信号在一个较短时间或较窄空间区域内发生急剧的变化,但信号的平均功率不变。为了实现信号之间的不相关性,微分集可以从空间、频率、时间、极化、角度等维度分析信号。其中前三种方式较为常用,主要用于克服小尺度衰落。这样,分集技术通过多种方式和方法,有效提高了无线通信系统的可靠性和稳定性,减小了信道衰落对系统性能的影响。

4.1.2 微分集

无线信号在有限范围内传输时,信号衰落会在时间、频率、空间、角度以及电磁波的极化方向等维度彼此独立。基于这些特性,可以从同一发射源估计出在不同维度上彼此独立的衰落信号,这就有多种分集技术。本书只讨论目前移动通信中常见的三种分集方式。

1. 空间分集

在移动信道中,由于多径传播效应,基站和接收设备在相隔足够远的距离上同一频率信号的衰落情况是独立的,而在同一地点不同频率的信号同时衰落的可能性很小,如图 4.1 所示。这表明足够远的两根接收天线接收的来自同一发射机的信号是相互独立的,且在同一位置上,多个频率信号的衰落也是相互独立的。通过适当的天线间距设计,可以确保接收信号的独立性,从而有效提高无线通信系统的抗衰落能力。

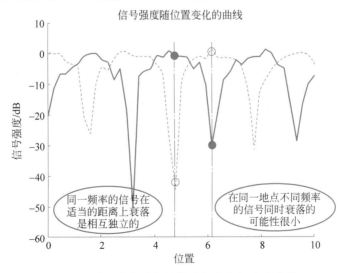

图 4.1 瑞利衰落引起信号强度随地点、频率变化

在终端设备周围,通常存在大量反射和散射体,致使基站天线与终端设备天线之间的视距传播概率较低。因此,终端设备接收的信号通常符合瑞利分布的特性。理论上,当两根接收天线之间的距离 d 足够大时,可以认为各天线接收信号的衰落特性相互独立。理想情况下,接收天线之间的间距应满足半波长条件,即 $d>\lambda/2$(λ 为波长)。然而,在实际应用中,两根天线接收到的信号仍然存在一定程度的相关性,其相关系数可表示为

$$\rho = e^{-(d/d_0)^3} \tag{4.1}$$

式中,d 为天线间距;d_0 为与信号传播环境相关的衰落距离参数,通常取决于工作频率和入射波的方向。因此 d 越大,各支路信号的相关性就越弱。$\rho-d$ 的特性如图 4.2 所示。

由图 4.2 可以看出,随着天线距离的增加,相关系数单调减小。在 $d=1.8d_0$ 时,相关系数趋近于零。实际上只要相关系数小于 0.2,这两个信号就可以认为是互不相关的。

对基站的天线来说,两个接收信号的相关系数 ρ 和天线高度 h_{BS}、终端设备高度 h_{UE}、天线的距离 d 以及移动台相对于基站天线的方位角 θ 有关,如图 4.3 所示。其相关理论分析复杂,可通过实际测量来确定。实际测量结果表明:h_{BS}/d 越大,相关系数 ρ 就越大;h_{BS}/d 一定时,$\theta=0°$ 时相关性最小,$\theta=90°$ 时相关性最大。在实际的工程设计中,h_{BS}/d 的比值约为 10,天线高数十米,天线的距离约有数米,相当于十多个波长或更多。

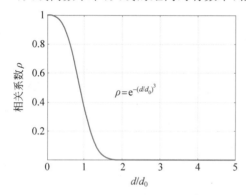

图 4.2　相关系数 ρ 和天线距离 d/d_0 的关系

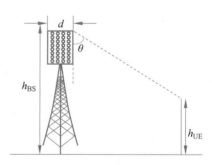

图 4.3　相关系数与基站各参数之间的关系

2. 时间分集

在动态的通信环境里,信道特性会随着时间的推移而发生变化。随着信号传输距离足够远,可以认为无线信道衰落特性相互独立。因此,通过在多个时间段发送相同的信息,接收端能够在对应的时间窗口中接收这些相互独立的信号。时间分集要求在收、发射机都有存储器,这使得它更适合于移动数字传输。时间分集只需使用接收机和天线。若信号发送 N 次,则接收机重复使用以接收 N 个相互独立衰落的信号。此时称系统为 N 重时间分集系统。要注意的是,当移动速度 v 为 0 时,相干时间会趋于无穷大,此时,时间分集不起作用。

时间分集可以采用以下 3 种实现方法。

(1)冗余传输。这是最简单的一种形式。通过在多个时间间隔内重复发送相同的数据包,通过这种形式获得的分集,会降低带宽传输效率。

(2)自动重传请求。接收端在检测到传输错误时(即接收的信号质量低于某个阈值),会请求发送端重传数据。自动重传请求的频谱效率高于冗余传输,因为它只会在第一次信号衰落时多次发送数据直至接收,而冗余传输则会一直重复发送。

(3)交织和编码的结合。根据特定的编码策略,例如前向纠错编码,将数据编码到较长

的时间序列中,并在数据发送前进行重新排序或交织,使得原本连续的数据位在时间上分散发送。此外,这种方式可以分散传输误差的影响,并提供额外的纠错能力,从而最终提升信噪比。

3. 频率分集

频率分集技术是指同时使用多个载波传输相同信号,其中每个载波间的频率间隔必须大于或等于相干带宽。在接收端,多段频率的信号被合成以增强信号质量。频率分集在超出相干信道带宽的频率范围内,不会呈现相同的信号衰落模式,当频率间的间隔超过信道的相关带宽时,这些频率上的衰落可以被认为是相互独立的。这种独立性降低了信号在两个频率上同时遭受深度衰落的概率。从理论上分析,两个不相关的通道产生相同衰落的概率等于各自独立产生衰落概率的乘积。尽管频率分集技术只需用到一副天线,但它的频谱使用效率较低,并且对总发射功率的需求较高。这表明在设计无线通信系统时,需权衡频率分集的优势与其资源消耗。在 TDMA 系统中,当多径时延扩展可与码元间隔相比时,频率分集可由均衡器获得。与空间分集相比,频率分集的主要优势在于减少了所需天线的数量。然而,这一策略的缺点在于占用了更多的频谱资源,并且在发射端需要部署多个发射机。同一时刻的两个频率信号的相关系数,即

$$P_s = \frac{1}{1 + (2\pi)^2 S_\tau^2 (f_2 - f_1)^2} \tag{4.2}$$

式中,S_τ 表示均方根延迟扩展;$f_2 - f_1$ 为两个相邻信道的频率间隔。

4.1.3 宏分集

4.1.2 节介绍了克服小尺度衰落(也就是由相互干扰引起的衰落)的分集方法。然而,并不是所有分集方法都适合用来克服阴影效应引起的大尺度衰落。阴影对于发射频率和极化基本上是独立的,因此采用频率分集或极化分集无效。而空间分集(或者相当于有移动发射机/接收机的时间分集)可以使用,但需要预知大尺度衰落的相关距离是十米还是百米的数量级。也就是说,如果发射机和接收机之间有一座山,那么在基站或移动台增加天线也无法消除这座山的阴影影响。反之,可以利用一个新的独立的基站 2,且该基站 2 的位置应该使这座山不在移动台和基站 1 之间的连线上。这就意味着基站 1 和基站 2 之间距离长,这就是"宏分集"的由来。

最简单的宏分集方法是使用频率中继器,该中继器用来接收信号,放大信号后再发送出去。同播与这种方法相似:多个基站同时发送相同的信号。在蜂窝应用中,这两个基站必须同步,且使发送给某一用户的两个信号波同时到达接收机。必须指出,只有信号从两个基站到移动台的传播时间已知,才能实现同步。总的来讲,希望同步误差不要大于接收机所能处理的延迟色散。更重要的是,在接收机所在的区域,来自两个基站的信号的强度必须近似相等。

4.2 均衡技术

在低速无线传输系统中,符号间干扰的影响并不严重。而在较高速度的无线传输系统中,多径效应及频率选择性衰落等造成的码间干扰影响就非常严重,多径传输导致的码间干扰是无线通信中需要解决的一个重要问题。通常可采用信号处理技术来对抗码间干扰,可以在发送端采用不受时延扩展影响的技术:扩频、多载波调制,也可以在接收端采用均衡技术来对抗码间干扰。均衡实质是信道的逆滤波,采用适当有效的自适应均衡技术,可以克服

数据传输在频带利用率、误码率性能以及传输速率上的许多缺点。

经过均衡器后的信号同时有信号与噪声,噪声经过均衡器后有可能被放大,因此均衡器的设计需要在码间干扰与噪声增强之间取得平衡。线性均衡系统与非线性均衡系统的噪声增强问题各不相同,复杂度也相对差异较大。均衡器在具体实现中需要已知信道的冲激相应或者频率响应,考虑到无线信道的时变特性,均衡器需要首先估计信道的频率或者冲激响应,并且随着信道的变化随时更新估计值,前者称为均衡器的训练过程,后者称为均衡器的跟踪过程,能够进行训练与跟踪的均衡器可以自动地适应信道的变化,称为自适应均衡。通常信道变化越快,均衡器的训练与跟踪会变得越困难。

4.2.1　基本原理与分类

在数字传输系统中,一个无码间干扰的理想传输系统,在没有噪声干扰的情况下其冲激响应 $h(t)$ 应当具有如图 4.4 所示的波形。它的接收信号采样值序列在非指定采样时刻理应为零,只有在特定的采样时刻,即符号边界时,采样值不为零。这种序列表现了理想传输条件下的信号特性,其中每个符号的传输和接收都不会受到前后符号的影响,从而保证了信号的清晰度和传输的准确性。由于实际信道的传输特性并非理想,冲激响应的波形失真是不可避免的,如图 4.5 中的 $h_d(t)$,一个符号的信号在信道中传输受到了相邻符号的影响,从而影响了接收端正确判定当前符号的能力,即码间干扰(Inter-Symbol Interference,ISI)。严重的码间干扰会对信息比特判决造成错误。为了提高信息传输的可靠性,必须采取适当的措施来克服这种不良的影响,如信道均衡技术。

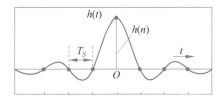

图 4.4　无码间干扰的样值序列

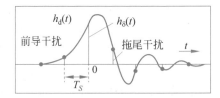

图 4.5　有码间干扰的样值序列

在数字通信中,人们感兴趣的是离散时间的发送数据序列 $\{a_n\}\{x_n\}\{y_n\}$ 和接收机最终输出序列 $\{\hat{a}_n\}$ 的关系。均衡器的作用就是希望最终能够使 $\{\hat{a}_n\} = \{a_n\}$,如图 4.6 所示。为了突出均衡器的作用,暂不考虑信道噪声的影响。

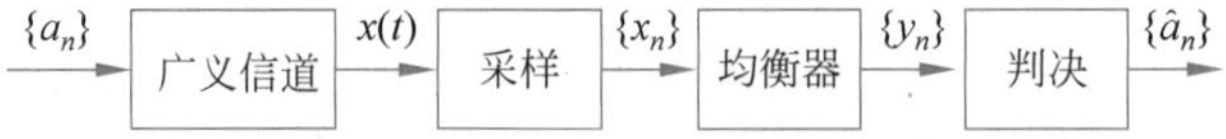

$$\{a_n\} \rightarrow \boxed{广义信道} \xrightarrow{x(t)} \boxed{采样} \xrightarrow{\{x_n\}} \boxed{均衡器} \xrightarrow{\{y_n\}} \boxed{判决} \xrightarrow{\{\hat{a}_n\}}$$

图 4.6　信道均衡的原理

均衡器的作用就是把有码间干扰的接收序列 $\{x_n\}$ 变换为无码间干扰的序列 $\{y_n\}$。当信道输入一个单位冲激:

$$a_n = \delta(n) = \begin{cases} 1, & n = 0 \\ 0, & n \neq 0 \end{cases} \tag{4.3}$$

有码间干扰的信道输出为图 4.5 中 $h_d(t)$ 的接收序列 $\{x_n\}$,它就是信道的冲激响应:

$$x(n) = \sum_k h_k \delta(n-k) \tag{4.4}$$

式中,h_k 为含噪声的信道系数。考虑到实际的信道系数 $h_d(t)$ 随时间的衰减,系数 h_k 的数目为有限。而理想均衡器输出的序列应当具有如图 4.4 所示的形式,即 $y(n)=\delta(n)$。根据 $\delta(n)$ 的定义,当输入信号 $X(z)$ 为单位脉冲函数 z^{-1} 时,系统将该信号转换为其脉冲响应,即 $H(z)=X(z)$。从而,传递函数用于描述从输入信号 z^{-1} 到输出信号 $Y(z)=1$ 的变换。因此,输出信号的 z 变换 $Y(z)$ 可以表示为

$$Y(z)=X(z)E(z)=H(z)E(z) \tag{4.5}$$

式中,$E(z)$ 代表输入信号的 z 变换。基于此,可以推导出脉冲响应的 z 变换为

$$E(z)=\frac{1}{H(z)} \tag{4.6}$$

由此可见,均衡器是信道的逆滤波。根据 $E(z)$ 就可以设计所需要的均衡器。

4.2.2 线性均衡

均衡技术主要分为线性与非线性两种类型。二者的差别在于均衡器的输出如何用于均衡器的反馈控制。线性均衡器实现简单、易于理解。线性均衡器具有两种常见的实现结构:横向滤波器与格型滤波器。横向滤波器结构简单,主要适用于衰落深度较浅的环境。此类滤波器在面对深度衰落频谱及其相邻频谱的处理上,会提升增益,从而增加系统噪声水平。格型滤波器因其数值稳定性高和快速收敛性而受到青睐。其独特的结构设计允许在信道的时间扩散特性不显著时,通过较少的级数即可调整滤波器的有效长度。随着信道时间扩散特性的增强,均衡器的级数可以通过算法自动增加,而无须中断均衡器操作。然而,相较于横向滤波器,格型均衡器的结构复杂度较高。

线性均衡器的基本结构如图 4.7 所示。发送序列 $\{c_i\}$ 经过一个存在色散和噪声的信道传输,那么在均衡器的输入端可得到序列 $\{u_i\}$。现在需要确定具有 $2K+1$ 个抽头的有限冲激响应滤波器的系数。该滤波器应将序列 $\{u_i\}$ 转换成序列 $\{\hat{c}_i\}$:

$$\hat{c}_i=\sum_{n=-k}^{K} e_n u_{i-n} \tag{4.7}$$

它应该尽可能地接近序列 $\{c_i\}$。定义误差 ε_i 为

$$\varepsilon_i=c_i-\hat{c}_i \tag{4.8}$$

目的是找到一个滤波器,使得 $\varepsilon_i=0$,$N_0=0$,这样可以得到迫零均衡器,或者 $E\{|\varepsilon_i|^2\}\rightarrow$ min,N_0 取有限制。这样可以得到最小均方误差均衡器。

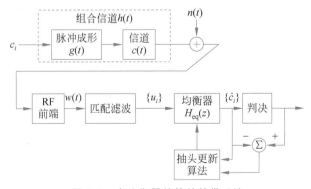

图 4.7 含均衡器的等效基带系统

均衡器系数的确定通常需要根据一定的准则。通信系统中最常用的是最小误码率准则,但是根据该准则来优化系数有难度。通常可通过一些间接的优化来减小 ISI,同时在设

计中尽量避免噪声增强问题。

常用的均衡器系数确定准则主要有两种：峰值失真准则与最小均方误差（Minimum Mean Square Error,MMSE）准则。

峰值失真准则的基本思想如下。

首先定义一个简单的性能指标——在均衡器输出端最坏情况下的 ISI 值：

$$D = \frac{1}{y_0} \sum_{\substack{n-K \\ n \neq 0}}^{K} | y_n | \tag{4.9}$$

寻求这个性能指标下的最小化即为峰值失真准则。

最小均方误差准则综合考虑了均衡器输出端既存在 ISI 也存在加性噪声的情况，并以最小均方误差来计算横向滤波器的抽头系数。均方误差为

$$J = E[e_n^2] = E[(\hat{d}_n - d_n)^2] \tag{4.10}$$

对应这两种准则的线性均衡器分别为迫零（Zero-Forcing,ZF）均衡器与 MMSE 均衡器。

1. 迫零均衡器

迫零均衡器的基本思想是通过逆滤波的方式，消除信道的码间干扰。它的目标是完全消除信号传输过程中的多径效应，以实现理想的信号恢复。在信号通过无线信道时，通常会受到反射、衍射和散射等因素的影响，导致多径传播现象，进而使接收的信号失真。迫零均衡器试图通过构造一个逆滤波器，将接收的失真信号恢复到原始信号的形式，从而"迫使"所有的干扰归零。然而，该算法没有考虑信道中存在噪声，因此在均衡信号的同时，相应频率的噪声也将被放大，接收的信号反而更差，在接收端的噪声功率比无均衡器时更大，如图 4.8 所示。

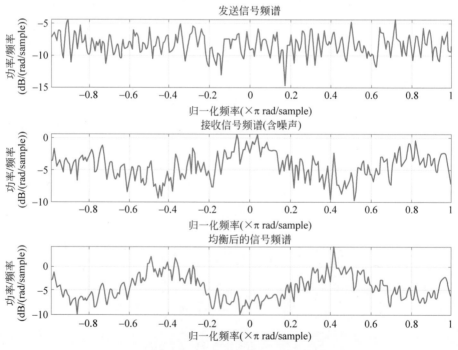

图 4.8　采用迫零均衡器校正的信号的频谱特性

2. MMSE 均衡器

MMSE 均衡器是一种用于优化信号恢复的技术,它在均衡过程中同时考虑了信道干扰和噪声影响。与迫零均衡器不同,MMSE 均衡器不单纯追求消除干扰,而是通过平衡噪声和失真来优化输出信号的质量。MMSE 的目标是使发送符号 d_k 与均衡器输出 $\hat{d}_k$ 之间的均方误差最小化:

$$J = E\left[(d_k - \hat{d}_k)^2\right] \tag{4.11}$$

需要选择合适的滤波器权值 $\{w_i\}$,方能实现 J 的最小化。MMSE 均衡器是线性均衡器,其输出是输入样值 $\{y_k\}$ 的线性组合,可表示为

$$\hat{d}_k = \sum_{i=-L}^{L} w_i y_{k-1} \tag{4.12}$$

故求解最优系数 $\{w_i\}$ 的问题是一个标准的线性估计问题。在求解过程中,考虑了信道和噪声的统计特性,平衡了噪声放大和信号恢复之间的关系。MMSE 均衡器不仅有效抵消了信道干扰效应,同时抑制了噪声对信号质量的影响,从而在多径效应和噪声环境中提供更好的性能,如图 4.9 所示。

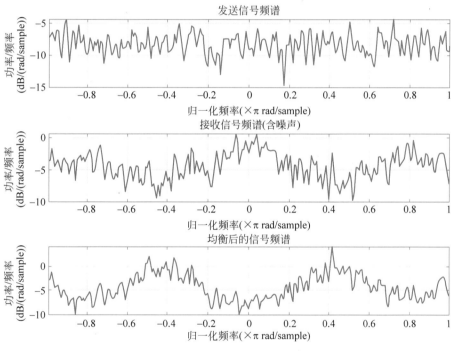

图 4.9 采用 MMSE 均衡器校正的信号的频谱特性

4.2.3 自适应均衡

自适应均衡工作原理如图 4.10 所示,对于具体的通信系统,信道的冲激相应 $c(t)$ 是未知的,而前文主要针对的是已知信道的冲激相应(或者频率响应)时如何设计均衡器。故所设计的均衡器必须能够根据信道的情况对均衡器进行调整,亦即根据信道的冲激相应 $c(t)$ 随时间变化的规律,通信系统必须定期地估计信道 $c(t)$,并更新均衡器的系数,以适应信道

响应的变化。通常这一过程称为均衡器的训练或自适应均衡。自适应均衡器通过实时监测接收的信号,并与已知的训练信号(或导频信号)进行对比来调整其参数。其基本工作原理包括以下步骤。

图 4.10 自适应均衡工作原理

初始化:均衡器参数设置为初始状态,可能是根据估计的信道条件或随机选择。

误差计算:通过对比均衡后输出与期望输出(已知的训练信号),计算误差信号。

参数更新:利用误差信号,均衡器调整其滤波器参数以最小化误差。这一过程通常通过某种自适应算法实现,如最小均方算法或递归最小二乘算法。

收敛判断:检查误差是否收敛到可接受的水平。

是(Yes):流程结束。

否(No):返回接收信号步骤,继续迭代。

一个带均衡器的数字通信系统框图如图 4.11 所示。$a(n)$ 表示被传输的数字序列,$c(n)$ 表示长度为 L 的广义离散信道(包括发射机、传输信道、接收机三部分)序列,$v(n)$ 为零均值的加性高斯白噪声序列,w_k 为补偿信道线性失真的均衡器抽头权系数,$\hat{a}(n)$ 为被传输数字序列的估计值。则均衡器的输入序列可表示为

$$x(n) = a(n) \times c(n) + v(n) \tag{4.13}$$

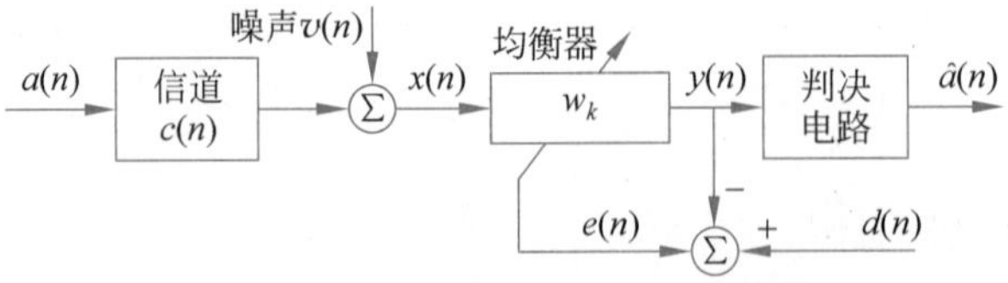

图 4.11 带均衡器的数字通信系统

传统的自适应均衡器是在数据传输开始前,首先发送一段接收端已知的伪随机序列,被称为 PN 序列,用于对均衡器进行初步"训练"。在训练阶段结束后,均衡器切换到自适应模式,开始实际数据传输。然而,由于传输过程中的失真,经过均衡器恢复的训练序列与本地

产生的训练序列之间不可避免地存在误差 $e(n)=d(n)-y(n)$。自适应均衡器的均衡系数 w_k 受误差信号 $e(n)$ 的控制，根据 $e(n)$ 的值自动调整，使输出 $y(n)$ 逼近于所期望的参考信号 $d(n)$。

设发射端发送已知的训练序列进行训练。均衡器要根据到 k 时刻为止接收的数据来更新 $k+1$ 时刻的 $N=L+1$ 个均衡器系数：

$$\bar{w}(k+1)=[w_{-L}(k+1),w_{-L+1}(k+1),\cdots,w_L(k+1)] \tag{4.14}$$

在 MMSE 准则下，权值的更新应该使得 $J=E[(d_k-\hat{d}_k)^2]$ 最小，$\hat{d}_k$ 是发送训练序列 d_k 时的判决输出，即 $\hat{d}_k=\sum\limits_{i=-L}^{L}w_i y_{k-i}$。显然能够使均方误差最小化的系数向量，可通过维纳滤波获得：

$$[w_{-L}(k+1),w_{-L+1}(k+1),\cdots,w_L(k+1)]=\boldsymbol{R}^{-1}\boldsymbol{P} \tag{4.15}$$

其中，
$$\boldsymbol{P}=d_k(y_{k+L},y_{k+L-1},\cdots,y_{k-L})$$

$$\boldsymbol{R}=\begin{bmatrix} |y_{k+L}|^2 & y_{k+L}y_{k+L-1}^* & \cdots & y_{k+L}y_{k-L}^* \\ y_{k+L-1}y_{k+L}^* & |y_{k+L-1}|^2 & \cdots & y_{k+L-1}y_{k-L}^* \\ \vdots & \ddots & \ddots & \vdots \\ y_{k-L}y_{k+L}^* & \cdots & \cdots & |y_{k-L}|^2 \end{bmatrix}$$

由式(4.15)可知，系数的求取需要对矩阵求逆，每次迭代的计算量大，复杂度高，但是该算法的优点在于收敛速度快。对于 N 抽头的均衡器只需要 N 个符号周期即可完成。

在抽头数 N 较大时，MMSE 算法的复杂度是制约均衡器实现的严重问题。此时可采用最小均方(Least Mean Square, LMS)算法和递推最小二乘(Recursive Least Square, RLS)算法。基于 MMSE 准则，LMS 算法使均衡器的输出信号与期望输出信号之间的均方误差 $E[e^2(n)]$ 最小。基于最小二乘准则，RLS 算法决定了自适应均衡器的权系数向量 $\boldsymbol{W}(n)$，使估计误差的加权平方和 $J(n)=\sum\limits_{i=1}^{n}\lambda^{n-i}\cdot|e(i)|^2$ 最小。其中，$\lambda(0<\lambda\leqslant 1)$ 为遗忘因子。

1. LMS 自适应均衡算法

LMS 算法是一种基于梯度下降法的自适应滤波算法，其目标是通过最小化误差信号的均方值来优化均衡器的参数。它的优点是不需要计算有关的相关函数，也不需要矩阵求逆运算，具有计算量小、易于实现等优点。包含以下两个过程。

(1) 滤波过程。此过程涉及计算线性滤波器对输入信号的响应。通过对比滤波器输出与期望响应，得到估计误差。

(2) 自适应过程。根据估计误差自动调整滤波器参数。

这两个过程结合在一起，构成了一个反馈回路，如图 4.12 所示。首先，系统中包含一个横向滤波器，它构成了 LMS 算法的核心部分，负责执行滤波功能；其次，系统还包含一个自适应权值控制算法，用于动态调整横向滤波器的抽头权重。

横向滤波器各部分细节如图 4.13 所示。抽头输入 $x(n),x(n-1),\cdots,x(n-L+1)$ 为 $L\times 1$ 抽头输入向量 $\boldsymbol{X}(n)$ 的元素，其中 $L-1$ 是延迟单元的个数，这些输入组成一个多维空间。相应的抽头权值 $w_0(n),w_1(n),\cdots,w_{L-1}(n)$ 为 $L\times 1$ 抽头权向量 $\boldsymbol{W}(n)$ 的元素。通过

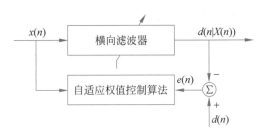

图 4.12　自适应横向滤波器

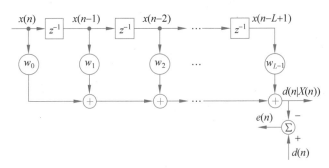

图 4.13　横向滤波器结构

LMS 算法计算这个向量所得的值表示一个估计,当迭代次数趋于无穷时,该估计的期望值可能接近维纳解 $\boldsymbol{W}_0$(对于广义平稳过程)。

在滤波过程中,期望响应 $d(n)$ 与抽头输入向量 $\boldsymbol{X}(n)$ 一同参与处理。在这种情况下,给定一个输入,横向滤波器产生一个输出 $d(n\,|\,\boldsymbol{X}(n))$ 作为期望响应 $d(n)$ 的估计。因此,可把估计误差 $e(n)$ 定义为期望响应与实际滤波器输出之差,如图 4.13 所示。估计误差 $e(n)$ 与抽头输入向量 $\boldsymbol{X}(n)$ 都被加到自适应控制部分,因此围绕抽头权值的反馈环是闭环。

LMS 算法属于自适应滤波算法,该算法通常涉及两个基本阶段:滤波和自适应调整。LMS 算法通过一个 $2L+1$ 阶的滤波器实现输入信号的滤波处理,其操作复杂度为 $O(L)$,其中 L 是自适应横向滤波器中抽头权值的数目。在滤波过程中,LMS 算法基于输入信号生成滤波器的输出,并通过与期望响应对比,产生误差信号。这一误差信号随后用于指导滤波器参数的自适应调整,以期逐步缩小输出信号与期望响应之间的差异。在自适应过程中,LMS 算法根据估计的误差自动调节滤波器的参数,以优化滤波效果。此外,LMS 算法通过引入一个动态调整机制,能够实时调整滤波器的权重,从而适应信号或环境条件的变化。R. D. Gitlin 等研究指出,通过实施此自适应权值控制算法,LMS 算法能够有效地对信号进行处理,提高系统性能。LMS 算法的核心部件为横向滤波器,其设计围绕该滤波器构建。该滤波器由 L 个延迟单元构成,形成 $L\times1$ 维的输入向量空间。根据 Yasukawa 等的研究,LMS 算法通过计算该向量空间中的权重向量,得出的估计值在迭代次数趋于无限时,理论上将接近维纳解,这适用于处理广义平稳过程。

2. RLS 自适应均衡算法

RLS 算法是在 LMS 算法的基础上发展而来的,性能有了明显提升。相比于 LMS 算法的简单实现,RLS 算法通过引入自相关权重矩阵 $\boldsymbol{R}_{xx}(n)$ 优化了自适应过程,从而降低了计算复杂性,并提升了算法的稳定性和响应速度。此外,RLS 算法在处理非平稳信号时显示出较 LMS 更优越的追踪能力和收敛速度,究其原因是加权误差平方和的最小化更为精确。

在具体实施中,RLS算法的自适应过程包括对横向滤波器的抽头权重进行动态调整,以响应输入信号及其误差信号的变化。R. D. Gitlin 等的研究表明,通过实施快速递归最小二乘和格型递归最小二乘算法,可以进一步加速权重调整过程,提供精确的滤波输出。这些算法使 RLS 算法在动态环境中表现出卓越的自适应能力,适用于需要高性能自适应滤波的应用场景。

RLS算法的一个关键特性是能够有效地适应信号的统计特性变化,使之成为处理非线性及非平稳信号的理想选择。与此同时,对信号的响应速度和准确性的提升,使得 RLS 算法在许多现代通信系统中得到广泛应用。相对而言,尽管 LMS 算法在简单性和易实施性方面具有优势,但 RLS 算法在处理复杂信号动态变化时提供了更为优越的性能。

4.3 交织技术

在移动通信中,长期的深度衰落会对连续的比特序列产生不利影响,导致比特错误成串发生。尽管信道编码技术能够检测和纠正单个错误及较短的错误串,但在应对长串比特错误时效果有限。为了解决这一问题,交织技术被引入以配合信道编码使用。研究表明,交织与编码的结合能够有效克服衰落信道中的突发错误。其基本原理在于通过交织器将长串突发错误分散到多个码字中,从而降低接收码字中的错误数量,使其在纠错范围内。交织器的长度必须足够大,以确保码字中的衰落呈现为独立事件,慢衰落信道需要更长的交织器,因此也会引入更大的延迟。

时间交织的核心在于重新组合数据序列以实现时间分集。通过在传输前重组数据时隙,确保属于同一符号的 N 个时隙不再连续传输,而是以较大的时间间隔进行传输。这样,每个时隙的幅度和相位在衰落过程中相互独立,从而减少了同时受影响的可能性。根据研究,交织编码后,脉冲干扰或多径衰落通常仅影响 N 个时隙中的一个或数个,而非全部,从而提高了系统纠正随机错误和突发错误的能力。

交织的代价在于增加了系统的延迟。衰落处理越慢,所需的交织跨度越大,因而引入的延迟也随之增加。交织器通过在时间上打散错误来实现时间分集,其性能通常通过误码率的分集阶数来衡量,而分集阶数通常是最小汉明距离的函数。因此,交织编码的设计目标是最大化分集阶数。在高斯白噪声信道中,主要考虑最大化欧氏距离,以优化系统性能。

为了理解这个基本原理,考虑一个简单的速率为 1/3 的重复码。当考虑单个比特的错误概率时,使用信噪比(Signal-to-Noise Ratio,SNR)γ 来估计,概率为 $Q(\sqrt{\gamma})$。如果考虑两个连续比特的错误概率,由于这两个比特的 SNR 是累加的,该概率可以用 $Q^2(\sqrt{\gamma})$ 来近似。误比特率(Bit Error Ratio,BER)可用式(4.16)估计:

$$\mathrm{BER} \sim \int_0^\infty p\,\mathrm{d}f_r(\gamma)Q^2(\sqrt{\gamma})\mathrm{d}\gamma \tag{4.16}$$

使用交织后,与一个源比特相关的 3 比特存在较大的传输间隔,使得它们的 SNR 不相等(见图 4.14)。因此,只有当其中两个独立传输处于相独立的衰落深陷区时才会出现错误,而这种情况是不太可能发生的(见图 4.15)。从数学上讲,这可以表示为

$$\mathrm{BER} \approx \int_0^\infty \int_0^\infty p\,\mathrm{d}f_{r_1}(\gamma_1)Q(\sqrt{\gamma_1})\,p\,\mathrm{d}f_{r_2}(\gamma_2)Q(\sqrt{\gamma_2})\mathrm{d}\gamma_1\mathrm{d}\gamma_2 \tag{4.17}$$

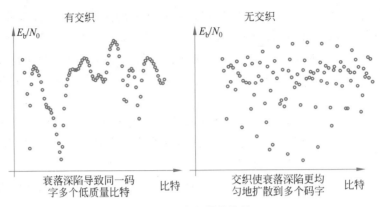

图 4.14　交织器的效果

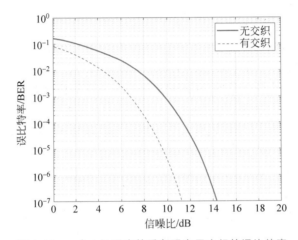

图 4.15　一个 1/3 码率的重复码有无交织的误比特率

交织技术与编码结合使用时,才能有效降低平均误比特率。对于未经编码的系统,尽管交织器能够分散突发错误,但它本身并不直接减少平均误比特率。此外,交织技术的缺点是增加了传输的延迟。

交织器主要有两种基本形式:分组交织和卷积交织。卷积交织通过连续流的方式进行数据交织,其操作类似卷积编码,与分组交织相比,它能有效减少延时(保持相同的比特间隔)。通常,分组交织与分组编码结合使用,而卷积交织则与卷积编码相配合。

4.3.1　分组交织与去交织

分组码采用分组交织来打散衰落带来的突发错误。交织器为一个 $i \times j$ 的阵列。其工作原理是将数据分成固定块或组,然后重新排列这些块中的数据元素。在这种交织中,数据首先按照原始顺序填充到一个矩阵中,然后按照列优先的顺序读出以形成交织后的数据流。

去交织是交织过程的逆过程,它在接收端进行,目的是将经过交织后可能被错误影响的数据元素重新分散,以便纠错系统更有效地处理可能的错误。分组去交织按照交织过程的逆顺序执行,从而恢复原始数据流的顺序。分组交织与去交织如图 4.16 所示。

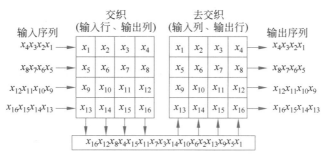

图 4.16 分组交织与去交织

4.3.2 卷积交织与去交织

在分组码中,交织器将突发错误分散到多个码字中。卷积码由于没有码字的概念,采用的交织器有所不同。编码器的输出分多路送往多路缓冲器,多路缓冲器的输出复用为一路后经过信道传输。接收端则进行相反的操作。

交织后的序列:$x_i, x_{i-j}, x_{i-2j}, \cdots, x_{i-(l-1)j}$。卷积交织器也可用于分组码,但是多用于卷积码。交织对于非衰落或固定路径的信号的幅度与相位没有影响。在瑞利衰落中,由于交织的作用,给定符号的 N 个时隙是独立的,则 N 越大分集的效果越佳。卷积交织与去交织如图 4.17 所示。

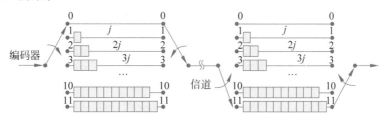

图 4.17 卷积交织与去交织

4.4 本章小结

本章主要探讨了抗衰落技术在现代无线通信系统中的作用。首先介绍了分集技术的基本原理、概念及其分类,包括微分集和宏分集,针对衰落场景提供了具体的解决方案;接着探讨了均衡技术的基本原理与分类,重点介绍了线性均衡和自适应均衡的工作机理,并通过多种均衡策略,如迫零均衡器和最小均方误差均衡器,展示了如何在保持信号质量的同时减少干扰;最后,介绍了交织技术的作用及其与信道编码的结合使用,特别是如何通过分组交织和卷积交织来优化信号处理。同时,也指出了交织技术引入的主要缺点,如增加传输延迟。通过本章的学习,读者将对现代通信系统中抗衰落技术有更深入的了解,并能够根据应用场景选择合适的抗衰落技术组合。

第 5 章

正交频分复用技术

5.1 引言

正交频分复用(Orthogonal Frequency Division Multiplexing, OFDM)是一种在具有延迟色散环境中进行高速数据传输的先进调制方案。该方案通过将高速比特流分解为若干较低速率的子载波比特流,从而实现高效数据传输,被归类为多载波调制(Multi Carrier Modulation, MCM)技术。OFDM 的起源可以追溯到 50 多年前,旨在解决高频宽带传输中的频率选择性衰落问题。20 世纪 70 年代,OFDM 系统通过引入大规模子载波和频率重叠技术取得了显著进展。进入 20 世纪 80 年代,随着数字信号处理技术的突破,OFDM 开始从理论走向实践应用。快速傅里叶变换(Fast Fourier Transform, FFT)的引入提高了 OFDM 系统的处理效率,同时降低了其计算复杂度;20 世纪 90 年代,OFDM 开始被广泛应用于各种无线通信系统,尤其是在 WLAN 和数字音视频广播领域;21 世纪的通信技术,特别是 4G-LTE 和 5G 标准中,OFDM 扮演着关键角色。在 4G-LTE 技术中,OFDM 主要用于下行链路(从基站到移动设备),以支持高速数据传输和提高频谱效率。而在 5G 时代,由于对更高数据传输速率、更低延迟和更广连接范围的需求,OFDM 技术在物联网(Internet of Things, IoT)、自动驾驶汽车、远程医疗等新兴应用中发挥着至关重要的作用。此外,OFDM 技术也能和高级的信号处理技术相结合,如多输入多输出(Multiple Input Multiple Output, MIMO)和波束成形技术,进一步提高了它在各类通信系统和广播系统中的性能。

本章首先介绍 OFDM 调制解调原理,包括数学表达式、数字基带模型、循环前缀、频谱利用率等特性;从物理层传输的角度,阐述 OFDM 系统中的频率同步、符号同步、信道估计、峰均功率比抑制;最后介绍 OFDM 技术在多址接入方面的应用及演进。

5.2 OFDM 技术基本原理

传统的多载波传输技术通过在各个载波之间设置较大的频率间隔来传输并行的数据流,并在接收端一组滤波器来分离各个子信道。这种方法的频谱利用率低,大量滤波器组的硬件实现也有困难。OFDM 是一种特殊的多载波传输方案,其基本原理是将高速数据流进行串/并转换,分为 N 个并行的低速数据流,并将各低速数据流调制到独立的子载波上,使每个子载波上的数据符号持续长度相对增加,从而减少了无线信道多径时延扩展带来的码间干扰。

由于 OFDM 系统中各子载波之间存在正交性,允许已调载波的频谱相互重叠,故而每个载频都处在其他载波的零点处。与传统的多载波传输相比,OFDM 系统可以最大限度地提高频谱利用率。图 5.1 展示了传统多载波系统和 OFDM 系统载波频谱间隔。

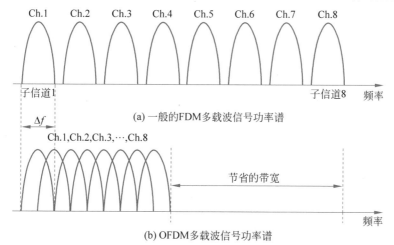

(a) 一般的 FDM 多载波信号功率谱

(b) OFDM 多载波信号功率谱

图 5.1　传统多载波系统和 OFDM 系统载波频谱间隔

设 OFDM 系统中共有 N_c 个子载波,它们在时刻 t 的复发送符号集合为 $\boldsymbol{d}=[d_0,d_1,\cdots,d_{N_c-1}]^{\mathrm{T}}$,则 OFDM 符号集合的复基带信号可以表示为

$$D(t)=\sum_{n=0}^{N_c-1}d(n)\exp(\mathrm{j}2\pi f_n t),t\in[0,T] \tag{5.1}$$

式中,$d(n)$ 是第 n 个经过调制映射的符号;T 是码元周期 T_f 加保护间隔 $\delta(T=\delta+T_f)$,子载波频率 $f_n=f_0+n/T_f$,f_0 为最低子载波频率。由于一个 OFDM 符号是将 N_c 个符号串/并转换之后并行传输,当不考虑保护间隔时,式(5.1)可以表示为

$$D(t)=\left[\sum_{n=0}^{N_c-1}d(n)\exp\left(\mathrm{j}\frac{2\pi}{T_f}nt\right)\right]\mathrm{e}^{\mathrm{j}2\pi f_0 t}=X(t)\mathrm{e}^{\mathrm{j}2\pi f_0 t} \tag{5.2}$$

式中,$X(t)$ 为复等效基带信号。在 $t=kT_f/N_c$ 时刻对 $X(t)$ 进行采样,则有

$$X(t)=\sum_{n=0}^{N_c-1}d(n)\exp\left(\mathrm{j}2\pi n\frac{k}{N_c}\right),0\leqslant k\leqslant N_c-1 \tag{5.3}$$

由式(5.3)可以看出,$X(t)$ 恰好为复发送符号 $d(n)$ 的离散傅里叶逆变换,其时域表达式为

$$\boldsymbol{x}=[x_0,x_1,\cdots,x_{N_c-1}]^{\mathrm{T}}=\boldsymbol{W}_{N_c}^*\cdot\boldsymbol{d} \tag{5.4}$$

式中,$\boldsymbol{W}_N$ 为 N 点离散傅里叶变换(Discrete Fourier Transform,DFT)矩阵:

$$\boldsymbol{W}_N=\begin{bmatrix} w_N^{00} & w_N^{01} & w_N^{02} & \cdots & w_N^{0(N-1)} \\ w_N^{10} & w_N^{11} & w_N^{12} & \cdots & w_N^{1(N-1)} \\ \vdots & \vdots & \vdots & \ddots & \vdots \\ w_N^{(N-1)0} & w_N^{(N-1)1} & w_N^{(N-1)2} & \cdots & w_N^{(N-1)(N-1)} \end{bmatrix} \tag{5.5}$$

式中,$w_N^{mn}=\mathrm{e}^{-\mathrm{j}2\pi mn/N}$。

在解调接收端,长度为 N_c 的信道矢量 $\boldsymbol{h} = [h_0, h_1, \cdots, h_{N_c-1}]^T$,对接收信号采样的 N_c 点输出矢量为

$$\boldsymbol{y} = [y_0, y_1, \cdots, y_{N_c-1}]^T = \boldsymbol{h} \otimes \boldsymbol{d} \tag{5.6}$$

离散傅里叶变换的输出为

$$\hat{\boldsymbol{x}} = [\hat{x}_0, \hat{x}_1, \cdots, \hat{x}_{N_c-1}]^T = \boldsymbol{W}_{N_c} \cdot \boldsymbol{y} = \boldsymbol{W}_{N_c} \cdot \boldsymbol{H} \cdot \boldsymbol{x} \tag{5.7}$$

也可以把式(5.7)写成

$$\hat{\boldsymbol{x}} = \boldsymbol{W}_{N_c} \begin{bmatrix} H(1) & & 0 \\ & \ddots & \\ 0 & & H(N_c) \end{bmatrix}$$

$$\boldsymbol{x} = \boldsymbol{W}_{N_c} \begin{bmatrix} H(1) & & 0 \\ & \ddots & \\ 0 & & H(N_c) \end{bmatrix} \boldsymbol{W}_{N_c}^* \cdot \boldsymbol{d} = \boldsymbol{H} \cdot \boldsymbol{d} \tag{5.8}$$

在实际情况中,子载波数 N_c 都选择 2 的幂次,离散傅里叶逆变换用快速傅里叶逆变换(Inverse Fast Fourier Transform, IFFT)来实现。采用 FFT 技术的 OFDM 系统如图 5.2 所示。$X(t)$ 的 N_c 个输出(对应 N_c 个子载波符号)通过 P/S(并/串)转换的方式,按照采样的时间顺序逐个发送。在接收端则进行相反的过程,对接收信号进行采样,将 N 个采样数据组成一个矢量,即通过 S/P(串/并)转换得到 $\boldsymbol{y} = [y_0, y_1, \cdots, y_{N-1}]^T$,然后对矢量 $\boldsymbol{y}$ 进行快速傅里叶变换得到原始数据 $\boldsymbol{d}$ 的估计值 $\hat{\boldsymbol{x}}$。

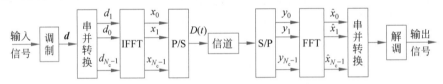

图 5.2　OFDM 系统基本模型

OFDM 由于采用正交子载波和频带重叠的策略,展现出较高的频谱效率。在 OFDM 系统中,信息被平均分配至多个子载波上,这一分配策略降低了子载波的信号传输速率,从而有效地缓解了多径传播所引发的负面影响。当并行传输的码元长度 $N_c \gg \tau$(多径信道的相对时延)时,OFDM 能够抑制 ISI。然而,OFDM 技术在应用过程中也面临以下挑战。

(1)频率偏差的敏感性:OFDM 对子载波间的正交性要求极高,任何频率上的偏移都可能破坏这一正交性,引发载波间干扰(Inter Carrier Interference, ICI),进而降低系统性能。

(2)高峰均功率比:与单载波系统相比,OFDM 系统的输出是多个子信道信号的叠加。当这些子载波的相位一致时,则叠加信号的瞬时功率可能远远超过信号的平均功率,导致较高的峰均功率比(Peak-to-Average Power Ratio, PAPR)。这种现象对发射机的功率放大器(Power Amplifier, PA)造成困难,因为功率放大器需要在较大的动态范围内工作以避免信号失真。信号失真会破坏子信道间的正交性,从而导致误码率增加和系统性能下降。

5.3 循环前缀

5.2 节探讨了 OFDM 技术在发射端和接收端的基本工作原理。具体而言,OFDM 技术在每一个码元周期 T_f 内仅传输一个信息符号,从而可实现最大程度的分集增益。然而,该方案浪费了自由度:每次延迟传播周期只能传输一个符号。一旦试图更频繁地传输符号,在多径信道的作用下,就会出现 ISI,即前一个数据块(OFDM 符号)的延迟将对当前正在传输的 OFDM 符号产生干扰。

为了有效避免由多径传播引起的 ISI,一种有效的解决方案是在发送端每两个相邻的 OFDM 符号之间插入一段特定长度的保护间隔,又称循环前缀(Cyclic Prefix,CP)。循环前缀的长度应大于无线信道的最大时延,即 $T_g > \tau_{max}$。通过这种方式,即使在存在多径信道的环境下,也可以有效地减轻或消除 ISI,从而保证 OFDM 系统的高效性和稳定性。

输入信号经过串/并转换后,会被映射为 N_c 个调制符号,形成频域矢量 $\boldsymbol{d} = [d_0, d_1, \cdots, d_{N_c-1}]^T$。随后,该频域矢量通过 N_c 点离散傅里叶逆变换,变换为时域矢量 $\boldsymbol{x} = [x_0, x_1, \cdots, x_{N_c-1}]^T$,其循环前缀定义为 $\boldsymbol{x}_g = [x_{N_c-G}, \cdots, x_{N_c-1}]^T$,将 $\boldsymbol{x}$ 的后 G 个样值整体移动到时域矢量 $\boldsymbol{x}$ 的开头,形成一个新的长度为 $N_c + G$ 的时域矢量 $\tilde{\boldsymbol{x}} = [\boldsymbol{x}_g, \boldsymbol{x}] = [\tilde{x}_{-G}, \cdots, \tilde{x}_{-1}, \tilde{x}_0, \cdots, \tilde{x}_{N_c-1}]^T$。最后,经过数模转换(D/A 转换)以及上变频处理,生成最终需要发送的 OFDM 符号。循环前缀是在 $\boldsymbol{x}$ 的前面缀上最后的 G 个元素(时域样值),如图 5.3 所示。

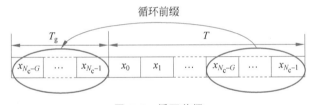

图 5.3 循环前缀

加循环前缀的作用是在多径信道环境下,既能避免前后 OFDM 符号之间相互干扰,又能确保子载波信号之间的正交性。通过附加 G 点的循环前缀到 $\boldsymbol{x}$,信道输出 $\boldsymbol{y}$ 的线性卷积转换为循环卷积:

$$Y_n = \mathrm{DFT}\{\boldsymbol{h} \otimes \boldsymbol{d}\}_n = \sqrt{N_c}\, \mathrm{DFT}\{\boldsymbol{h}\}_n \cdot \mathrm{DFT}\{\boldsymbol{d}\}_n, n = 0, 1, \cdots, N-1 \qquad (5.9)$$

式中,$N \geqslant N_c$ 为 DFT 运算长度。

在接收端,通过信道估计得到 H_n,再经过 DFT 运算,即可区分出多个子载波上的调制信号。当然,加入循环前缀会在一定程度上降低 OFDM 符号传输的时间效率和功率效率。在输入 OFDM 符号之前加上长度为 G 的循环前缀,数据传输的时间效率由 N_c/N 降为 $N_c/(G+N)$;同时,还需要额外功率来发送循环前缀,增加了系统的功耗。

5.4 OFDM 同步技术

系统同步是通信双方实现信息可靠传输需首要解决的问题。传统通信系统中,发送端和接收端的晶体振荡器频率不同步,加上信号受到无线时变信道引起的多普勒效应影响,载波频率会发生偏差。即使是微小的偏差,也能降低系统性能,因此载波频率同步至关重要。而在 OFDM 系统中,问题更为复杂。由于系统内存在多个正交子载波,且输出信号是这些子载波信号的叠加,子载波之间的相互覆盖对同步精度提出了更高要求。同步偏差会导致 OFDM 系统中出现符号间干扰和载波间干扰。

因此,在 OFDM 系统中,主要有以下三方面的同步需求。

(1) 定时同步

帧同步:确定 OFDM 帧的起始位置,可以用一组零数据/周期信号来实现。

符号同步:确定每个 OFDM 符号的正确起始时刻(准确的 FFT 窗位置)。

(2) 载波频率同步

用以消除接收机的本振频率与发射机本振频率和相位的偏差,从而避免系统性能下降。

(3) 采样时钟同步

用以消除接收机和发射机在进行数模转换/模数转换时采样频率的不一致。

图 5.4 展示了各种同步技术在 OFDM 系统中的位置。

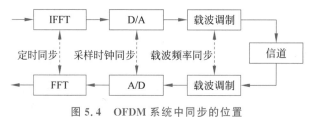

图 5.4　OFDM 系统中同步的位置

5.4.1　定时同步

定时同步在通信系统中扮演着关键角色,主要分为帧同步和符号同步。帧同步的目的是确定数据包的起始位置,而符号同步则确保正确识别出 OFDM 符号的第一个数据,以便进行准确的 FFT(快速傅里叶变换)操作。首先进行的是帧同步。一种常见的方法是在传输帧的开头加入一组零数据。由于这组数据不包含任何信息,接收机可以利用其检测帧的起始位置。此外,也可以采用训练数据组或周期性信号作为替代,或者与零数据组结合使用。

1. 符号定时同步偏差对系统性能的影响

帧同步建立后,可以通过计算 OFDM 系统的保护间隔来实现更精确的符号同步。在 OFDM 系统中,发射机调制和接收机解调依赖在正确的时间点开始采样,即 FFT 窗口必须准确定位在每个 OFDM 符号的起始点。如果符号定时同步不准确,FFT 窗口可能会错位,这会导致部分符号信息丢失,从而影响接收信号的质量。此外,符号定时同步偏差(Symbol Timing Offset, STO)产生的影响与 OFDM 符号起始点估计位置有关。此处,设多径时延扩展 $\tau_{\max}$,由 5.3 节可知,循环前缀的长度应大于无线信道的最大时延,即 $T_g > \tau_{\max}$,令 T 表示没有保护间隔时有效的 OFDM 符号周期,则扩展后的 OFDM 符号周期可表示为 $T_{\text{sym}} = T_g + T$,并且在后面的分析中,忽略信道和噪声的影响。图 5.5 显示了两个连续的 OFDM 符号中四种情况下的 STO,即与精确的定时时刻相比,估计的起始点分别为准确、早一点、更早一点和稍晚一点。

情况 Ⅰ:当估计的 OFDM 符号起始点与精确的定时点一致时,可以保持子载波频率分量之间的正交性。在此情况下,OFDM 符号能够被完美恢复,且没有任何干扰。

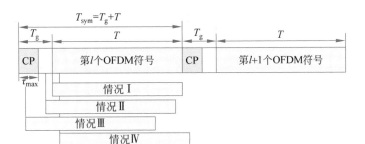

图 5.5 四种 OFDM 起始点引起的 STO

情况 II：当估计的 OFDM 符号起始点位于精确定时点之前，但仍在前一个 OFDM 符号信道响应的末端之后时，符号之间不会发生重叠，因此不存在由前一个符号引起的 ISI。为了分析 STO 的影响，仅考虑频域接收信号。对时域接收信号的采样 $\{x_l[n+\delta]\}_{n=0}^{N_c-1}$ 进行 FFT，得到频域接收信号：

$$
\begin{aligned}
Y_l[k] &= \frac{1}{N_c} \sum_{n=0}^{N_c-1} x_l[n+\delta] \cdot e^{-j2\pi nk/N_c} \\
&= \frac{1}{N_c} \sum_{p=0}^{N_c-1} X_l[p] \cdot e^{j2\pi p\delta/N_c} \cdot \sum_{n=0}^{N_c-1} e^{j2\pi(p-k)n/N_c} \\
&= X_l[k] \cdot e^{j2\pi k\delta/N_c}
\end{aligned}
\tag{5.10}
$$

式中，δ 为 STO 的采样数；N_c 为串/并转换后 OFDM 调制符号的个数。式(5.10)表明，频域接收信号保持了子载波频率分量间的正交性。然而，接收信号中存在相位偏差，它使信号的星座绕原点旋转，其中相位偏差程度与 δ 和 k 成正比。图 5.6(a)和图 5.6(b)分别显示了情况 I 和情况 II 中接收信号的星座图。如图所示，在情况 II 中观察到了由 STO 造成的相位偏差现象。通过一个单抽头的频域均衡器，可以直接补偿相位偏差。

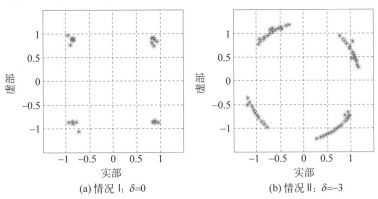

(a) 情况 I：$\delta=0$ (b) 情况 II：$\delta=-3$

图 5.6 情况 I 和情况 II 下的接收信号的星座图

情况 III：当 OFDM 符号的定时偏差在前一个 OFDM 符号的信道响应之后，即可以维持子载波之间的正交性，符号间不会存在干扰。然而，在此情况下，符号定时偏差的存在可能会引入干扰噪声，这种干扰称为载波间干扰 ICI。

情况 IV：估计的 OFDM 符号起始点滞后于精确的定时点。在这种情况下，当进行 FFT 以恢复原始数据时，接收信号 $y_l[n]$ 将是前一个符号 $x_{l-1}[n]$ 的末端和当前符号 $x_l[n]$ 的开头的组合。

更具体地,在 FFT 间隔内,接收信号可以表示为

$$y_l[n] = \begin{cases} x_l[n+\delta], & 0 \leqslant n \leqslant N_c-1-\delta \\ x_{l+1}[n+2\delta-G], & N_c-\delta \leqslant n \leqslant N_c-1 \end{cases} \tag{5.11}$$

式中,G 为循环前缀的长度。对复合信号 $\{y_l[n]\}_{n=0}^{N_c-1}$ 进行 FFT,得到频域表示:

$$\begin{aligned} Y_l[k] &= \mathrm{FFT}\{y_l[n]\} \\ &= \sum_{n=0}^{N_c-1-\delta} x_l[n+\delta] \cdot e^{-j2\pi nk/N_c} + \sum_{n=N_c-\delta}^{N_c-1} x_{l+1}[n+2\delta-G] \cdot e^{-j2\pi nk/N_c} \\ &= \sum_{n=0}^{N_c-1-\delta} \left(\frac{1}{N_c} \sum_{p=0}^{N_c-1} X_l[p] \cdot e^{j2\pi(n+\delta)p/N_c} \right) \cdot e^{-j2\pi nk/N_c} + \\ &\quad \sum_{n=N_c-\delta}^{N_c-1} \left(\frac{1}{N_c} \sum_{p=0}^{N_c-1} X_{l+1}[p] \cdot e^{j2\pi(n+2\delta-G)p/N_c} \right) \cdot e^{-j2\pi nk/N_c} \\ &= \frac{N_c-\delta}{N_c} X_l[p] \cdot e^{j2\pi\delta p/N_c} + \sum_{p=0,p\neq k}^{N_c-1} X_l[p] \cdot e^{j2\pi\delta p/N_c} \sum_{n=0}^{N_c-1-\delta} e^{j2\pi\frac{(p-k)}{N_c}n} + \\ &\quad \frac{1}{N_c} \sum_{p=0}^{N_c-1} X_{l+1}[p] \cdot e^{j2\pi p(2\delta-G)p/N_c} \sum_{n=N_c-\delta}^{N_c-1} e^{j2\pi\frac{(p-k)}{N_c}n} \end{aligned} \tag{5.12}$$

则式(5.12)中最后一行的第二项对应 ICI,这意味着正交性已经被破坏。此外,从式(5.12)中最后一行的第三项可以清楚地看到,接收信号中存在来自下一个 OFDM 符号 $X_{l+1}[p]$ 的 ISI。图 5.7(a)和图 5.7(b)分别显示了情况Ⅲ和情况Ⅳ下的接收信号的星座图。在情况Ⅳ中,失真(包括相位偏差)过于严重,以至于无法得到补偿。为了防止出现情况Ⅳ的 STO,符号定时方案是必要的。

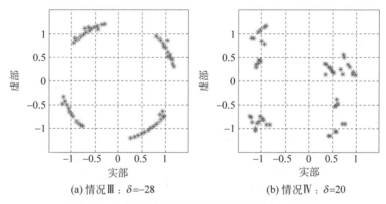

(a) 情况Ⅲ:$\delta=-28$　　　　(b) 情况Ⅳ:$\delta=20$

图 5.7　情况Ⅲ和情况Ⅳ下的接收信号的星座图

2. 符号定时同步算法

在 OFDM 系统中,STO 不仅会导致相位失真(可以通过均衡器进行校正),还会引发无法补偿的 ISI。因此,为了保证 OFDM 系统的性能,接收端必须采用同步技术准确地估测STO,这样才能正确确定 OFDM 符号的起始位置。本节将探讨符号定时同步算法。总的

来说,可以在时域或频域实现符号定时同步。

1) 基于循环前缀的符号定时同步算法

在 OFDM 系统中,周期前缀的长度 T_g(相对于子载波间隔 G)和符号长度 T(相对于子载波数 N_c)的设置至关重要。正确的循环前缀(CP)长度可以确保在信号的接收过程中消除由于多径效应引起的 ISI 以及 ICI。STO 会对 CP 的有效性产生影响,可能导致接收信号中的多个窗口(如 W_1 和 W_2)之间的数据不一致。具体来说,如果 OFDM 符号的 CP 在 FFT 窗口 W_1 内,而所需的 CP 不在 W_2 内,则可能导致对应的信道估计出现错误,从而影响 STO 的准确度。利用双滑动窗的 STO 估计技术见图 5.8。

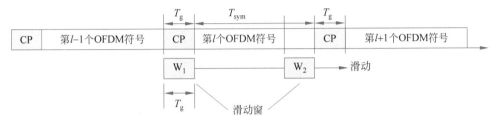

图 5.8　利用双滑动窗的 STO 估计技术

当 W_1 和 W_2 中两个采样块之间的差最小时,这两个块的相似度达到最大。所以,在两个窗内,通过搜索使(由 G 个采样点构成的)两个块之差取最小值所在的点,就能够估计出 STO:

$$\hat{\delta} = \arg \min_{\delta} \left\{ \sum_{i=\delta}^{G-1+\delta} \mid y_l[n+i] - y_l[n+N_c+i] \mid \right\} \tag{5.13}$$

2) 基于训练符号的符号定时同步算法

通过发射特定的训练符号,接收机能实现符号同步。与基于 CP 的方法相比,基于训练符号的方法尽管会增加传输负荷,但它对多径信道的影响较小。在同步估计过程中,既可以采用两个相同的 OFDM 训练符号,也可以使用一个带有不同重复模式的单一 OFDM 训练符号。例如,图 5.9 展示了一个具有 $T/2$ 和 $T/4$ 重复周期的单个 OFDM 符号示例。通过在子载波之间插入零,可以在时域产生多种重复样式。一旦发射机在 OFDM 符号中的两个块上发送重复训练信号,接收机便能通过最大化两个滑动窗口内采样块的相似性来确定 STO。通过计算重复的训练信号的自相关函数,得到两个采样块之间的相似性。

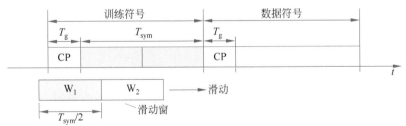

图 5.9　基于重复训练符号的 STO 估计技术

在图 5.9 中,重复周期为 $T/2$,可以构成两个滑动窗(W_1 和 W_2)来估计 STO。与基于 CP 的符号定时同步算法相比,基于训练符号的符号定时同步算法也可以通过最小化 W_1 和 W_2 中两个接收采样块之差的平方得到,即

$$\hat{\delta} = \arg\min_{\delta} \left\{ \sum_{i=\delta}^{\frac{N_c}{2}-1+\delta} \mid y_l[n+i] - y_l^*[n+N_c+i] \mid^2 \right\} \tag{5.14}$$

图 5.10 显示了基于 CP 的符号定时同步算法的性能评估。其中，实线代表基于最大相关性法的性能，而虚线则展示了基于最小差异法的结果。如图所示，STO 位于使 CP 采样块与数据部分采样块之间的差异最小化或相关性最大化的位置。

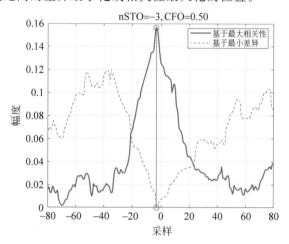

图 5.10　基于 CP 的 STO 估计的性能：基于最大
相关性和基于最小差异

5.4.2　载波频率同步

1. 载波频率偏差对系统性能的影响

基带信号首先通过载波调制上变频至通频带进行传输，随后在接收端使用与频率匹配的载波进行下变频，以恢复原始信号。在载波信号的传输过程中，主要存在两种类型的畸变。第一种是由发射机和接收机中载波发生器的不稳定性导致的相位噪声；第二种是由多普勒频移引起的载波频率偏移（Carrier Frequency Offset, CFO）。理论上发射机和接收机应该生成相同频率的载波，但由于振荡器的物理特性差异，难以完全一致。令发射机和接收机的载波频率分别为 f_c 和 f_c'，子载波间隔为 Δf，则归一化的 CFO 定义为

$$\varepsilon = \frac{f_c - f_c'}{\Delta f} \tag{5.15}$$

令整数载波频率偏差（Integer Carrier Frequency Offset, IFO）ε_i 和小数载波频率偏差（Fractional Carrier Frequency Offset, FFO）ε_f 分别表示 ε 的整数部分和小数部分，即 $\varepsilon = \varepsilon_i + \varepsilon_f$。图 5.11 显示了 CFO 对 OFDM 系统的影响。$f_c - f_c' \neq 0$ 且不是子载波间隔 Δf 的整数倍时，子载波间的正交性遭到破坏，值为 ε 的 CFO 使 OFDM 系统产生了 $-\varepsilon$ 的频率偏差，即引入 ICI，使得系统的解调信噪比下降。

值为 ε_i 的 IFO 对发射采样 $\{x_l[n]\}_{n=0}^{N_c-1}$ 的影响如图 5.12 所示。在接收端，接收信号偏移为 $\mathrm{e}^{\mathrm{j}2\pi\varepsilon_i n/N_c} x[n]$。由于 IFO 的作用，发射信号 $X[k]$ 在接收机被循环移位 ε_i，即在第 k 个子载波上的接收信号为 $X[k-\varepsilon_i]$。如果不能对循环移位进行有效补偿，它将降低 BER 的性能。尽管如此，子载波之间的正交性保持不变，因此并未产生 ICI。

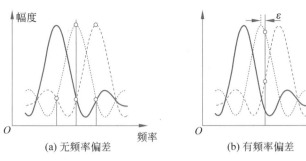

图 5.11 CFO 对 OFDM 子载波正交性影响

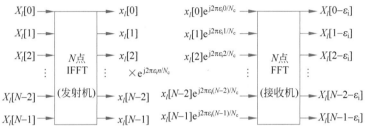

图 5.12 IFO 对接收信号的影响

对时域接收信号进行快速傅里叶变换,可得受 FFO 影响的频域接收信号:

$$Y_l[k] = \mathrm{FFT}\{y_l[n]\} = \sum_{n=0}^{N_c-1} y_l[n] \mathrm{e}^{-\mathrm{j}2\pi kn/N_c}$$

$$= \sum_{n=0}^{N_c-1} \frac{1}{N_c} \sum_{m=0}^{N_c-1} H[m]X_l[m] \cdot \mathrm{e}^{\mathrm{j}2\pi(m+\varepsilon_f)n/N_c} \mathrm{e}^{-\mathrm{j}2\pi nk/N_c} + \sum_{n=0}^{N_c-1} z_l[n] \cdot \mathrm{e}^{-\mathrm{j}2\pi nk/N_c}$$

$$= \frac{1}{N_c} H[k]X_l[k] \cdot \sum_{n=0}^{N_c-1} \mathrm{e}^{\mathrm{j}2\pi\varepsilon_f n/N_c} + \frac{1}{N_c} \sum_{m=0,m\neq k}^{N_c-1} H[m]X_l[m] \sum_{n=0}^{N_c-1} \mathrm{e}^{\mathrm{j}2\pi(m-k+\varepsilon_f)n/N_c} + Z_l[k]$$

$$= \frac{\sin(\pi\varepsilon_f)}{N\sin(\pi\varepsilon_f/N_c)} \mathrm{e}^{\mathrm{j}2\pi\varepsilon_f(N_c-1)/N_c} H[k]X_l[k] + I_l[k] + Z_l[k]$$

(5.16)

其中

$$I_l[k] = \mathrm{e}^{\mathrm{j}\pi\varepsilon_f(N_c-1)/N_c} \sum_{m=0,m\neq k}^{N_c-1} \frac{\sin(\pi(m-k+\varepsilon_f))}{N\sin(\pi(m-k+\varepsilon_f)/N_c)}$$
$$H[m]X_l[m]\mathrm{e}^{\mathrm{j}\pi(m-k)(N_c-1)/N_c}$$

(5.17)

在式(5.16)的最后一行,第一个项揭示了由 FFO 引起的第 k 个子载波的幅度和相位失真。此外,式(5.16)中的 $I_l[k]$ 项描述了第 k 个子载波受到其他 ICI 的影响。这表明,当存在 FFO 时,子载波之间的正交性会被破坏。图 5.13 展示了在不同 FFO 情况下接收的三个连续的 OFDM 信号星座图,其中暂不考虑信道、STO 和噪声的影响。从图 5.13 可以清楚地看出,随着 FFO 的增大,式(5.17)中的 ICI 项产生了更严重的幅度和相位失真。

2. 载波频率同步算法

1) 基于 CP 的载波频率同步算法

基于 CP 的载波频率同步算法是一种广泛应用于 OFDM 系统中的方法。CP 是 OFDM

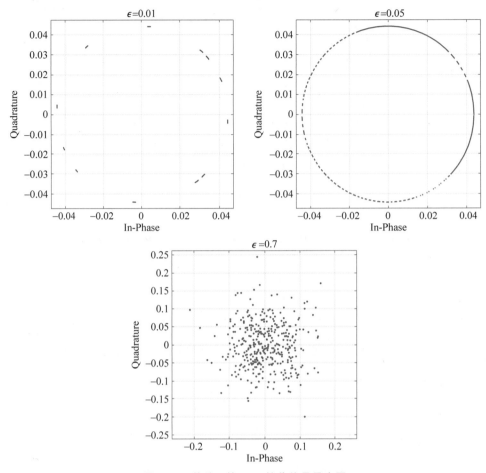

图 5.13　值为 ϵ 的 CFO 接收信号星座图

符号中的一部分,它是在每个符号前面附加的重复部分,其长度通常等于信道的延迟扩展。CP 的主要功能是避免符号间干扰,并且它可以为频率同步提供便利。由于 CP 是 OFDM 符号最后一部分的重复,因此它具有一定的周期性,接收端可以利用这种周期性特性来估计载波频率偏移。在实际应用中,由于发射机和接收机之间可能存在载波频率偏移,或者由于相对运动产生的多普勒频移,OFDM 系统中的频率同步问题变得尤为重要。如果不进行频率同步,子载波之间的正交性会被破坏,导致子载波间干扰,从而降低系统的性能。基于 CP 的载波频率同步算法步骤如下。

接收端会提取 OFDM 符号的 CP 部分,并将其与 OFDM 符号的对应部分对比。由于 CP 是符号的尾部,理论上应与 OFDM 符号的前部保持一致。接收端计算 CP 部分和符号对应部分之间的相位差,这个相位差是由载波频率偏移引起的。通过该相位差,可以估计频率偏移量。

具体来说,设接收符号为 $x(n)$,CP 的长度为 N_{CP},OFDM 符号的长度为 N_C,那么频率偏移的估计可以通过式(5.18)实现:

$$\Delta f = \frac{\arg\left(\sum_{n=0}^{N_{CP}-1} x(n) \cdot x^*(n+N_C)\right)}{2\pi T} \tag{5.18}$$

式中,T 是符号的持续时间;$x^*(n)$ 是接收信号的共轭复数。这一估计值代表了载波频率的偏移量。

接收端利用这一估计结果对接收的信号进行校正,将其恢复到正确的频率上。这种方法不需要额外的控制信息,避免了占用更多带宽,且结构简单、计算量较小、适合硬件实现。但由于 CP 长度通常较短,因此估计频率偏移的精度有限,尤其是对于较大的频率偏移,难以提供准确的估计。

2) 基于 Classen 的载波频率同步算法

Classen 算法是一种基于导频符号的载波频率同步方法,在 OFDM 系统中具有较高的频率偏移估计精度。与基于 CP 的方法不同,Classen 算法使用特定设计的导频符号进行频率同步。这些导频符号在时域具有周期性,接收端可以通过检测导频符号的周期性特征来估计载波频率偏移。

该算法的核心思想是:发射端在 OFDM 符号的前部插入一个周期性的导频符号,这个符号可以是已知的固定序列。接收端通过捕获到的导频符号序列,检测其中的周期性变化。如果载波频率偏移为零,接收端收到的符号将具有与发送符号相同的周期性;然而,如果存在频率偏移,接收符号之间的相位将会发生线性变化。通过对比相邻周期符号的相位差,可以准确估计频率偏移量。

为了估计这一频率偏移,接收端将接收的符号进行自相关操作,检测相邻周期性符号的相位变化。频率偏移可以通过式(5.19)来估计:

$$\Delta f = \frac{1}{2\pi T_s}\arg\left(\sum_{n=0}^{N_{CP}-1} x(n) \cdot x^*(n+T)\right) \tag{5.19}$$

式中,T_s 是 OFDM 符号的持续时间;T 是符号间的周期性间隔。通过检测符号间的相位变化,可以得到频率偏移的估计值。

Classen 算法通过周期性导频符号进行频率同步,其估计精度远高于基于 CP 的算法,尤其适合较大范围的频率偏移校正。特别是在移动环境中,该方法对多普勒频移的抗性更强。但是周期性导频符号占用了额外的频谱资源,导致带宽利用率下降,且由于该算法涉及符号间的相位对比和自相关操作,计算量相对较大,尤其是当系统符号速率较高时,可能增加硬件实现的复杂性。尽管需要额外的带宽资源和计算开销,Classen 算法在移动通信系统中得到了广泛的应用,特别是在需要高精度频率同步的环境下,例如 LTE 和 5G 系统中,该算法可以为频率同步提供重要支持。

5.5　信道估计

在 OFDM 系统中,首先将信息比特流调制成 PSK 或 QAM 符号。随后对这些符号执行 IFFT 变换将其转换为时域信号,并通过无线信道发射。接收端在接收信号后,通常会因为信道特性的影响而导致信号失真。为恢复发射的比特流信息,接收端需要进行信道估计,具体说来:接收端首先从接收的 OFDM 符号中提取导频符号,这些导频符号是已知的,并用于估计信道的频率响应。通过导频符号,接收端可以使用最小二乘(Least Squares,LS)或 MMSE 等方法对信道响应进行估计。由于导频符号只覆盖部分子载波,接收端需要对其他未覆盖的子载波信道响应进行插值。常用的插值方法有线性插值、样条插值和 DFT 插值,这些方法帮助估计导频之间子载波的信道响应。最终,利用估计出的信道响应,接收端对接收的信号进行补偿,以恢复原始的发射信号。在选择 OFDM 系统的信道估计技术时,必须考虑诸多系统实现方面的因素,包括性能需求、计算复杂度和信道的时变特性。

5.5.1 基于导频的信道估计

在 OFDM 系统中,最简单直接的信道估计方法是通过使用已知的导频符号进行估计。这种方法的核心在于,在发送端将一些已知符号嵌入已调制的信号序列中的特定位置,这些符号被称为导频符号。接收端接收信号后,通过提取这些已知的导频符号,并利用特定的算法来计算导频位置处的频率信道响应。基于导频的信道估计方法能够提供较为准确的信道状态信息,从而实现接收端的信号补偿与恢复。在 OFDM 系统中,基于导频的信道估计系统如图 5.14 所示。

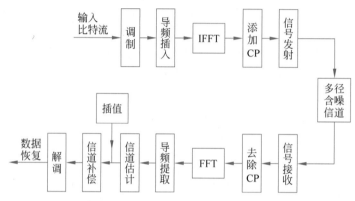

图 5.14 基于导频的信道估计系统

图 5.14 中,输入的二进制数据被调制为符号数据后进行串/并转换,在特定时间和频率的子载波上插入导频符号,这些导频符号通常用于后续的信道估计。随后进行 IFFT 运算,将频域信号转换为时域信号。然而,发射端除了发射数据符号外,还发射导频符号,这会降低系统的传输效率。故接收端接收到了数据符号时,LS 和 MMSE 技术被广泛应用于信道估计。设所有子载波是正交的,即没有 ICI,那么可以将 N 个子载波的训练符号表示成矩阵形式:

$$\boldsymbol{X} = \begin{bmatrix} X[0] & 0 & \cdots & 0 \\ 0 & X[1] & & \vdots \\ \vdots & & \ddots & 0 \\ 0 & \cdots & 0 & X[N-1] \end{bmatrix} \tag{5.20}$$

式中,$X[k]$ 表示第 k 个子载波上的导频信号,满足 $E\{X[k]\}=0$,$\text{var}\{X[k]\}=\sigma^2$。因为设所有的子载波都是正交的,故 $\boldsymbol{X}$ 是一个对角矩阵。给定第 k 个子载波的信道增益 $H[k]$,接收的训练信号 $Y[k]$ 能够表示为

$$\boldsymbol{Y} \triangleq \begin{bmatrix} Y[0] \\ Y[1] \\ \vdots \\ Y[N-1] \end{bmatrix} = \begin{bmatrix} X[0] & 0 & \cdots & 0 \\ 0 & X[1] & & \vdots \\ \vdots & & \ddots & 0 \\ 0 & \cdots & 0 & X[N-1] \end{bmatrix} \begin{bmatrix} H[0] \\ H[1] \\ \vdots \\ H[N-1] \end{bmatrix} + \begin{bmatrix} Z[0] \\ Z[1] \\ \vdots \\ Z[N-1] \end{bmatrix}$$

$$= \boldsymbol{XH} + \boldsymbol{Z} \tag{5.21}$$

式中,$\boldsymbol{H}$ 为信道向量,且满足 $\boldsymbol{H} = [H[0], H[1], \cdots, H[N-1]]^{\mathrm{T}}$;$\boldsymbol{Z}$ 为噪声向量且满足 $\boldsymbol{Z} = [Z[0], Z[1], \cdots, Z[N-1]]^{\mathrm{T}}$。

根据式(5.19),可利用信道估计算法先计算出导频位置的频域信道响应,再通过插值算法获得其他数据符号处的频域信道响应,最后通过解调及检测或均衡技术对数据进行校正。

发送端插入的导频方式应该根据具体信道特性和应用环境来选择。OFDM 系统中的导频插入方式可以分为三类:块状导频、梳状导频和四边形导频结构。

在 OFDM 系统中,块状导频分布的原理是将连续多个 OFDM 符号分成组,将每组中的第一个 OFDM 符号用于发送导频数据(灰色区域),其余的 OFDM 符号用于传输数据信息。在发送导频信号的 OFDM 符号中,导频信号在频域是连续的,因此能较好地对抗信道频率选择性衰落。块状导频结构如图 5.15(a)所示,M_{t} 表示插入导频的时间间隔,实心点表示导频,空心点表示发送的数据。

梳状导频是指导频信号均匀分布于每个 OFDM 符号中,接收端需要在频域进行插值以得到其他子载波上的信道估计,该方法对频率选择性衰落较敏感,但是有利于克服信道时变衰落中快衰落的影响。在图 5.15(b)中,M_{f} 表示插入导频的频率间隔。由于导频不携带任何信息,显然块状导频和梳状导频的传输效率较低,如果把信道的频率响应看作一个二维随机信号,采用正方形或四边形的方式插入导频,可以明显提高传输效率。

离散分布的时频二维导频结构有多种,其中四边形导频分布如图 5.15(c)所示,需要在频域和时域上都等间隔地插入导频信号。在实际的通信系统中安排导频分布时,为了保证每帧边缘的估计值较准确,使得整个信道估计的结果更加理想,系统要求尽量使一帧 OFDM 符号的第一个或最后一个子载波上是导频符号。

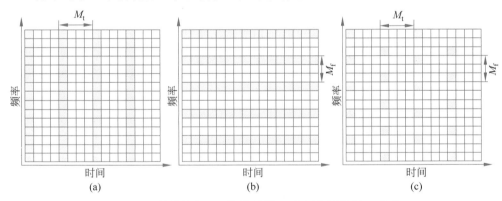

图 5.15　块状导频(a)、梳状导频(b)和四边形导频(c)结构

利用上述导频结构就可以进行信道估计。常用的信道估计方法包括频域 LS 算法和 MMSE 算法等。

5.5.2　基于最小均方误差的信道估计

MMSE 信道估计是一种基于统计学原理的先进估计方法。此方法依赖信道和噪声的先验统计信息,通过最小化估计信道与真实信道之间的均方误差,旨在实现最优的估计效果。因此,在信道统计信息已知且精确的前提下,MMSE 方法能够提供卓越的估计性能,且表现出对噪声扰动的低敏感性。MMSE 信道估计尤其适用于能够获取信道统计信息的场景,如固定或变化缓慢的信道环境。

设一个线性模型 $y = Hx + n$,其中,y 是接收信号;x 是发送信号;H 是信道矩阵;n 是加性高斯白噪声,其均值为零,方差为 σ^2。在 MMSE 信道估计问题中,目标是最小化估计信道 $\hat{H}$ 与真实信道 H 之间的均方误差,在 MMSE 框架下,设信道 H 和噪声 n 服从高斯分布,且信道与噪声互不相关,则可以得出

$$\hat{H} = \arg\min_{\hat{H}} \tilde{\alpha}[\|H - \hat{H}\|^2] \tag{5.22}$$

式中,$\tilde{\alpha}$ 表示期望操作;$\|\cdot\|^2$ 表示向量的二范数的平方。在此模型下的联合概率密度函数可以表示为 $p(H, y) = p(y \mid H)p(H)$。基于贝叶斯估计理论,MMSE 信道估计可以通过计算条件期望得出:

$$\hat{H}_{\text{MMSE}} = \tilde{\alpha}[H \mid y] = R_{Hy}R_{yy}^{-1}y \tag{5.23}$$

式中,$R_{Hy} = \tilde{\alpha}[Hy^H]$ 为信道矩阵与接收信号的协方差矩阵,$R_{yy} = \tilde{\alpha}[yy^H]$ 为接收信号的自协方差矩阵。对于上述的线性信号传输模型,MMSE 估计器可以表示为

$$\hat{H}_{\text{MMSE}} = \left(R_H + \frac{1}{\sigma^2}X^H X\right)^{-1} \frac{1}{\sigma_n^2}X^H y \tag{5.24}$$

式中,R_H 为信道的协方差矩阵;σ^2 为噪声方差。

MMSE 信道估计在各类无线通信系统中被广泛应用。在 OFDM 系统中,MMSE 方法用于估计每个子载波的信道响应,从而有效对抗频率选择性衰落的影响。在 MIMO 系统中,MMSE 方法用于估计多天线系统中各发射天线与接收天线之间的信道矩阵,从而实现更高的数据传输速率和系统可靠性。此外,在毫米波通信中,由于毫米波频段具有高频率和易衰落的特性,MMSE 信道估计有助于增强信号恢复能力并提高链路的稳定性。

然而,MMSE 信道估计需要进行矩阵求逆操作,因而计算复杂度较高,特别是在大规模 MIMO 系统或高维信道模型中。基于此,在实际应用中,MMSE 信道估计的计算复杂性常常是一个关键的考虑因素。

5.5.3 基于深度学习的信道估计

近年来,随着深度学习技术的迅猛发展,研究者将其与传统无线通信技术相结合,广泛应用于物理层任务中,包括信道解码、信号检测、信道均衡以及信道估计。根据深度学习模型的类型,可以将其分为以下几类:深度神经网络(Deep Neural Networks, DNNs)是通用的基础网络,适用于一维到多维信号的估计;卷积神经网络(Convolutional Neural Networks, CNNs)擅长处理具有局部特征的信号,因此在捕捉空间特征方面具有优势;循环神经网络(Recurrent Neural Networks, RNNs)适合处理时间序列数据,能够有效捕捉信道的时间相关性和动态变化;自编码器(Autoencoders, AEs)则主要用于高维信道矩阵的压缩和重构,通过降维和特征提取提高信道估计的效率。

在数据处理模式上,信道估计方法可以分为数据驱动和模型驱动与数据驱动结合两类。前者依赖大量标记数据进行训练,而后者则利用先验模型信息指导深度学习网络的训练,以提高估计精度。

根据训练方式,信道估计方法可分为依赖带标签训练数据集的监督学习,不需要标签数

据、仅通过学习数据的内在结构和特征进行信道估计的无监督学习以及具备与环境的交互、不断调整估计策略、优化信道估计性能的强化学习。

鉴于当前基于深度学习的信道估计算法研究中,多数采用 DNN、CNN 以及 RNN 中的长短期记忆(Long Short Term Memory,LSTM)网络等经典架构来估计无线通信信道响应,因此,图 5.16 展示了在车辆信道模型下,载波频率为 4.9GHz、多普勒频移为 700Hz 的条件下,典型神经网络模型进行信道估计时的均方误差(Mean Square Error,MSE)。从图 5.16 的结果可以看出,基于 DNN、CNN 及 LSTM 的信道估计算法在性能上均优于 LS 和 MMSE 算法。其中,基于 CNN 的算法表现优于 DNN,这主要得益于卷积层能够对高维信息进行有效的特征提取。而 LSTM 由于能够捕捉网络输入数据的时间相关性,因此在信道估计中表现出比 CNN 更优的性能。此外,在多普勒频移为 700Hz 的条件下,深度学习算法的性能普遍优于线性 MMSE 算法,表明基于深度学习的信道估计算法在高速时变信道环境中具有较强的鲁棒性。

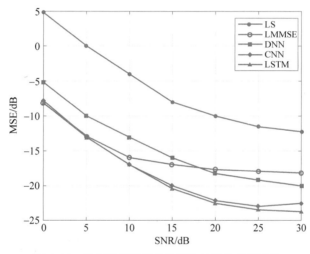

图 5.16　基于深度学习的信道估计算法性能对比

5.6　OFDM 峰均功率比抑制技术

在 OFDM 系统中,经 IFFT 运算之后所有子载波在时域上相加,可提高发射信号的峰值。因此,相较于单载波系统,OFDM 系统的 PAPR 升高。实际上,高 PAPR 不仅会降低发射机功率放大器的效率,还会降低数/模转换器(Digital to Analog Converter,DAC)和模/数转换器(Analog to Digital Converter,ADC)的信号量化噪声比(Signal to Quantization Noise Ratio,SQNR)。因此,高 PAPR 是 OFDM 系统的挑战之一。特别是在移动终端的上行链路中,功率放大器的效率对于电池供电的设备至关重要,使得 PAPR 问题更加突出。

5.6.1　峰均功率比定义

由于功率放大器的饱和特性(即输入信号超过放大器的标称值时),即使在所谓的线性放大区域,放大器也会在输出端产生非线性失真。高功率放大器(High Power Amplifier,HPA)

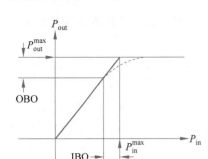

图 5.17　高功率放大器的输入-输出特性

的输入-输出特性如图 5.17 所示。当输入功率达到最大值 P_{in}^{max} 时,相应的最大输出功率被限定为 P_{out}^{max}。如图 5.17 所示,为了确保放大器工作在线性区域,输入功率必须回退。用输入回退(Input Back Off,IBO)或输出回退(Output Back Off,OBO)来描述非线性区域:

$$IBO = 10lg\frac{P_{in}^{max}}{P_{in}}, \quad OBO = 10lg\frac{P_{out}^{max}}{P_{out}} \tag{5.25}$$

注意,由较高输入信号引起的高功率放大器的非线性效应,会导致带外辐射和带内失真。带外辐射会影响相邻频带内的信号,而带内失真则可能导致接收信号的旋转、衰减以及相位偏移。

1)峰值-平均包络功率比

峰值-平均包络功率比(Peak to Mean Envelope Power Ratio,PMEPR)是复基带信号 $\tilde{s}(t)$ 包络的最大功率与平均功率之比:

$$PMEPR\{\tilde{s}(t)\} = \frac{\max|\tilde{s}(t)|^2}{E\{|\tilde{s}(t)|^2\}} \tag{5.26}$$

2)峰值包络功率

峰值包络功率(Peak Envelope Power,PEP)是复基带信号 $\tilde{s}(t)$ 的最大功率:

$$PEP\{\tilde{s}(t)\} = \max|\tilde{s}(t)|^2 \tag{5.27}$$

在平均功率归一化的情况下(即 $E\{|\tilde{s}(t)|^2\}=1$),PMERP 等于 PEP。

3)PAPR

PAPR 是复通频带信号 $\tilde{s}(t)$ 的最大功率与最小功率之比:

$$PAPR\{\tilde{s}(t)\} = \frac{\max|Re(\tilde{s}(t)e^{j2\pi f_c t})|^2}{E\{|Re(\tilde{s}(t)e^{j2\pi f_c t})|^2\}} = \frac{\max|s(t)|^2}{E\{|s(t)|^2\}} \tag{5.28}$$

通过定义波峰因数(Crest Factor,CF),可以按照幅度形式描述上面的功率特性

$$同频带:CF = \sqrt{PAPR}$$

$$基带:CF = \sqrt{PMEPR} \tag{5.29}$$

信号功率超出 HPA 线性范围的概率同样值得关注。首先考虑 IFFT 模块的输出信号分布。根据中心极限定理,当 N 点 IFFT 的输入信号相互独立且幅度有限时(例如 QPSK 和 QAM 调制,信号服从均匀分布),对于足够大的子载波数,时域复 OFDM 信号 $s(t)$ 的实部和虚部都逐渐服从高斯分布。因此,OFDM 信号 $s(t)$ 的幅度服从瑞利分布。令 $\{Z_n\}$ 表示复采样的 $\{s(nT_s/N)\}_{n=0}^{N-1}$ 幅度。设 $s(t)$ 的平均功率为 1,即 $E\{|s(t)|^2\}=1$,那么 $\{Z_n\}$ 是独立同分布的瑞利随机变量的概率密度函数(PDF)为

$$f_{Z_n}(z) = \frac{z}{\sigma^2}e^{-\frac{z}{2\sigma^2}} = 2ze^{-z^2}, n = 0,1,\cdots,N-1 \tag{5.30}$$

则 CF 的累积分布函数(CDF)为

$$\begin{aligned} f_{Z_{max}}(z) &= P(Z_{max} < z) \\ &= P(Z_0 < z) \cdot P(Z_1 < z) \cdots P(Z_{N-1} < z) \\ &= (1 - e^{-z^2})^N \end{aligned} \tag{5.31}$$

为了得到 CF 超过 Z 的概率,考虑互补累积分布函数(Complementary CDF,CCDF):

$$\widetilde{F}_{Z_{\max}}(z) = P(Z_{\max} > z)$$
$$= 1 - P(Z_{\max} \leqslant z) \qquad (5.32)$$
$$= 1 - (1 - e^{-z^2})^N$$

式(5.31)和式(5.32)是在条件为 N 个采样相互独立且 N 足够大的情况下得到的,因此对于带宽有限或过采样信号,式(5.31)和式(5.32)不再成立。究其原因,采样信号未必包含连续时间信号的最大点。考虑到难以得到过采样信号准确的 CDF,因此使用简化的 CCDF:

$$f_Z(z) \approx (1 - e^{-z^2})^{\alpha N} \qquad (5.33)$$

式中,通过将理论的 CDF 拟合为实际的 CDF 来确定 α。由仿真结果可知对于足够大的 N,$\alpha = 2.8$ 是合适的。图 5.18 显示了当 $N = 64, 128, 256, 512, 1024$ 时,OFDM 信号的理论 CCDF 和仿真 CCDF。当 N 变小时,仿真结果偏离理论值,这说明只有当 N 足够大时,式(5.33)才是精确的。

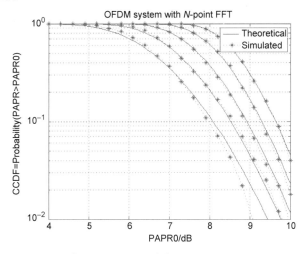

图 5.18　OFDM 信号的理论 CCDF 和仿真 CCDF($N = 64, 128, 256, 512, 1024$)

作为特例,在研究 OFDM 信号的 PAPR 分布之前,首先研究单载波($N = 1$)的情况。通过计算基带和通频带信号的 CCDF,图 5.19(a)和图 5.19(b)分别展示了 QPSK 调制基带信号和通频带信号(载波频率 $f_c = 1\mathrm{Hz}$,过采样因子 $L = 8$)。在图 5.19(a)中,基带信号的平均功率和峰值功率相同,因此它的 PAPR 是 0dB。同时,在图 5.19(b)中,通频带信号的 PAPR 是 3.01dB。需要注意的是,单载波信号的 PAPR 随载波频率 f_c 的变化而出现波动。因此,为了准确预测单载波系统的 PAPR,通常需要将通频带信号与其对应的载波频率相结合进行分析。总之,单载波系统的 PAPR 可以由调制方案直接预测,且其值相对较低,这与 OFDM 系统不同。

5.6.2　典型的 PAPR 抑制技术

在现有的 OFDM 系统 PAPR 抑制技术中,典型算法主要有限幅法、选择映射(Selected Mapping,SLM)法、部分传输序列法等。

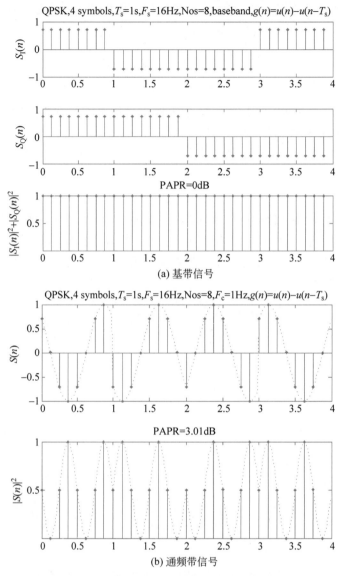

图 5.19　QPSK 调制符号的基带信号与通频带信号

1. 限幅法

限幅法是最简单的 PAPR 抑制方法,适合于任何子载波数目的 OFDM 系统。该方法通过对信号幅度进行限制,当 OFDM 信号的幅度超过预设的门限值时,将其削减至门限值。具体而言,当信号的幅度小于门限值时,窗函数的幅值为 1;否则,窗函数的幅值小于 1。因此,限幅法不可避免地会使信号产生畸变,从而导致系统的误码率性能下降。

在通常情况下,PAPR 抑制的性能可以从以下三方面评价。

(1) 带内波动和带外辐射,通过功率谱密度观察。

(2) CF 或 PAPR 的分布,由相应的 CCDF 给出。

(3) 编码和非解码的 BER 性能。

图 5.20 显示了在仿真中使用的等波纹通频带 FIR 滤波器的脉冲响应和频率响应,其中

采样频率为 $f_s=8\mathrm{MHz}$,阻带和通带边缘频率向量分别是 $[1.4,2.6]\mathrm{MHz}$ 和 $[1.5,2.5]\mathrm{MHz}$;为了使阻带衰减约为 40dB,设置抽头数为 104。

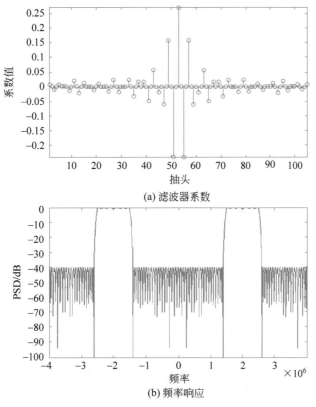

(a) 滤波器系数

(b) 频率响应

图 5.20 等波纹通频带 FIR 滤波器的特点

2. SLM 法

SLM 法的基本原理是将输入比特流经过映射后,使用多个 U 组长度为 N 的相互独立的随机序列进行加权,得到 U 个统计独立的 OFDM 符号,然后选择其中 PAPR 最小的 OFDM 符号来传输,如图 5.21 所示。将输入数据块 $X=[X[0],X[1],\cdots,X[N-1]]$ 与具有 U 个相位的序列 $P^u=[p_0^u,p_1^u,\cdots,p_{N-1}^u]$ 相乘,得到一个修正的数据块 $X^u=[X_0^u,X_1^u,\cdots,X_{N-1}^u]^{\mathrm{T}}$。

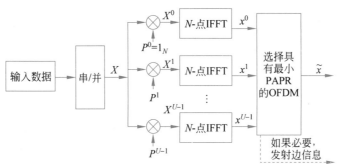

图 5.21 用于抑制 PAPR 的 SLM 技术

为了使接收机能够恢复原始数据块,应该发射作为边信息的选定相位序列 P^u 的编号 u。实现 SLM 技术需要 U 次 IFFT 运算。此外,对于每个数据块,需要 $\tilde{x}=\tilde{x}^u\lfloor\log_2 U\rfloor$ 比特的边信息,其中 $\lfloor x\rfloor$ 为小于 x 的最大整数。

3. 部分传输序列法

部分传输序列(Partial Transmit Sequence,PTS)法的基本原理如图 5.22 所示。该方法的核心思想是先将输入的数据符号划分为 V 个子组,并对每个子组补零至长度 N,并作 N 点 IFFT,以确定最佳的相乘系数,最后将乘以优化系数后的各子组信号相加,生成最终的输出信号,从而有效降低整个系统的 PAPR。在接收端,为了正确解调信号,需要获得发送端所使用的优化系数,因此该算法需要传输额外的边带信息。

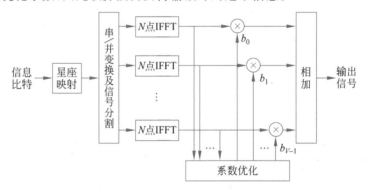

图 5.22 用于抑制 PAPR 的 PTS 方法

对于每一个数据块,调制方式为 QPSK,PTS 方法将输入数据块分为 V 个子块。设置所有的相位因子集合为 $b_v=\{e^{j2\pi v/V}\,|\,v=0,1,2,\cdots,V-1\}$,$V$ 分别取 1、4、8 和 16。V 为 1 时表示只分割成 1 组,此时相当于未对信号进行 PAPR 抑制。图 5.23 表示将数据分为 1 组、2 组、4 组、8 组、16 组时,采用 PTS 算法进行 PAPR 抑制的仿真结果。

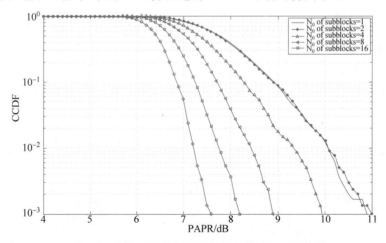

图 5.23 采用 PTS 技术时 OFDM 系统的 PAPR 性能

在上述三种典型的 PAPR 抑制方法中,限幅法的实现成本最低,但会在传输过程中对信号造成畸变,对系统的误码率产生不利影响;相比之下,SLM 法和 PTS 法在抑制 PAPR 的同时不会引入信号畸变,但这两种方法需要精确的窗函数保护边带信息,不仅增加了频带宽度,还增加了系统复杂度。

5.7　OFDM 技术应用及演进

5.7.1　OFDMA

OFDMA 是 OFDM 技术的一种扩展形式,它通过将 OFDM 的子载波分配给多个用户,也就是每个用户分配一个 OFDM 符号中的一个子载波或一组子载波,实现多用户的同时接入。OFDMA 的核心思想是在频域上对各用户的子载波进行灵活分配,从而实现频谱资源的高效利用,并且能够在频率选择性衰落环境中提供强大的抗干扰能力。同时,基站通过调整子载波,可以根据用户的需求调整传输速率。OFDMA 也被称为OFDM-FDMA。

最常用的给用户分配子载波的方法有两种:分组子载波和间隔扩展子载波。分组子载波是最简单的一种分配方式,子载波被分成若干连续的频率块,每个频率块被分配给多个用户使用。这种方式的优势在于,能够充分利用频率相关的信道特性,提高系统的频谱效率和用户数据速率。同时,分组子载波方式简化了调度和管理,便于对用户进行快速的频谱资源分配。相对于分组子载波,间隔扩展子载波方式是一种将子载波均匀分布在整个频谱范围内的分配方式。每个用户的子载波在频域上呈现分散分布的状态,从而在频率选择性衰落环境下实现频率多样性增益。这种分配方式有助于减少用户间干扰、提高系统的抗干扰能力,尤其适用于信道条件较差或频率选择性衰落较为严重的场景。图 5.24 给出了这两种方法的示意图。

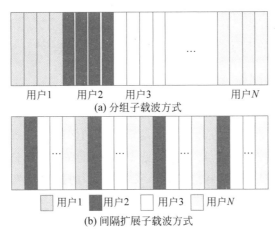

图 5.24　OFDMA 子载波分配方式

这两种方法各有优缺点,分组子载波方法较简单,用户间干扰较小,但是受信道衰落的影响大;间隔扩展子载波方法则正好相反,通过频域扩展,增加频率分集,从而减少了信道衰落的影响,IEEE 802.16 的 OFDMA 模式中采用了这种子载波分配方式,但它的缺点是受用户间干扰影响大,对同步的要求高。

OFDM 和 OFDMA 系统之间的主要区别在于,OFDM 系统中用户仅在时域进行分配,如图 5.25(a)所示。而在 OFDMA 系统中,用户可以在时域和频域中同时进行分配,如

图 5.25(b)所示。这对于通信系统非常有用,因为它使得在频率依赖的调度中具有优势。例如,可以利用用户 1 在可用带宽的某个特定频段上的无线链路质量较好。

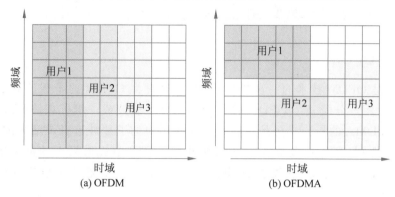

(a) OFDM   (b) OFDMA

图 5.25　OFDM 和 OFDMA 系统的用户资源分配

OFDMA 是一种灵活的多址方式,它具有以下特点。

(1) OFDMA 系统可以不受小区内的干扰。这可以通过为小区内的多用户设计正交跳频图案来实现。

(2) OFDMA 可以灵活地适应带宽的要求。它通过简单地改变所使用的子载波数目就可以适应特定的传输带宽。

(3) 当用户的传输速率提高时,直接序列码分多址(Direct Sequence Code Division Multiple Access,DS-CDMA)的扩频增益有所降低,这样就会损失扩频系统的优势,而 OFDMA 可与动态信道分配技术相结合,以支持高速率的数据传输。

(4) OFDMA 多址方式已作为 4G 系统下行链路的多址方式。不过,受制于移动台发射信号的 PAPR,4G 系统的上行链路仍采用 FDMA 多址方式。

5.7.2　SC-FDMA

单载波频分多址(Single Carrier Frequency Division Multiple Access,SC-FDMA)是一种为克服 OFDMA 上行链路中的 PAPR 问题而设计的多址接入技术。SC-FDMA 结合了单载波传输和频分多址技术的优点,通过降低 PAPR,提高了上行链路的能效,特别适用于移动终端设备。SC-FDMA 的调制过程是以长度为 M 的数据符号块为单位完成的,具体如下。

(1) 通过 OFT,获取该时域离散序列的频域序列。该长度为 M 的频域序列应能准确刻画 M 个数据符号块所表示的时域信号。通过改变输入信号的数据符号块 M,可实现频率资源的灵活配置。

(2) DFT 的输出信号送入 N 点离散傅里叶逆变换(Inverse Discrete Fourier Transform,IDFT)中,其中 $N>M$。由于 IDFT 的长度比 DFT 的长度长,IDFT 多出的那部分长度用零补齐。

(3) 在 IDFT 之后,为避免符号干扰,同样为该组数据添加循环前缀。

综上所述,SC-FDMA 与 OFDM 存在相似之处,即二者都包含 IDFT,因此,SC-FDMA 可视为在传统 OFDM 基础上引入预编码的改进版本。当 DFT 的长度 M 与 IDFT 的长度

N 相等时,两者的级联操作会导致 DFT 与 IDFT 的效果相互抵消,此时输出的信号可视为普通的单载波调制信号。然而,当 $N>M$ 且通过补零的方式补齐 IDFT 输入时,IDFT 输出信号将呈现以下特性:一是信号 PAPR 较传统 OFDM 降低;二是通过改变 DFT 输出数据与 IDFT 输入之间的映射关系,可调整输出信号在频域中的位置。因此,如果将 N 点 IDFT 视为 OFDM 的调制过程,那么实质上,该过程是将输入信号的频谱调制到多个正交子载波上。

利用 SC-FDMA 的上述特点,可以方便地实现多址接入。换言之,多用户复用频率资源时,只需要改变用户 DFT 的输出到 IDFT 输入的对应关系,就可以实现多址接入,同时还可确保子载波之间的正交性,避免了多址干扰。图 5.26 为 SC-FDMA 和 OFDMA 信号生成的简化模型。包括时域中 SC-FDMA 的独特部分(即 DFT 和 IDFT 的处理),以及与 OFDMA 共享的部分。具体步骤如下。

首先,输入的数据比特被映射到星座图上,从而生成调制信号。这一步骤形成了初始的时域信号波形,代表了调制后的数据。接着,该时域信号通过 M 点 DFT 转换为频域信号,这是 SC-FDMA 中的关键步骤之一,使信号具备频域特性。

其次,DFT 变换后的频域符号被映射到多个子载波上。OFDMA 和 SC-FDMA 系统都涉及这一过程,其目的是实现多址接入。在完成子载波映射后,频域信号通过 N 点 IDFT 转换回时域信号,这一步骤至关重要,因为它将频域符号转换为可传输的时域波形。经过 IDFT 处理后的信号接着被上变频到射频频段,并通过天线发射,此时信号正式进入传输阶段。

在接收端,射频信号被接收并下变频回基带信号。接着,接收的时域信号通过 N 点 DFT 转换回频域,子载波上的频域符号被解映射,恢复出原始的数据符号。之后,解映射后的频域符号通过 M 点逆 IDFT 转换回时域,恢复为初始的数据信号。

最后,解映射后的信号被转换回原始数据比特,整个接收过程至此完成。

SC-FDMA 通过在传输前对信号进行 DFT 预编码,降低了信号 PAPR,从而在上行链路中提高了功率效率。图 5.26 清楚地展示了从数据输入到信号传输和接收的整个过程,帮助理解 SC-FDMA 如何在保持 OFDMA 优势的同时降低 PAPR。

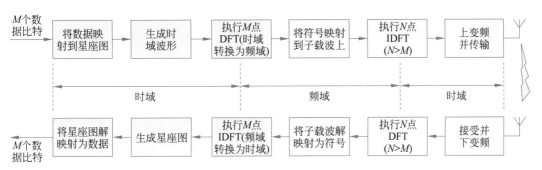

图 5.26　SC-FDMA 和 OFDMA 信号生成简化模型

5.8　本章小结

　　本章详细讨论了 OFDM 技术及其在现代通信系统中的应用，涵盖了 OFDM 的基本原理、同步技术、信道估计方法、PAPR 抑制技术以及多址接入的具体实现等。首先，回顾了 OFDM 技术的基本原理和 CP 在抵御 ISI 中的作用；随后，探讨了 OFDM 系统中的同步技术，包括定时同步和载波频率同步，强调了同步精度对系统性能的影响；在信道估计部分，分析了基于导频、最小均方误差，以及深度学习的信道估计技术，指出了各自的优缺点及适用场景；还讨论了 OFDM 的 PAPR 抑制技术，对比了限幅法、选择映射法、部分传输序列法的有效性，并探讨了这些方法在实际应用中的挑战；最后，阐述了 OFDMA 和 SC-FDMA 两种多址接入技术，分析了它们在资源分配和系统设计中的独特优势。

第 6 章

MIMO 无线通信

系统基本原理

天线是无线通信系统发射和接收电磁波的关键部件。无线通信系统采用多根发射/接收天线可提高通信的可靠性、有效性或抗干扰能力。对于无线信道而言,发射天线辐射的电磁波信号相当于信道的输入,接收天线接收的电磁波信号相当于信道的输出,因此多发射天线/多接收天线的无线通信系统被称为 MIMO 系统。

MIMO 系统利用了系统空间域的自由度,在不增加系统带宽的前提下,利用多天线形成多个并行信道进行数据传输,可以提高通信系统的容量、频谱利用率;也可以利用波束成形技术或分集技术提高通信信噪比,进而提升信道容量。

本章将依次介绍单输入单输出(Single Input Single Output,SISO)信道、单输入多输出(Single Input Multiple Output,SIMO)信道、多输入单输出(Multiple Input Single Output,MISO)信道和 MIMO 信道的基本模型,这四类信道改善通信性能的基本原理,并对系统容量进行简要分析。最后简单介绍多用户 MIMO(Multiple User MIMO,MU-MIMO)和大规模 MIMO(Massive MIMO)系统。

6.1 确定性信道容量

6.1.1 SISO 信道及其容量分析

SISO 信道中发射机和接收机都只有一根天线,系统模型如图 6.1 所示。

图 6.1 SISO 信道

为简化分析,设系统为窄带时不变系统,即系统带宽 B 远小于系统的载波频率 f_c,系统的符号周期 T_s 远大于系统的最大延迟 T_m。此时即使信道存在多径,这些多径信号也是不可分辨的,信道可简化为时不变的平坦衰落信道。根据第 2 章,此时系统的接收功率为发射功率乘以大尺度衰落系数(包含阴影衰落系数),则数字基带中信道的输入输出关系可表示为式(6.1),这是一个离散无记忆信道,所以省略时间变量。

$$y = \sqrt{q_s} g \cdot s + n \qquad (6.1)$$

式中,q_s 为发射符号的平均功率;g 为信道复衰落系数,设信道在一次传输过程中不发生变化;s 为发射机发射的数字基带符号,星座图中各符号的平均能量归一化为 1;n 为接收端引入的高斯白噪声,$n \sim CN(0, N_0)$。

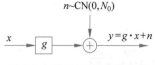

图 6.2　理想 SISO 信道数字
基带模型

式(6.1)可表示为图 6.2 所示的信道模型。设 $x=\sqrt{q_s}\,s$，信道带宽设为单位带宽，即 $B=1\mathrm{Hz}$。根据通信理论，此时每秒发射一个基带符号，接收机噪声 n 服从复高斯分布 $\mathrm{CN}(0,N_0)$，N_0 为接收机的噪声功率谱密度。

图 6.2 所示的信道模型可表示为

$$y=g\cdot x+n \tag{6.2}$$

理想情况下，接收机和发射机之间仅有一条传输路径，在慢速移动的情况下，前述窄带信道可建模为确定性信道，此时式(6.2)中的 x 为复常数。

下面推导确定性窄带 SISO 系统的信道容量。

根据香农理论，信道容量 C 等于发射符号 x 和接收符号 y 之间互信息 $I(x;y)$ 的最大值：

$$C=\max_{f_X(x)} I(x;y) \tag{6.3}$$

式中，x、y 均为随机变量；$f_X(x)$ 为发射符号 x 的分布密度函数。

$$I(x;y)=h(y)-h(y\mid x) \tag{6.4}$$

式中，$h(y)$ 为接收符号 y 的差分熵；$h(y\mid x)$ 为已知 x 时 y 的条件熵。

$$\begin{aligned}
h(y)&=-E\{\log_2[f_Y(y)]\}\\
&\leqslant \log_2[\pi e\,\mathrm{var}(y)]
\end{aligned} \tag{6.5}$$

式中，$f_Y(y)$ 为接收符号 y 的分布；$\mathrm{var}(y)$ 为 y 的方差。

式(6.5)中 y 服从高斯分布时不等式取等号。

下面推导高斯分布的差分熵。设随机变量 z 服从复高斯分布 $\mathrm{CN}(0,p)$，则其分布密度函数为

$$f_Z(z)=\frac{1}{\pi p}\mathrm{e}^{-\frac{|z|^2}{p}} \tag{6.6}$$

其差分熵可直接计算如下：

$$\begin{aligned}
h(z)&=-E\{\log_2[f_X(z)]\}\\
&=-\int_C \frac{1}{\pi p}\mathrm{e}^{-\frac{|z|^2}{p}}\log_2\left[\frac{1}{\pi p}\mathrm{e}^{-\frac{|z|^2}{p}}\right]\mathrm{d}z\\
&=\int_C \frac{1}{\pi p}\mathrm{e}^{-\frac{|z|^2}{p}}\left[\log_2(\pi p)+\frac{|z|^2}{p}\log_2(\mathrm{e})\right]\mathrm{d}z\\
&=\log_2(\pi p)\int_C \frac{1}{\pi p}\mathrm{e}^{-\frac{|z|^2}{p}}\mathrm{d}z+\frac{\log_2(\mathrm{e})}{p}\int_C\left[\frac{|z|^2}{\pi p}\mathrm{e}^{-\frac{|z|^2}{p}}\right]\mathrm{d}z\\
&=\log_2(\pi p)\cdot 1+\frac{\log_2(\mathrm{e})}{p}\cdot E\{|z|^2\}\\
&=\log_2(\pi e p)
\end{aligned} \tag{6.7}$$

由前面的讨论可知，当 x 已知时，y 服从复高斯分布 $\mathrm{CN}(0,N_0)$，因此

$$h(y\mid x)=\log_2(\pi e N_0) \tag{6.8}$$

当 x 服从正态分布且与 n 相互独立时，根据式(6.2)可得，y 的分布为 $\mathrm{CN}(0,q_s|g|^2+N_0)$。此时式(6.5)定义的差分熵 $h(y)$ 取得最大值：

$$h_{\max}(y) = \log_2[\pi e(q_s \mid g \mid^2 + N_0)] \tag{6.9}$$

由式(6.3)、式(6.4)、式(6.8)、式(6.9)可得,确定性 SISO 系统的归一化信道容量为

$$
\begin{aligned}
C &= h(y) - h(y \mid x) \\
&= \log_2[\pi e(q_s \mid g \mid^2 + N_0)] - \log_2(\pi e N_0) \\
&= \log_2\left(1 + \frac{q_s \mid g \mid^2}{N_0}\right) \text{ bit/s/Hz}
\end{aligned}
\tag{6.10}
$$

式(6.10)是单位带宽时窄带确定性信道,因此每秒仅发送一个调制符号,当系统带宽为 B 时,每秒可发送 B 个调制符号,总的发射功率为 $P = Bq_s$,总的噪声功率为 BN_0,因此信道容量也可以表示为

$$C = B \cdot \log_2\left(1 + \frac{P \mid g \mid^2}{BN_0}\right) \text{ bps} \tag{6.11}$$

对多径信道,信道增益 $\mid g \mid^2 \propto \lambda^2/d^\gamma$ 为信道的衰落系数,为 $-70 \sim -30 \text{dB}$,其中,λ 为载波波长;d 为收发天线之间距离;γ 为与大尺度衰落和阴影衰落相关的路径损耗指数,为 $2 \sim 7$。

6.1.2 SIMO 信道及其容量分析

如果一个窄带通信系统,其发射机配置单根发射天线,接收机配置 N 根接收天线,如图 6.3 所示,这类发射机和接收机间的信道称为 SIMO 信道。

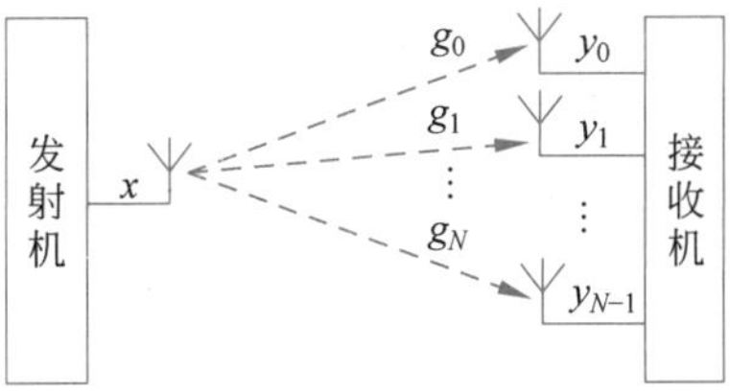

考虑前述的窄带和慢衰落条件,则每一"发射-接收天线对"都可建模为一个式(6.12)表示的 SISO 信道,即

$$y_i = g_i \cdot x + n_i \tag{6.12}$$

图 6.3 SIMO 系统

式中,g_i 为发射天线与第 i 根接收天线间的信道衰落系数;n_i 为接收机第 i 个射频接收链路上的白噪声,服从 $CN(0, N_0)$。

SIMO 系统模型矩阵形式表示为

$$
\begin{bmatrix} y_0 \\ y_1 \\ \vdots \\ y_{N-1} \end{bmatrix} = \begin{bmatrix} g_0 \\ g_1 \\ \vdots \\ g_{N-1} \end{bmatrix} \cdot x + \begin{bmatrix} n_0 \\ n_1 \\ \vdots \\ n_{N-1} \end{bmatrix}
\tag{6.13}
$$

或简记为

$$\boldsymbol{y} = \boldsymbol{g}x + \boldsymbol{n} \tag{6.14}$$

式中,$\boldsymbol{y}, \boldsymbol{g}, \boldsymbol{n}$ 分别为接收向量、信道系数向量和噪声向量;x 为天线发送的基带符号。

下面,讨论确定性 SIMO 信道的容量。

接收信号是期望信号 $\boldsymbol{g}x$ 和噪声 $\boldsymbol{n}$ 之和,设接收机已知信道状态信息(Channel State Information, CSI)也就是向量 $\boldsymbol{g}$,可对各天线上的接收符号进行最大比合并得到 x 的迫零估计。

在式(6.14)两边同乘以 $\boldsymbol{g}^H / \|\boldsymbol{g}\|$ 可得

$$\frac{\boldsymbol{g}^{\mathrm{H}}}{\|\boldsymbol{g}\|}\boldsymbol{y} = \frac{\boldsymbol{g}^{\mathrm{H}}\boldsymbol{g}}{\|\boldsymbol{g}\|}x + \frac{\boldsymbol{g}^{\mathrm{H}}}{\|\boldsymbol{g}\|}\boldsymbol{n} \tag{6.15}$$

式中，$(\cdot)^{\mathrm{H}}$ 表示向量或矩阵的共轭转置；$\|\cdot\|$ 表示向量范数，取 2-范数（欧几里得范数）。

式(6.15)可进一步化简为

$$\frac{\boldsymbol{g}^{\mathrm{H}}}{\|\boldsymbol{g}\|}\boldsymbol{y} = \|\boldsymbol{g}\|x + \frac{\boldsymbol{g}^{\mathrm{H}}}{\|\boldsymbol{g}\|}\boldsymbol{n} \tag{6.16}$$

式中，$\|\boldsymbol{g}\|$ 为实常数，$\boldsymbol{g}^{\mathrm{H}}/\|\boldsymbol{g}\|$ 为单位向量，因此 $(\boldsymbol{g}^{\mathrm{H}}/\|\boldsymbol{g}\|)\cdot\boldsymbol{n}$ 也是一个服从 $\mathrm{CN}(0,N_0)$ 分布的随机变量。此时式(6.15)可等效为式(6.17)所示的 SISO 信道：

$$\widetilde{y} = \|\boldsymbol{g}\|x + \widetilde{n} \tag{6.17}$$

式中，$\widetilde{y}=(\boldsymbol{g}^{\mathrm{H}}/\|\boldsymbol{g}\|)\cdot\boldsymbol{y}$ 为等效接收符号；$\widetilde{n}=(\boldsymbol{g}^{\mathrm{H}}/\|\boldsymbol{g}\|)\cdot\boldsymbol{n}$ 为服从 $\mathrm{CN}(0,N_0)$ 分布的随机变量。

根据 6.1 节的讨论，当信道带宽为 B 时，式(6.17)所表示信道的信道容量为

$$C = B \cdot \log_2\left(1 + \frac{P\|\boldsymbol{g}\|^2}{BN_0}\right) \text{bps} \tag{6.18}$$

式中，$P=Bq_s$ 为信号平均发射功率，q_s 为基带平均每符号发射功率。

6.1.3　MISO 信道及其容量分析

如果一个通信系统，其发射机配置 M 根发射天线，接收机配置 1 根接收天线，如图 6.4 所示，这类发射机和接收机间的信道就称为 MISO 信道。

考虑窄带和慢衰落条件，MISO 信道可视为图 6.5 所示的模型，其输出信号为

$$y = \sum_{j=0}^{M-1} g_j \cdot x_j + n \tag{6.19}$$

式中，g_j 为第 j 根发射天线与接收天线间的信道衰落系数；n 为接收机射频链路上的热噪声，服从 $\mathrm{CN}(0,N_0)$ 分布。

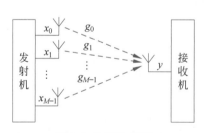

图 6.4　MISO 系统

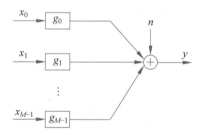

图 6.5　MISO 信道模型

令 $\boldsymbol{g}=[g_0,g_1,\cdots,g_{M-1}]^{\mathrm{T}}$ 为信道系数向量；$\boldsymbol{x}=[x_0,x_1,\cdots,x_{M-1}]^{\mathrm{T}}$ 为发射符号向量，则式(6.19)表示的 MISO 系统模型的矩阵形式为

$$y = [g_0,g_1,\cdots,g_{M-1}] \cdot \begin{bmatrix} x_0 \\ x_1 \\ \vdots \\ x_{M-1} \end{bmatrix} + n \tag{6.20}$$

或简记为式(6.21)所示的向量形式：

$$y = \boldsymbol{g}^{\mathrm{T}}\boldsymbol{x} + n \tag{6.21}$$

式中，y 为接收符号；n 为接收机高斯噪声；$(\cdot)^{\mathrm{T}}$ 表示向量转置。

下面，讨论确定性 MISO 信道的容量。

对 MISO 信道，即使在发射机的 M 根发射天线分别发射 M 个符号，由于接收端只有 1 根天线，一个时刻只能接收一个符号，所以无法解析出 M 个发射符号。因此在 MISO 系统中，一个时刻只会发射一个基带符号 $\tilde{x}$，通过所谓的预编码技术，形成发射符号向量 $\boldsymbol{x}$，即

$$\boldsymbol{x} = \boldsymbol{w} \cdot \tilde{x} \tag{6.22}$$

式中，$\tilde{x}$ 为待发射符号；$\boldsymbol{w} = [w_0, w_1, w_2, \cdots, w_{M-1}]^{\mathrm{T}}$ 为复值预编码向量，为单位向量；$\boldsymbol{x}$ 为实际在天线上发射的符号。

通过预编码，可以将同一符号的不同副本在不同天线上发射，以获得分集增益。

设发射机已知 CSI 也就是向量 $\boldsymbol{g}$，为了能在接收端获得最大信噪比，预编码向量可取为

$$\boldsymbol{w} = \boldsymbol{g}^* / \|\boldsymbol{g}\| \tag{6.23}$$

采用这种预编码方案，可以在接收端得到最大信噪比，这种传输方案称为最大比传输（Maximum Ratio Transmission，MRT），这种方案也可以看作发射波束成形。利用式(6.23)对发射信号进行预编码，可在发射端形成一个指向接收天线的波束，接收机获得较高的接收功率，因此可获得最大信噪比。结合式(6.21)~式(6.23)可得

$$y = (\boldsymbol{g}^{\mathrm{T}}\boldsymbol{g}^* / \|\boldsymbol{g}\|) \cdot \tilde{x} + n = \|\boldsymbol{g}\| \cdot \tilde{x} + n \tag{6.24}$$

式中，$(\cdot)^*$ 表示复共轭运算。

由式(6.24)可知，通过 MRT，MISO 模型（如式(6.21)）也等效为一个 SISO 系统。根据 6.1 节的讨论，当信道带宽为 B 时，式(6.21)所表示的 MISO 信道的容量为

$$C = B \cdot \log_2 \left(1 + \frac{P \|\boldsymbol{g}\|^2}{BN_0} \right) \text{ bps} \tag{6.25}$$

式中，$P = Bq$ 为信号平均发射功率，q 为平均每基带符号的发射功率。

接收机已知 CSI 的 SIMO 系统和发射机已知 CSI 的 MISO 系统的信道容量的表达式是相同的。究其原因，从数学上讲，符合前述条件的 SIMO 系统和 MISO 系统是一对对偶系统。

为了达到式(6.25)所示的容量，系统通过发射波束成形（MISO 系统）或接收最大比合并（SIMO 系统，也可看作一种特殊的波束成形）来实现。此时 MISO 系统所用的预编码向量和 SIMO 系统所用的最大比合并向量都需要精确的 CSI。在精确 CSI 未知时，系统容量会下降。

相对于 SISO 系统，式(6.18)和式(6.25)的容量表达式中都存在因子 $\|\boldsymbol{g}\|^2$。对于多天线系统，这个因子是多个实数的平方和，通常大于单天线系统的衰落系数，即系统存在功率增益或阵列增益。

6.1.4　MIMO 信道及其容量分析

1. 确定性信道模型

如果一个通信系统的发射机配置 M 根发射天线，接收机配置 N 根接收天线，如图 6.6 所示，这类发射机和接收机间的信道就称为 MIMO 信道。MIMO 信道是 SIMO 信道和

MISO 信道的推广。

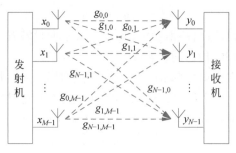

图 6.6　MIMO 信道

由图 6.6 可知,MIMO 系统中每一根接收天线和所有发射天线间都构成一个 MISO 系统,因此第 i 根接收天线上接收的信号为

$$y_i = \sum_{j=0}^{M-1} g_{ij} \cdot x_j + n_i, i = 0, 1, 2, \cdots, N-1 \tag{6.26}$$

上述 N 个接收天线上的接收信号可用矩阵形式表示为

$$
\begin{bmatrix} y_0 \\ y_1 \\ \vdots \\ y_{N-1} \end{bmatrix} =
\begin{bmatrix} \sum\limits_{j=0}^{M-1} g_{0j} \cdot x_j \\ \sum\limits_{j=0}^{M-1} g_{1j} \cdot x_j \\ \vdots \\ \sum\limits_{j=0}^{M-1} g_{N-1j} \cdot x_j \end{bmatrix} +
\begin{bmatrix} n_0 \\ n_1 \\ \vdots \\ n_{N-1} \end{bmatrix}
$$

$$
=
\begin{bmatrix}
g_{0,0} & g_{0,1} & g_{0,2} & \cdots & g_{0,M-1} \\
g_{1,0} & g_{1,1} & g_{1,2} & \cdots & g_{1,M-1} \\
g_{2,0} & g_{2,1} & g_{2,2} & \cdots & g_{2,M-1} \\
\vdots & \vdots & \vdots & \ddots & \vdots \\
g_{N-1,0} & g_{N-1,1} & g_{N-1,2} & \cdots & g_{N-1,M-1}
\end{bmatrix}
\cdot
\begin{bmatrix} x_0 \\ x_1 \\ \vdots \\ x_{N-1} \end{bmatrix} +
\begin{bmatrix} n_0 \\ n_1 \\ \vdots \\ n_{N-1} \end{bmatrix}
$$

简记为

$$\boldsymbol{y} = \boldsymbol{G} \cdot \boldsymbol{x} + \boldsymbol{n} \tag{6.27}$$

式中,$\boldsymbol{x} = [x_0, x_1, x_2, \cdots, x_{M-1}]^{\mathrm{T}}$ 为发射机 M 根天线上发射的符号向量;$\boldsymbol{y} = [y_0, y_1, y_2, \cdots, y_{N-1}]^{\mathrm{T}}$ 为接收机 N 根天线上接收的符号向量;$\boldsymbol{w} = [n_0, n_1, n_2, \cdots, n_{N-1}]^{\mathrm{T}}$ 为接收机 N 个接收链路的热噪声向量,它们独立同分布,服从复高斯分布 $\mathrm{CN}(0, N_0)$;

$$
\boldsymbol{G} =
\begin{bmatrix}
g_{0,0} & g_{0,1} & g_{0,2} & \cdots & g_{0,M-1} \\
g_{1,0} & g_{1,1} & g_{1,2} & \cdots & g_{1,M-1} \\
g_{2,0} & g_{2,1} & g_{2,2} & \cdots & g_{2,M-1} \\
\vdots & \vdots & \vdots & \ddots & \vdots \\
g_{N-1,0} & g_{N-1,1} & g_{N-1,2} & \cdots & g_{N-1,M-1}
\end{bmatrix}
\tag{6.28}
$$

式中，$g_{i,j}$ 为第 j 根发射天线到第 i 根接收天线之间的信道系数，为复常数。

如式（6.27）所示的 MIMO 信道向量模型可用图 6.7 表示。

由矩阵理论，信道矩阵 G 的秩 $r \leqslant \min(M,N)$，且在富散射环境（Rich Scattering Environment）中可以满秩，即 $r = \min(M,N)$。其他情况下 G 可能是低秩的；极端情况下秩可能为 1，比如在仅有视距路径时。

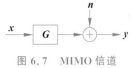

图 6.7　MIMO 信道
向量模型

利用发送预编码和接收波束成形技术，可以将上述信道分解成一系列独立的并行信道。

由矩阵奇异值分解的知识可知，对任意 $N \times M$ 复矩阵 G，存在 $N \times N$ 酉矩阵 U 和 $M \times M$ 酉矩阵 V，使得

$$G = U \Sigma V^{\mathrm{H}} \tag{6.29}$$

式中，矩阵 U 包含 GG^{H} 的特征向量；矩阵 V 包含 $G^{\mathrm{H}}G$ 的特征向量；Σ 为如式（6.31）所示的 $N \times M$ 准对角实矩阵，其表达式如下：

$$\Sigma = \begin{bmatrix} s_0 & 0 & 0 & 0 & \\ 0 & s_1 & 0 & 0 & \mathbf{0}_{r(M-r)} \\ 0 & 0 & \ddots & 0 & \\ 0 & 0 & 0 & s_r & \\ \hline & \mathbf{0}_{(N-r)r} & & \mathbf{0}_{(N-r)(M-r)} & \end{bmatrix} \tag{6.30}$$

其主对角线上的元素 $s_0 \geqslant s_1 \geqslant \cdots \geqslant s_{r-1} > 0$ 为矩阵 G 的非零奇异值，r 为矩阵 G 的秩。s_0^2，$s_1^2, \cdots, s_{r-1}^2$ 为 $G^{\mathrm{H}}G$ 或 GG^{H} 的非零特征值。

对于式（6.28），对需发射信号和接收信号做一些处理，可以得到一个有趣的，也是非常重要的结论。

首先，设需要发射的信号向量为 $\tilde{x} = [\tilde{x}_0, \tilde{x}_1, \tilde{x}_2, \cdots, \tilde{x}_{M-1}]^{\mathrm{T}}$。在发射前，用式（6.29）中的矩阵 V 对 $\tilde{x}$ 做如下预编码：

$$x = V \cdot \tilde{x} \tag{6.31}$$

式中，V 是最优 MRT 预编码矩阵。

在接收端，依式（6.32）做后处理，可得到真正的接收信号 $\tilde{y}$：

$$\tilde{y} = U^{\mathrm{H}} \cdot y \tag{6.32}$$

这个操作实际上是对 y 做最大比率合并（Maximum Ratio Combining，MRC），U^{H} 是最优 MRC 加权矩阵，也称最优接收波束成形。

此时，整个传输链路的等效向量模型如图 6.8 所示。

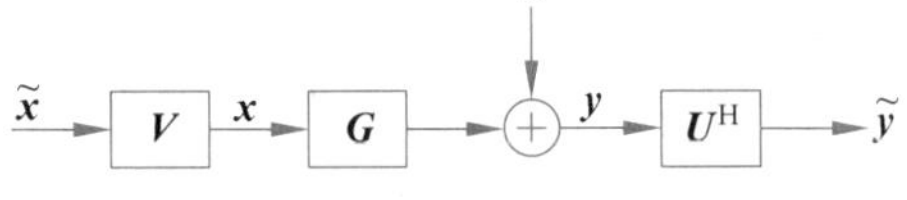

$$\tilde{x} \longrightarrow \boxed{V} \xrightarrow{\ x\ } \boxed{G} \longrightarrow \oplus \xrightarrow{\ y\ } \boxed{U^{\mathrm{H}}} \longrightarrow \tilde{y}$$

图 6.8　MIMO 系统等效向量模型

由图 6.8 可得

$$\begin{aligned} \tilde{y} &= U^{\mathrm{H}}(Gx + n) = U^{\mathrm{H}}[(U\Sigma V^{\mathrm{H}})(V\tilde{x}) + n] \\ &= U^{\mathrm{H}}U\Sigma V^{\mathrm{H}}V\tilde{x} + U^{\mathrm{H}}n \\ &= \Sigma \tilde{x} + \tilde{n} \end{aligned} \tag{6.33}$$

式中，$\tilde{\boldsymbol{n}}=\boldsymbol{U}^{\mathrm{H}}\boldsymbol{n}$ 为在空间旋转后的白噪声。由于 $\boldsymbol{U}^{\mathrm{H}}$ 为酉矩阵，所以这种旋转不影响噪声的概率分布，$\tilde{\boldsymbol{n}}$ 的各分量仍为服从 $\mathrm{CN}(0,N_0)$ 的独立同分布的高斯噪声。

由于 $\boldsymbol{\Sigma}$ 为准对角阵矩阵，则式(6.33)可写成

$$\tilde{y}_k = \begin{cases} s_k\tilde{x}_k + \tilde{n}_k, & k=0,1,\cdots,r-1 \\ \tilde{n}_k & k=r,1,\cdots,N-1 \end{cases} \tag{6.34}$$

这样 MIMO 信道就可以等效为 r 个有效并行 SISO 信道，如图 6.9 所示。

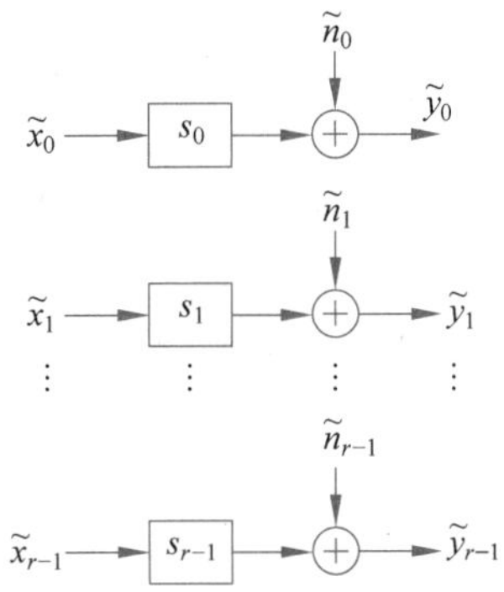

这些子信道是通过总发射功率约束联系在一起的独立信道，相互之间无干扰。通过这些等效信道发送数据时，数据传输速率最高可达到单天线系统的 r 倍，即复用增益为 r。

例 6.1 已知某 MIMO 信道的增益矩阵为

$$\boldsymbol{G} = \begin{bmatrix} 0.2 & 0.3 & 0.6 \\ 0.5 & 0.4 & 0.2 \\ 0.3 & 0.7 & 0.9 \end{bmatrix}$$

图 6.9　MIMO 信道的等效
并行信道模型

求等价的等效并行信道模型。

解：$\boldsymbol{G}$ 的奇异值分解为

$$\boldsymbol{G} = \begin{bmatrix} -0.4667 & 0.2768 & -0.8400 \\ -0.3794 & -0.9206 & -0.0926 \\ -0.7989 & 0.2754 & 0.5347 \end{bmatrix} \cdot \begin{bmatrix} 1.4673 & 0 & 0 \\ 0 & 0.4065 & 0 \\ 0 & 0 & 0.1090 \end{bmatrix} \cdot$$

$$\begin{bmatrix} -0.3562 & -0.7928 & -0.4945 \\ -0.5800 & -0.2273 & 0.7823 \\ -0.7326 & 0.5655 & -0.3789 \end{bmatrix}$$

系统有 3 个非零奇异值，因此可分解成 3 个独立并行信道，等效子信道的信道系数分别为 $1.463,0.4065,0.109$。

2. 确定性 MIMO 信道容量分析

由信息论可以推导出 MIMO 系统的容量为

$$C = \max_{\boldsymbol{R}_{xx}:\mathrm{tr}(\boldsymbol{R}_{xx})\leqslant P} B\log_2\det[\boldsymbol{I}_N + \boldsymbol{G}\boldsymbol{R}_{xx}\boldsymbol{G}^{\mathrm{H}}] \tag{6.35}$$

式中，$\boldsymbol{R}_{xx}$ 为输入信号的协方差矩阵；$\mathrm{tr}(\boldsymbol{R}_{xx})$ 是矩阵 $\boldsymbol{R}_{xx}$ 的迹，等于输入信号序列的总功率；$\det[\boldsymbol{A}]$ 表示方阵 $\boldsymbol{A}$ 的行列式；$\boldsymbol{I}_N$ 为 $N\times N$ 单位矩阵。

由式(6.35)可知，MIMO 信道容量实际是在给定的功率约束下，以输入的协方差矩阵为参数使输入输出的互信息最大化。显然，这取决于发射端是否已知信道信息。

设系统带宽为 B，每个子信道每符号发射功率为 q_k，总发射功率约束为 P，发送端知道准确的信道信息，则由式(6.11)可知，图 6.9 中的第 k 个等效子信道信道容量为

$$R_k = B \cdot \log_2\left(1 + \frac{q_k s_k^2}{BN_0}\right) \mathrm{bps} \tag{6.36}$$

MIMO 系统的总容量可通过求解式(6.37)所示的优化问题得到。

$$C = \max_{q_0,q_1,\cdots,q_{r-1}} \sum_{k=0}^{r-1} R_k$$

$$\text{s. t.} \quad q_0 + q_1 + \cdots + q_{r-1} \leqslant P$$
$$q_k \geqslant 0, 0 \leqslant k \leqslant r-1 \tag{6.37}$$

即在给定的发射功率约束下,寻找合适的功率分配方案,确定每个等效子信道的发射功率,使得所有等效并行信道的速率最大。MIMO 系统的容量就是这个最大的速率。

如果发射机已知信道信息,优化式(6.37)的解为

$$\hat{q}_k = \max\left(\mu - \frac{N_0}{s_k^2}, 0\right) \tag{6.38}$$

式中,$\max(\cdot, \cdot)$表示取两自变量中较大者;μ 的选取是为了保证功率约束成立。

式(6.38)就是著名的 MIMO 系统功率分配的注水算法:高信噪比子信道分配较大的发射功率,较低信噪比的子信道分配较少的功率,信噪比低于门限值的子信道不分配功率。

并行子信道功率分配的注水算法可用图 6.10 解释。

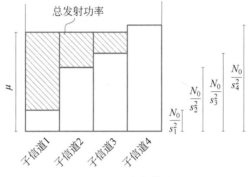

图 6.10　注水算法

把子信道的信道信息看作一个碗的碗底,碗底的厚度为 N_0/s_k,总发射功率看作一定量的水。功率分配相当于把水倒进碗里,碗底薄的位置水就比较深,碗底厚的位置水就较浅,碗底过厚就露出了水面。这里对应子信道处的水的深度可以看作该子信道分配的功率比例。

即子信道对应的奇异值 s_k 越大,对应的 N_0/s_k 就越小,对应子信道分配的功率也就越大。当 N_0/s_k 大于门限值 μ 时,说明该子信道信噪比过低,因此不在该子信道上发射符号,也就是分配功率为 0。

利用注水算法进行功率分配时系统容量为

$$C = B \cdot \sum_{k=0}^{r-1} \log_2\left(1 + \frac{\hat{q}_k s_k^2}{BN_0}\right) \text{bps} \tag{6.39}$$

如果定义 $\gamma_k = s_k^2 P/(BN_0)$ 为与第 k 个等效子信道相关联的全功率信噪比,则可按如下方式导出一个简洁的功率分配式。

按式(6.39),系统容量为

$$C = \max_{q_0, q_1, \cdots, q_{r-1}} B \cdot \sum_{k=0}^{r-1} \log_2\left(1 + \frac{q_k s_k^2}{BN_0}\right) = \max_{q_0, q_1, \cdots, q_{r-1}} B \cdot \sum_{k=0}^{r-1} \log_2\left(1 + \frac{q_k \gamma_k}{P}\right) \tag{6.40}$$

$$\text{s. t.} \quad q_0 + q_1 + \cdots + q_{r-1} \leqslant P$$

求解上述最优化问题可得注水算法功率分配的计算式:

$$\frac{\hat{q}_k}{P} = \begin{cases} 1/\gamma_0 - 1/\gamma_k, & \gamma_k \geqslant \gamma_0 \\ 0, & \gamma_k < \gamma_0 \end{cases} \tag{6.41}$$

γ_0 为一个设计参数，取决于功率约束，即总功率恒定时，每个子信道分配的功率应大于等于零。

此时系统容量可表示为

$$C = B \cdot \sum_{k:\, \gamma_k > \gamma_0} \log_2 \left(\frac{\gamma_k}{\gamma_0} \right) \text{ bps} \tag{6.42}$$

定义发射信噪比为 $\text{SNR} = P/N_0$，下面讨论低信噪比和高信噪比时 MIMO 信道的容量特点。

高信噪比时，按式(6.39)或式(6.42)得到的功率分配方案中各子信道分配的功率相等，为简化计算，此时可进行等功率分配，这种方案在高信噪比条件下是次优解，即

$$q_0 = q_1 = \cdots = q_{r-1} = \frac{P}{r} = \bar{q} \tag{6.43}$$

此时 MIMO 信道容量为

$$C \approx \sum_{k=0}^{r-1} \log_2 \left(1 + \text{SNR}\, \frac{s_k^2}{r} \right) \approx \sum_{k=0}^{r-1} \log_2 \left(\text{SNR}\, \frac{s_k^2}{r} \right)$$

$$= r \log_2(\text{SNR}) + \sum_{k=0}^{r-1} \log_2 \left(\frac{s_k^2}{r} \right) \tag{6.44}$$

该式第一项正比于信道矩阵的秩 r，这就是 MIMO 系统带来的复用增益。

对信噪比低的情况下，设信道矩阵的奇异值 $s_0 \geqslant s_1 \geqslant \cdots \geqslant s_{r-1} > 0$。由于此时所有子信道的信道条件都较差，为了保证通信正常进行，可考虑将所有发射功率都分配给最大奇异值 s_1 对应的子信道，即

$$q_0 = P, q_1 = q_2 = \cdots = q_{r-1} = 0 \tag{6.45}$$

此时信道容量近似为

$$C \approx \log_2(1 + \text{SNR} \cdot s_0^2) \approx \text{SNR} \cdot s_0^2 \cdot \log_2(\text{e}) \tag{6.46}$$

此时没有复用增益，但有波束成形增益(阵列增益)。

在发送端，若信道 CSI 未知时，发送端无法在各天线上进行最优功率分配。直觉上可以认为此时等功率分配似乎是最优方案。但实际上，由于发送端 CSI 未知，它无法确定该以何种速率进行发送才能保证正确接收，此时最适合的容量定义为中断容量，这将在下一节中讨论。

例 6.2 设所有信道系数的模 $|g_{mn}| = 1$，试对比前述四类确定性信道的容量(设发送端已知 CSI)。

解：前面讨论了四类确定性信道的容量分析，本例旨在通过一个特殊的例子来展示多天线带来的好处。(设总发射功率为 P，发射信噪比为 $\text{SNR} = P/N_0$)

(1) SISO 信道

$$C_{\text{SISO}} = \log_2 \left(1 + \frac{P |g|^2}{N_0} \right) = \log_2(1 + \text{SNR})$$

(2) MISO 信道和 SIMO 信道

这两种信道是对偶信道，放在一起讨论。

$$C = \log_2 \left(1 + \frac{P \|\boldsymbol{g}\|^2}{N_0} \right) = \log_2 \left(1 + \frac{P \sum_{i=0}^{M-1} |g_i|^2}{N_0} \right) = \log_2 \left(1 + \frac{MP}{N_0} \right)$$

$$= \log_2(1 + M \cdot \text{SNR})$$

系统存在 M 阶的分集增益,这是通过最大比传输或最大比合并实现的。

（3）MIMO 信道

对 MIMO 信道,此处仅考虑 $M=N$ 的情况,且设信道矩阵满秩、奇异值相等且为 $s_k=\sqrt{M}$（理论上可以证明,在发送端和接收端周围都存在丰富的散射路径时,这样的信道是存在的）。在高信噪比时,M 个等效并行信道进行等功率分配,则

$$C_{\text{MIMO}} = \sum_{k=0}^{M-1} \log_2\left(1 + \frac{\overline{q} \cdot s_k^2}{N_0}\right) = \sum_{k=0}^{M-1} \log_2\left(1 + \frac{\overline{q} \cdot M}{M \cdot N_0}\right)$$
$$= M \cdot \log_2(1 + \text{SNR})$$

在这种情况下,MIMO 系统可获得 M 阶复用增益。

从上面的讨论可以看出,相对于 SISO 信道,采用 MISO 信道和 SIMO 信道可获得分集增益,但没有复用增益;而对 MIMO 系统,高信噪比时,可得到复用增益。

图 6.11 展示了每符号信噪比 q/N_0 相同时,SISO、MISO/SIMO、MIMO 系统在 $M=4$ 时的信道容量随 SNR 的变化趋势。由图可知:相对于 SISO 系统,MISO/SIMO 系统由于在发射端（接收端）配置了 4 根天线,系统容量曲线上移。在系统容量相同时,MISO/SIMO 系统所需的信噪比比 SISO 系统低 6dB,即系统可获得 6dB 的分集增益,这个增益可由 MRT 或 MRC 得到,但系统没有复用增益。对 4×4 MIMO 系统,在高信噪比时,其信道容量的斜率是 SISO、MISO/SIMO 的 4 倍,这个增益称为系统复用增益,即 MIMO 系统可获得复用增益。

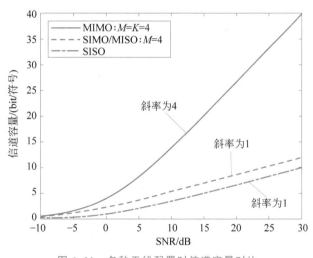

图 6.11　多种天线配置时信道容量对比

6.2　衰落信道及相关容量

6.2.1　多径衰落信道

典型的多径信道如图 6.12 所示,共有 L 条散射路径,无直射路径。则路径增益 g 可建模为

$$g = \sum_{i=1}^{L} g_i \mathrm{e}^{-\mathrm{j}2\pi \frac{d_i - d_1}{\lambda}} \tag{6.47}$$

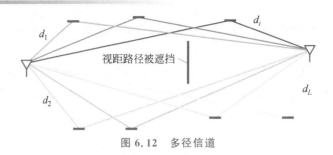

图 6.12　多径信道

根据窄带条件，如果各路径的最大时延扩展 m 远小于符号周期 $T_s = 1/B$，则这些路径是不可区分的。设每条路径的衰减幅度是独立同分布的，则在 L 较大时，根据中心极限定理，g 逼近标准复高斯分布 $CN(0,1)$ 的随机变量，$|g|$ 服从瑞利分布，其分布曲线如图 6.13 所示。

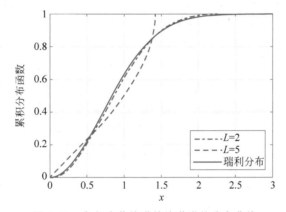

图 6.13　多径衰落信道的信道增益分布曲线

从图 6.13 中可以看出，当多径数为 5 时，$|g|$ 的分布已经与瑞利分布相当接近了。当接收机和发射机周围存在多个散射体时，这个模型相当精确。

下面分析瑞利衰落信道增益 $|g|$。为了看清楚深衰落信道的概率密度曲线，把瑞利分布密度函数的 $|g|$ 轴用对数坐标表示，则其概率密度曲线如图 6.14 所示。

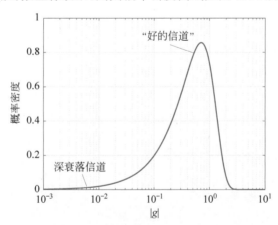

图 6.14　信道增益的概率密度曲线

从图 6.14 可以看出，信道存在出现深衰落（信道增益小）的可能性，但出现深衰落的概率较小。带来的问题是，信道质量是随时间变化且不可预测的。

具有随机信道响应 $g(l)$ 的 SISO 衰落信道模型可等效为

$$y(l)=g(l) \cdot x(l)+n(l) \tag{6.48}$$

式中，$x(l) \sim CN(0,q)$，$q=P/B$ 为每符号平均功率；$n(l) \sim CN(0,N_0)$ 为接收机噪声。

为了便于理论分析，可以根据信道的衰落特性把衰落信道分成两大类。

（1）慢衰落：信道相干时间远远大于发送信号的符号周期。这样 $g(l)$ 在一次传输过程中基本不变（如一个 OFDM 符号持续时间内，甚至一个无线帧的持续时间内）。

（2）快衰落：信道相干时间与发送信号的符号周期可比较，因此 $g(l)$ 只能在时域信号的一个或数个符号持续时间内保持不变（OFDM 符号持续时间内不同的采样点可能经历不同的衰落），信道响应变化较快，在一次传输过程中随机变量 $g(l)$ 可以遍历其"所有"可能值。

当然现实中的信道可能会处在二者之间的过渡状态。

6.2.2　中断容量

对慢衰落信道，信道相干时间远大于发送信号的符号周期，$g(l)$ 在一个符号周期内基本不变，因此式(6.48)可简化为

$$y(l)=g \cdot x(l)+n(l) \tag{6.49}$$

设接收机已知 g 但发射机未知，则对 g 的一次实现系统容量可表示为

$$C_g=B \cdot \log_2\left(1+\frac{P|g|^2}{BN_0}\right) \tag{6.50}$$

但是，发射机无法确定这个容量（g 未知），因此不能通过合理选择调制编码方案达到这个容量。此时，发送端就只能进行机会通信：发射机以固定的编码速率 R bps 编码数据并进行发送。根据香农定理，这会出现两种情况：

（1）$R \leqslant C_g$，此时系统可以成功通信；

（2）$R > C_g$，此时误码率高，称系统处于中断状态。

定义传输速率为 R 时系统的中断概率为

$$p_{out}(R)=Pr\{C_g < R\}=Pr\{\log_2(1+|g|^2 SNR) < R\} \tag{6.51}$$

设 $g \sim CN(0,1)$，在高信噪比时，式(6.51)可近似为

$$p_{out}(R)=Pr\{C_g < R\}=1-e^{-\frac{2^R-1}{SNR}} \approx \frac{2^R-1}{SNR} \tag{6.52}$$

即高信噪比时，瑞利信道的中断概率与信噪比成反比。

对慢衰落瑞利信道，仅在 $R=0$ 时才能保证零错误概率，但此时信道容量为零。

下面定义 ϵ-中断容量。所谓 ϵ-中断容量，C_0 是指能使中断概率 $p_{out}(R) \leqslant 0$ 的最大传输速率 R。即系统能够以概率 ϵ 实现容量为 C_0 的零错误率通信。

对慢衰落信道，设 $g \sim CN(0,N_0)$，若中断概率为

$$p_{out}(R)=Pr\{C_g < R\}=1-e^{-\frac{2^R-1}{SNR}} \geqslant 0 \tag{6.53}$$

则系统的 ϵ-中断容量为

$$C_0=\log_2(1+SNR\ln((1-0)^{-1})) \tag{6.54}$$

式(6.54)表示以传输速率 R 通过信道进行数据传输时信道的总容量，不是正确接收的有效容量。

信道 ϵ-中断容量随中断概率的变化如图 6.15 所示（SNR=0dB）。

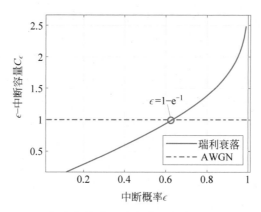

图 6.15　慢衰落信道 ϵ-中断容量与中断概率的关系

图 6.15 中虚线表示白噪声信道的容量。从图 6.15 中可以看出，在中断概率ϵ较小时，信道的容量接近白噪声信道；但在中断概率ϵ较大时，信道容量可能高过白噪声信道容量。可以这样理解：在中断概率较小时，信道容量是趋于零的，因为这时要保证信道深衰落时错误译码的概率也较小；随着中断概率增大，容量增加，但代价是错误接收的概率也增加，因为此时正确接收的概率为$(1-P_{\text{out}})$。

设通信过程中发生中断的概率为 P_{out}，则系统成功通信的概率为 $1-P_{\text{out}}$。若最小可接收信噪比为$\gamma_{\min}$，则系统能无误码传输的容量为

$$C_{\text{out}} = (1-P_{\text{out}}) \cdot B \cdot \log_2(1+\gamma_{\min}) \tag{6.55}$$

式中，$\gamma_{\min}$ 是一个设计参数，取决于可接受的中断概率。从式（6.55）可以看出，中断容量取决于参数 $\gamma_{\min}$ 或 P_{out}，可通过优化这两个参数使得平均正确接收速率最大化：

$$C_{\text{out}} = (1-P_{\text{out}})\log_2(1+\text{SNRln}((1-\gamma_{\min})^{-1})) \tag{6.56}$$

为使 C_{out} 最大化，需对ϵ和 SNR 进行优化，也就是可能需要功率控制。

下面简单分析 SIMO 系统的中断容量。

在如图 6.16 所示的通信模型中，发射机有一根天线，接收机有 M 根天线，发射机和接收机之间没有视距路径，且接收机处于富散射环境，周围有足够多的散射体。

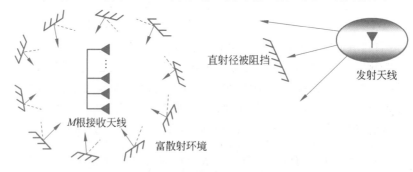

图 6.16　富散射环境 SIMO 系统

根据上述模型，接收机各天线可接收到大量独立同分布的瑞利多径分量，则信道向量分布为复高斯分布，即

$$\boldsymbol{g} \sim \text{CN}(\boldsymbol{0}, \beta \boldsymbol{I}_M)$$

此时$\|\boldsymbol{g}\|^2$的分布密度为

$$f_{\|\boldsymbol{g}\|^2}(x) = \frac{x^{M-1}\mathrm{e}^{-x/\beta}}{(M-1)!\,\beta^M} \leqslant \frac{x^{M-1}}{(M-1)!\,\beta^M} \tag{6.57}$$

其中,中断概率可计算为

$$p_{\text{out}}(R) = \Pr\{\log_2(1+\|\boldsymbol{g}\|^2\,\text{SNR}) < R\} = \int_0^{\frac{2^R-1}{\text{SNR}}} f_{\|\boldsymbol{g}\|^2}(x)\mathrm{d}x \tag{6.58}$$

在 SNR 较高时,中断概率为

$$p_{\text{out}}(R) \leqslant \left(\frac{2^R-1}{\text{SNR}}\right)^M \frac{1}{M!} \tag{6.59}$$

式中,中断概率在高信噪比时正比于 SNR^{-M},其中 M 称为系统的**分集阶数**。设在这个模型中,多根天线上的接收信号不相关,则 $\|\boldsymbol{g}\|^2\,\text{SNR} > \text{SNR}$ 以概率 1 成立。也就是说,系统还能获得阵列增益(可以理解为能收集多根天线上的能量)。

SIMO 信道中断概率与信噪比的关系见图 6.17。

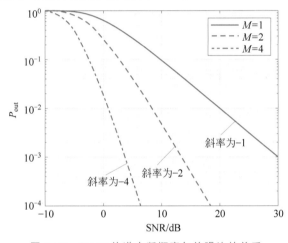

图 6.17　SIMO 信道中断概率与信噪比的关系

图 6.17 中横纵坐标均为对数坐标,SNR 较高时不同接收天线数的信道中断概率的斜率即为该信道的分集阶数。

同理,在发射端已知信道信息时,也可以推导出 MISO 信道也可获得 M 阶分集增益和阵列增益;$M \times N$ 的 MIMO 系统可获得 MN 阶分集增益和阵列增益。

例 6.3　某衰落信道的接收信噪比有 3 个可能的取值:出现信噪比 $\gamma_1 = 0.8333$ 的概率 $p_1 = 0.1$,出现信噪比 $\gamma_2 = 83.33$ 的概率 $p_2 = 0.5$,出现信噪比 $\gamma_3 = 333.33$ 的概率 $p_3 = 0.4$。设每符号发射功率为 $10\,\text{mW}$,接收噪声功率谱密度 $N_0 = 10^{-9}\,\text{W/Hz}$,信道带宽 $30\,\text{kHz}$。其中断概率 $P_{\text{out}} < 0.1$,$P_{\text{out}} = 0.1$,$P_{\text{out}} = 0.6$。

解:该信道的信噪比仅有三个离散状态,所以信道的中断容量为一阶函数。

(1) 中断概率 $P_{\text{out}} < 0.1$ 时,设置所有可能的信道状态都可以正确译码,此时可取 $\gamma_{\text{min1}} = 0.8333$,则系统容量为 $C_1 = B \cdot \log_2(1+\gamma_{\text{min1}}) = 26.23\,\text{kbps}$。根据题意,任何条件下系统信噪比 $\gamma_i \geqslant \gamma_{\text{min1}}$。对本题而言,此时实际中断概率是 0,因此

$$C_{p<0.1} = (1-0) \cdot B \cdot \log_2(1+\gamma_{\text{min1}}) = 26.23\,\text{kbps}$$

(2) 当中断概率 $0.1 \leqslant P_{\text{out}} < 0.6$ 时,设置信道处在条件最差的信道状态时不能译码,此时可取 $\gamma_{\text{min2}} = 83.33$,则系统容量为 $C_2 = B \cdot \log_2(1+\gamma_{\text{min2}}) = 191.94\,\text{kbps}$;此时系统的

中断概率为 0.1，因此

$$C_{p=0.1} = (1-0.1) \cdot B \cdot \log_2(1+\gamma_{\min 1}) = 0.9 \times 191.94 = 172.75 \text{kbps}$$

（3）中断概率 $0.6 \leqslant P_{\text{out}} < 1$ 时，设置信道处在条件最好的信道状态时能正确译码，此时可取 $\gamma_{\min 3} = 333.33$，则系统容量为 $C_3 = B \cdot \log_2(1+\gamma_{\min 3}) = 251.55 \text{kbps}$；此时中断概率为 0.6，因此

$$C_{p=0.6} = (1-0.6) \cdot B \cdot \log_2(1+\gamma_{\min 3}) = 0.4 \times 251.55 = 100.62 \text{kbps}$$

显然，中断概率 P_{out} 的选取对数据正确传输至关重要。对本题而言，取 $P_{\text{out}} = 0.1$ 为最佳选择，但此时存在 10% 的出错概率。若对于实际应用出错概率 10% 太大的话，就只能牺牲传输速率，降低中断概率了。

对 MISO 系统，也可以通过空时编码技术，在发射端无法确定信道信息时进行满分集接收，但会损失阵列增益。下面，简单介绍两天线空时编码方案——Alamouti 空时编码。

对发射天线数为 2 的 MISO 系统，系统接收信号为

$$y(l) = \begin{bmatrix} x_1(l) & x_2(l) \end{bmatrix} \cdot \begin{bmatrix} g_1 \\ g_2 \end{bmatrix} + n(l) \tag{6.60}$$

设在一次传输过程中，g_1, g_2 保持不变，接收机已知信道信息但发射机无法确定。

考虑在连续的两个时隙发送两个数据符号：

$$\begin{bmatrix} y(1) \\ y(2) \end{bmatrix} = \begin{bmatrix} x_1(1) & x_2(1) \\ x_1(2) & x_2(2) \end{bmatrix} \cdot \underbrace{\begin{bmatrix} g_1 \\ g_2 \end{bmatrix}}_{g} + \begin{bmatrix} n(1) \\ n(2) \end{bmatrix} \tag{6.61}$$

这种传输方案与式（6.60）无区别。有没有更好的传输方案呢？

先利用 Alamouti 空时编码对连续两个时隙里的待发送符号 $\tilde{x}(1)$、$\tilde{x}(2)$ 进行预编码，即

$$\boldsymbol{X} = \frac{1}{\sqrt{2}} \begin{bmatrix} \tilde{x}(1) & \tilde{x}(2) \\ -\tilde{x}^*(2) & \tilde{x}^*(1) \end{bmatrix} \tag{6.62}$$

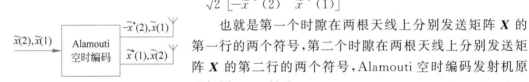

图 6.18 Alamouti 空时编码
发射机原理

也就是第一个时隙在两根天线上分别发送矩阵 $\boldsymbol{X}$ 的第一行的两个符号，第二个时隙在两根天线上分别发送矩阵 $\boldsymbol{X}$ 的第二行的两个符号，Alamouti 空时编码发射机原理如图 6.18 所示。

这两个时隙的接收信号分别为

$$y(1) = \frac{1}{\sqrt{2}} [g_1 \cdot \tilde{x}(1) + g_2 \cdot \tilde{x}(2)] + n(1)$$

$$y(2) = \frac{1}{\sqrt{2}} [-g_1 \cdot \tilde{x}^*(2) + g_2 \cdot \tilde{x}^*(1)] + n(2)$$

将以上两式写成矩阵形式，并整理可得

$$\begin{bmatrix} y(1) \\ y(2) \end{bmatrix} = \frac{1}{\sqrt{2}} \begin{bmatrix} g_1 \cdot \tilde{x}(1) + g_2 \cdot \tilde{x}(2) \\ -g_1^* \cdot \tilde{x}(2) + g_2^* \cdot \tilde{x}(1) \end{bmatrix} + \begin{bmatrix} n(1) \\ n^*(2) \end{bmatrix}$$

$$= \frac{1}{\sqrt{2}} \underbrace{\begin{bmatrix} g_1 & g_2 \\ g_2^* & -g_1^* \end{bmatrix}}_{\tilde{G}} \begin{bmatrix} \tilde{x}(1) \\ \tilde{x}(2) \end{bmatrix} + \begin{bmatrix} n(1) \\ n^*(2) \end{bmatrix} \tag{6.63}$$

若 $y(1)$、$y(2)$ 不是连续两个时隙的接收信号,而是将二者视为这两个时隙里两根等效天线上的信号,就把一个 2×1 的 MISO 信道改造成了一个 2×2 MIMO 信道,其等效信道矩阵为 $\widetilde{\boldsymbol{G}}$。利用奇异值分解,可得

$$
\widetilde{\boldsymbol{G}} = \frac{1}{\sqrt{2}}\begin{bmatrix} g_1 & g_2 \\ g_2^* & -g_1^* \end{bmatrix} = \underbrace{\frac{1}{\|\boldsymbol{g}\|}\begin{bmatrix} g_1 & g_2 \\ g_2^* & -g_1^* \end{bmatrix}}_{\widetilde{U}} \underbrace{\begin{bmatrix} \dfrac{\|\boldsymbol{g}\|}{\sqrt{2}} & 0 \\ 0 & \dfrac{\|\boldsymbol{g}\|}{\sqrt{2}} \end{bmatrix}}_{\widetilde{\Sigma}} \underbrace{\begin{bmatrix} 1 & 0 \\ 0 & 1 \end{bmatrix}}_{\widetilde{V}^{\mathrm{H}}} \tag{6.64}
$$

由此可得到 Alamouti 空时编码发射和接收原理,如图 6.19 所示。

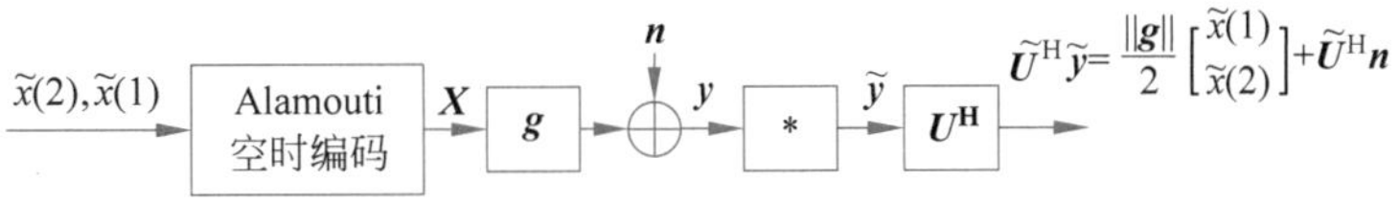

图 6.19　Alamouti 空时编码发射和接收原理

即两个时隙发送和接收两个符号,系统传输速率不变。

发射预编码矩阵 $\widetilde{\boldsymbol{V}}$ 为常值矩阵,因此发射端信道信息未知。此时信道容量为

$$
C_g = \log_2\left(1 + \frac{q\|\boldsymbol{g}\|^2}{2N_0}\right) \tag{6.65}
$$

式中,$\boldsymbol{g} = \begin{bmatrix} g_1 & g_2 \end{bmatrix}^{\mathrm{T}}$,为两根发射天线到接收天线间的信道系数。

Alamouti 空时编码实现满分集接收,此时没有波束成形增益(阵列增益)。究其原因,发射端无法确定信道信息,没有利用多天线的最大比传输或者波束成形能力。

当然也存在高阶的空时编码方法,有兴趣的读者可参考相关文献。

6.2.3　遍历容量

若信道为快衰落信道,相干时间为 1 个或数个符号周期,即 $g(l)$ 仅在 1 个或相邻多个符号周期内保持不变。如果发送端符号足够多,则在一次通信过程中,系统可以经历"所有"的信道状态,则可以定义系统的遍历容量。

对 SISO 系统,设发射功率受限且接收端已知 CSI,则可定义信道的遍历容量为

$$
C_e = E_g\left\{ B \cdot \log_2\left(1 + \frac{P\,|g|^2}{BN_0}\right) \right\} \tag{6.66}
$$

式中,$E_g\{\cdot\}$ 是按 g 的分布对所有可能的 g 求统计平均,所以称为遍历容量。因为信道可遍历所有状态,因此没有中断问题。

值得注意的是,式(6.66)不能理解为瞬时 CSI 为 $g(l)$ 时,系统按速率 C(式(6.11))进行发送,再对 $g(l)$ 求统计平均,得到遍历容量 C_e。究其原因,发射端无法确定瞬时 $g(l)$,因此瞬时 C_e 未知,此时系统只能根据预先选定的与 $g(l)$ 无关的一个固定的传输速率 R 发送数据。在发送符号足够多时,接收的码字才能够遍历衰落信道的所有状态,系统才可能达到遍历容量 C_e。

根据 Jensen 不等式

$$
C_e = E_g\left\{ B \cdot \log_2\left(1 + \frac{P\,|g|^2}{BN_0}\right) \right\} \leqslant B \cdot \log_2\left(1 + \frac{PE_g\{|g|^2\}}{BN_0}\right) \tag{6.67}
$$

式(6.67)表明,若一个白噪声信道的信道增益与快衰落信道的信道平均增益 $E_g\{|g|^2\}$ 相同时,衰落信道的遍历容量 C_e 小于白噪声信道的容量。若接收端得到的 CSI 不精确,则信道容量会进一步下降。

图 6.20 对比了 $\mathrm{SNR}=P/(BN_0)$ 相同时白噪声信道和瑞利衰落信道的归一化信道(遍历)容量。

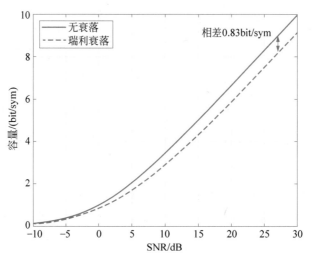

图 6.20　白噪声信道容量和衰落信道遍历容量对比

从图 6.20 可看出,SNR 较小时,两种信道容量差异小;SNR 较高时,瑞利衰落信道遍历容量比白噪声信道容量低 0.83bit/sym。

例 6.4　某衰落信道的信道增益 g 独立同分布且仅有 3 个可能的取值:g_1 以概率 $p_1=0.1$ 取值 0.05,g_2 以概率 $p_2=0.5$ 取值 0.5,g_3 以概率 $p_3=0.4$ 取值 1。设每符号发射功率为 10mW,接收噪声功率谱密度 $N_0=10^{-9}\mathrm{W/Hz}$,信道带宽 30kHz,设接收端已知各瞬时 g_i,但发送端未知。求该衰落信道的遍历容量,并与相同平均信噪比下的白噪声信道对比。

解:由题意,接收端有三种可能的信噪比:

$$\gamma_1=\frac{P\,|g_1|^2}{BN_0}=\frac{10\times10^{-3}\times0.05^2}{30\times10^3\times10^{-9}}=0.8333,\text{出现概率 } p_1=0.1$$

$$\gamma_2=\frac{P\,|g_2|^2}{BN_0}=\frac{10\times10^{-3}\times0.5^2}{30\times10^3\times10^{-9}}=83.33,\text{出现概率 } p_2=0.5$$

$$\gamma_3=\frac{P\,|g_3|^2}{BN_0}=\frac{10\times10^{-3}\times1^2}{30\times10^3\times10^{-9}}=333.33,\text{出现概率 } p_3=0.4$$

所以,信道的遍历容量为

$$C_s=E_g\left\{B\cdot\log_2\left(1+\frac{P\,|g|^2}{BN_0}\right)\right\}=\sum_{i=1}^{3}\left[B\log_2(1+\gamma_i)\cdot p_i\right]$$

$$=30\,000\times[0.1\times\log_2(1+0.8333)+0.5\times\log_2(1+83.33)+$$

$$0.5\times\log_2(1+333.33)]$$

$$=199.26\mathrm{kbps}$$

该信道的平均信噪比为

$$\bar{\gamma} = 0.1 \times 0.8333 + 0.5 \times 83.3 + 0.4 \times 333.33$$
$$= 175.08$$

对应白噪声信道的容量为

$$C = B \cdot \log_2(1 + \bar{\gamma}) = 30\,000 \times \log_2(1 + 175.08)$$
$$= 223.8 \text{kbps}$$

由此可见,平均信噪比相同时,接收端已知 CSI 时衰落信道的遍历容量小于白噪声信道的容量。

利用向量代数和矩阵代数,式(6.67)可推广至多天线系统中。

对于快衰落 SIMO 信道和 MISO 信道,其遍历容量为

$$C_e = E_g\left\{B \cdot \log_2\left(1 + \frac{P\|\boldsymbol{g}\|^2}{BN_0}\right)\right\} \leqslant B \cdot \log_2\left(1 + \frac{PE_g\{\|\boldsymbol{g}\|^2\}}{BN_0}\right) \tag{6.68}$$

对于 SIMO 系统,可在接收端采用天线选择、等增益合并或最大比合并获得满分集增益 N。

对于 MISO 系统,在发射端已知 CSI 的前提下,可通过最大比传输或其他优化度量如 SNR、信干噪比等实现最优波束成形获得 M 阶分集增益和阵列增益。在发射端无法确定 CSI 时,可通过空时编码来获得分集增益,但得不到阵列增益。

对于快衰落 MIMO 信道,其遍历容量为

$$C_e = E_G\left\{\max_{\boldsymbol{R}_{xx}:\mathrm{tr}(\boldsymbol{R}_{xx})\leqslant P} B\log_2\det[\boldsymbol{I}_N + \boldsymbol{G}\boldsymbol{R}_{xx}\boldsymbol{G}^H]\right\} \tag{6.69}$$

这个遍历容量可通过沿时间方向或空间方向(多个天线)按注水算法进行功率分配达到。对频率选择性衰落信道,可以在时域和频域联合用注水算法进行功率分配。此时要求信道矩阵的每一个元素都是复值零均值空间白噪声。有兴趣的读者可以参考相关文献。

6.2.4　自由空间视距通信

自由空间视距通信是指发射天线和接收天线之间仅有直接传输路径,没有其他多径存在。图 6.21 展示了一个具有 M 根接收天线的 SIMO 系统。

由于接收天线间距在载波波长尺度,因此在计算大尺度衰落时可认为各天线间距近似相等,路程差只影响接收信号的相位。以天线 1 作同步基准,可得到上述模型第 m 根天线上的基带接收信号为

$$y_m(l) \approx x(l)\,\alpha_m\mathrm{e}^{-\mathrm{j}2\pi\frac{d_m-d_1}{\lambda}} + n(l) \tag{6.70}$$

因此系统的信道矩阵为

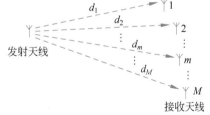

图 6.21　视距 SIMO 系统

$$\boldsymbol{g} = \begin{bmatrix} \alpha_1 \\ \alpha_2\mathrm{e}^{\mathrm{j}2\pi\frac{d_2-d_1}{\lambda}} \\ \vdots \\ \alpha_M\mathrm{e}^{\mathrm{j}2\pi\frac{d_M-d_1}{\lambda}} \end{bmatrix} \tag{6.71}$$

设接收天线排列成均匀线阵，也就是以同样的位姿均匀分布在一条直线上，天线间距为 Δ。设接收天线阵列处在发射天线的远场区，则可以近似认为到达各天线的电场矢量是平行的，电磁波是平面波，所有天线的到达角 φ 相同，如图 6.22 所示。到达角是指接收天线阵列法线与电场矢量的夹角。

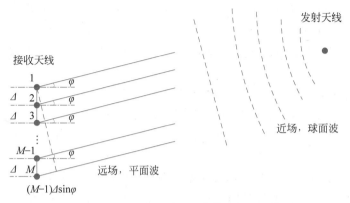

图 6.22 均匀线阵 SIMO 信道的远场近似模型

与收发天线间的距离相比，发射天线到接收天线间的路程差可忽略不计，也就是假设各接收天线上信号的路径长度近似为 d，则各路径增益近似相等：

$$\alpha_m = \frac{\lambda^2}{(4\pi d)^2} \approx \beta$$

但路程差引起的信号相位变化不能忽略：

$$e^{-j2\pi\frac{d_m - d_1}{\lambda}} = e^{-j2\pi\frac{(m-1)\Delta\sin(\varphi)}{\lambda}}$$

则对均匀线阵，其信道增益向量如式(6.72)所示，其中 $\beta = \frac{\lambda^2}{(4\pi d)^2}$。

$$\boldsymbol{g} = \begin{bmatrix} \beta \\ \beta e^{-j2\pi\frac{\Delta\sin(\varphi)}{\lambda}} \\ \vdots \\ \beta e^{-j2\pi\frac{(M-1)\Delta\sin(\varphi)}{\lambda}} \end{bmatrix} \tag{6.72}$$

根据信道互易性，此信道向量也可用于 MISO 信道，此时 φ 为发射天线阵的离去角，即发射天线阵列法线与电场矢量的夹角。

易证，$\|\boldsymbol{g}\| = \sqrt{\beta M}$，此时对应的信道容量为

$$C = \log_2\left(1 + \frac{q\beta M}{N_0}\right) \tag{6.73}$$

即存在波束成形增益(阵列增益)，但没有复用增益。

图 6.23 所示的是远场 MIMO 视距信道模型，其中，Δ 为均匀线阵中天线间距。由图 6.23 可以得到 MIMO 视距信道的增益矩阵为

$$\boldsymbol{G} = \begin{bmatrix} g_{11} & g_{12} & \cdots & g_{1K} \\ g_{21} & g_{22} & \cdots & g_{2K} \\ \vdots & \vdots & \ddots & \vdots \\ g_{M1} & g_{M2} & \cdots & g_{MK} \end{bmatrix}$$

$$= \sqrt{\beta} \begin{bmatrix} 1 & e^{-j2\pi\frac{\Delta\sin\phi}{\lambda}} & \cdots & e^{-j2\pi\frac{(K-1)\Delta\sin\phi}{\lambda}} \\ e^{-j2\pi\frac{\Delta\sin\varphi}{\lambda}} & e^{-j2\pi\frac{\Delta\sin\varphi}{\lambda}}e^{-j2\pi\frac{\Delta\sin\phi}{\lambda}} & \cdots & e^{-j2\pi\frac{\Delta\sin\varphi}{\lambda}}e^{-j2\pi\frac{(K-1)\Delta\sin\phi}{\lambda}} \\ \vdots & \vdots & \ddots & \vdots \\ e^{-j2\pi\frac{(M-1)\Delta\sin\varphi}{\lambda}} & e^{-j2\pi\frac{(M-1)\Delta\sin\varphi}{\lambda}}e^{-j2\pi\frac{\Delta\sin\phi}{\lambda}} & \cdots & e^{-j2\pi\frac{(M-1)\Delta\sin\varphi}{\lambda}}e^{-j2\pi\frac{(K-1)\Delta\sin\phi}{\lambda}} \end{bmatrix} \tag{6.74}$$

$$= \sqrt{\beta} \begin{bmatrix} 1 \\ e^{-j2\pi\frac{\Delta\sin\varphi}{\lambda}} \\ \vdots \\ e^{-j2\pi\frac{(M-1)\Delta\sin\varphi}{\lambda}} \end{bmatrix} \begin{bmatrix} 1 & e^{-j2\pi\frac{\Delta\sin\phi}{\lambda}} & \cdots & e^{-j2\pi\frac{(K-1)\Delta\sin\phi}{\lambda}} \end{bmatrix}$$

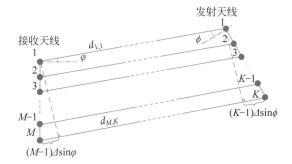

图 6.23　均匀线阵 MIMO 信道的远场近似模型

这个矩阵的秩为 1,其非零奇异值为 $s_1 = \sqrt{\beta MK}$,对应信道的容量为

$$C = \log_2(1 + \beta MK \cdot \mathrm{SNR}) \tag{6.75}$$

即波束成形增益(阵列增益)为 MK。在视距信道场景下,MIMO 系统没有复用增益。

6.2.5　信道状态信息的获取

本节所有对信道容量的讨论都要用到 CSI。在接收端,可通过发射端按一定的规律将已知的数据发送过去,然后通过信道估计方法得到 CSI。发送端要想得到 CSI 相对困难。

对 FDD 系统,可以通过反向信道反馈信道信息,这会带来两个问题:

(1) 对快时变信道,反馈得到的数据是过时数据,可能没有用处;

(2) 对慢时变信道,设相干时间大于通信系统的往返传输时间,反馈是可行的;此时多天线系统可获得最佳性能。但精确的信道反馈会占用大量的频谱和功率资源,所以实际的信道反馈仅传输信道的质量信息。这是一个粗略的 CSI,但可降低反馈开销。反馈的精度取决于具体的通信需求。

对 TDD 系统,由于上下行信道工作在同一频段,因此信道存在互易性,也就是说在同一时刻信道响应在两个方向上是相同的,因此发射机可以通过接收机发送的导频估计 CSI,

这同样只适合慢时变信道的场景。

6.3 多用户 MIMO 和大规模 MIMO

在移动通信场景中,基站通过相同的时间、频率、空间资源为所覆盖小区内的所有用户服务。基站有多根天线,它所服务的终端可能只有 1 根天线。通过将点到点 MIMO 系统的接收端分解成 N 个单天线的自治终端,则可获得 MU-MIMO 模型。与此对应,点对点 MIMO 系统在移动通信中被称为单用户 MIMO(Single-User MIMO,SU-MIMO)。

从基站到用户终端的通信链路称为下行链路,从用户终端到基站的通信链路称为上行链路。

下行 MU-MIMO 的模型如图 6.24 所示。

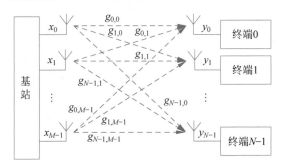

图 6.24　下行 MU-MIMO 的模型

上行 MU-MIMO 的模型如图 6.25 所示。

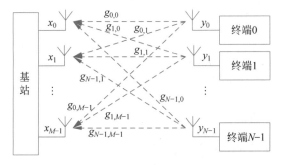

图 6.25　上行 MU-MIMO 的模型

上述系统模型中,设 N 个用户终端均仅有一根天线,此时可以认为 N 个单天线用户构成一个虚拟的多天线系统。和真正的多天线系统相比,这 N 根天线之间可能没有协作。当然,现代 MU-MIMO 系统中终端也可以有多根天线。

MU-MIMO 系统要实现和多个终端同时通信,需要结合波束成形技术实现。首先基站测量出每根天线到每个终端的信道信息,利用信道信息将要发送的数据进行预编码后在每根天线上发射,形成指向每个终端的定向波束,每个终端只能接收自己的数据,消除了用户间干扰且提高了功率效率。

对下行 MU-MIMO 系统,发射机只有一个,接收机有多个,因此系统总发射功率受限。各个接收机无法对信号进行联合处理,但发射机可以对各接收机信号进行联合处理以形成指向多个接收机的波束。

对上行 MU-MIMO 系统,接收机只有一个,发射机有多个。单个发射机的发射功率受限但总发射功率不受限。此时,发送端难以对信号进行联合处理,而接收端利用最大比合并获得分集增益。

MU-MIMO 系统主要用于用户分布密集、多用户大流量并发、终端位置相对固定的场景,例如办公场景、会议中心、电子教学等。MU-MIMO 系统能大幅提升网络吞吐量和频谱利用率;因为能同时为多个接收机提供服务,数据传输效率更高,用户的传输延迟大幅度减小。

大规模 MIMO 可看作一种特殊的 MU-MIMO。当图 6.24 和图 6.25 中基站天线数 M 和用户终端数 N 都无限增大(实际上增大到数十或者百以上即可)时,即构成大规模 MIMO 系统。

大规模 MIMO 理论揭示了大规模 MIMO 系统在提升系统容量、频谱利用率与用户体验方面的巨大潜力。自从被提出后,该理论受到了学术界与产业界的一致关注,并被认为是未来最有潜力的物理层关键技术之一。

根据天线阵列的配置形式,大规模 MIMO 技术通常分两类;第一类系统中各天线的几何距离远远大于 10 个波长距离,天线之间相关性较弱,此时可利用大规模多天线阵列的单用户空分复用方式来提升系统传输速率和容量,称为分布式大规模 MIMO 系统;第二类大规模 MIMO 技术的天线排列密集,天线几何间距约为 0.5 个波长,此时天线阵列能够产生空间分辨能力更强的窄细波束,从而能够利用空分多址方式,在空域实现更多用户数据的并行传输,大幅提升系统容量,称为集中式大规模 MIMO 系统。通常情况下,集中式大规模 MIMO 也被称为大规模天线波束成形技术(简称大规模天线),基于大规模天线系统进行波束成形被认为是大规模 MIMO 技术的主要实现形式。

根据大规模天线波束成形理论,随着天线数量的无限增长,各个用户的信道向量将逐渐趋于正交,从而使多个用户之间的干扰趋于消失。同时,在巨大的天线增益下,加性噪声的影响也将变得可以忽略。因此,无线系统的发射功率可以任意低,而大量用户可以在近乎没有干扰和噪声的理想条件下进行通信,从而提升了系统容量和频谱效率。

近年来,在学术界与产业界的共同努力下,大规模天线波束成形技术的信道容量、能量效率与频谱效率优化、传输与检测算法等方面的研究工作取得了充分的进展,同时业界也从信道建模和评估等基础性工作方面对后续的技术研究和标准化推进做了大量准备,而相应的技术验证与原型平台开发,以及大规模外场实测和初步部署也在积极进行中。

在上述基础之上,产业界对相关技术的标准化给出了明确的推进计划,并已经在 LTE 的增强系统中率先完成了大规模天线技术初步版本的标准化方案。而在面向 5G 系统的标准化研究工作中,3GPP 等标准化组织仍将大规模天线波束成形技术作为最重要的工作之一。目前,在 5G 新型无线(New Radio,NR)接入技术系统的第一个版本中,已经制定了能够支持 100GHz 以下频段的 MIMO 技术国际标准。在 5G NR 系统的后续演进中,会进一步将其扩展至多点协作等更为广阔的应用场景中,开展对信道信息反馈和波束管理的增强型关键技术的研究。

中国通信企业和高校在多天线技术的研究和应用方面一直处于业界领先地位。1998 年,大唐电信集团代表中国提出的 TD-SCDMA 3G 国际标准中首次将智能天线波束成形技术引入蜂窝移动通信系统。2006 年,大唐电信集团等中国企业在 TD-LTE 4G 标准中开创性地提出了多流波束成形技术,拓展了智能天线的应用方式,实现了波束成形与空间复用的深度融合,大幅提升了 TD-LTE 系统性能和技术竞争能力,并实现了 8 天线多流波束成形的全球成功商用,而大部分商用 FDD LTE 系统仍采用 2 天线(部分采用 4 天线)。TD-LTE系统的多天线技术应用能力和产业化水平领先于 FDD LTE。基于 3G 和 4G TDD 系统中我国在多天线技术领域上的积累和创新,我国在 5G 大规模天线波束成形技术的发展过程中保持着领先地位,并展现出了积极的引领作用。

在新一代 5G 移动通信系统的研发过程中,中国政府非常重视大规模天线和波束成形技术的研究和推进工作,设立了多项国家高技术研究发展计划(863 计划)和国家科技重大专项课题,有力地支持了相关技术研究工作,不断深化和提升了大规模天线的研究和应用水平。2013 年成立的 IMT-2020 推进组,专门设立了大规模天线技术专题研究组,负责组织企业、高等院校及科研院所进行大规模天线关键技术研究和系统方案设计工作。在此基础之上,工业和信息化部制订了我国的 5G 技术研发与试验工作总体计划,将大规模天线技术等 IMT-2020 系统的重要支撑技术推向实用化发展道路。

在上述研究和推进工作中,我国的通信企业、高等院校与科研院所积极参与了相关基础理论与关键技术的研究、标准化方案的制定与推动、原理验证平台的开发以及大规模外场实测,在全球大规模天线技术的发展过程中发挥了重要的影响力并做出了重要贡献。

6.4 MIMO-OFDM

前面对 MIMO 系统的讨论都局限于窄带系统。为进一步提升系统的容量,采用更宽的频带是必然的选择。但是直接将 MIMO 理论应用到宽带系统会遇到困难。

对于宽带系统,当系统带宽增加时,其符号时间将缩短,此时多径分量是可分辨的,系统增益矩阵为

$$
\boldsymbol{G}(\tau) = \begin{bmatrix}
g_{0,0}(\tau) & g_{0,1}(\tau) & g_{0,2}(\tau) & \cdots & g_{0,M-1}(\tau) \\
g_{1,0}(\tau) & g_{1,1}(\tau) & g_{1,2}(\tau) & \cdots & g_{1,M-1}(\tau) \\
g_{2,0}(\tau) & g_{2,1}(\tau) & g_{2,2}(\tau) & \cdots & g_{2,M-1}(\tau) \\
\vdots & \vdots & \vdots & \ddots & \vdots \\
g_{N-1,0}(\tau) & g_{N-1,1}(\tau) & g_{N-1,2}(\tau) & \cdots & g_{N-1,M-1}(\tau)
\end{bmatrix} \tag{6.76}
$$

其中,每个元素都将是有多个抽头的 FIR 滤波器(见式(6.77)),信道在频域是频率选择性衰落的。

$$
g_{n,m}(\tau) = \sum_{j=0}^{J-1} g_{n,m}^{j} \delta(\tau - \tau_{n,m}^{j}) \tag{6.77}
$$

式中,J 为宽带信道的可分辨多径数;$g_{n,m}$ 为发射天线 m 和接收天线 n 间的信道复增益;$g_{n,m}^{j}$ 为发射天线 m 和接收天线 n 间第 j 条路径的信道复增益;$\tau_{n,m}^{j}$ 为该路径的延迟。

对这样的 MIMO 信道进行估计、均衡将非常困难,进行理论分析和工程实现时复杂度也非常高。如果在宽带 MIMO 系统中应用 OFDM 技术则可以将频率选择性衰落信道转换成一组正交的频率平坦衰落的并行子信道,在频域进行信道估计、信道均衡和 MIMO 处理时复杂度将降低。

在单天线 OFDM 系统中,频域中第 k 个子载波上信号的输入输出关系为

$$Y(k) = H(k)X(k) + N(k) \tag{6.78}$$

这个系统的信道估计和均衡都简单。将这个系统扩展到 MIMO 系统,频域第 k 个子载波上的接收信号向量可表示为

$$\boldsymbol{Y}(k) = \begin{bmatrix} H_{0,0}(k) & H_{0,1}(k) & H_{0,2}(k) & \cdots & H_{0,M-1}(k) \\ H_{1,0}(k) & H_{1,1}(k) & H_{1,2}(k) & \cdots & H_{1,M-1}(k) \\ H_{2,0}(k) & H_{2,1}(k) & H_{2,2}(k) & \cdots & H_{2,M-1}(k) \\ \vdots & \vdots & \vdots & \ddots & \vdots \\ H_{N-1,0}(k) & H_{N-1,1}(k) & H_{N-1,2}(k) & \cdots & H_{N-1,M-1}(k) \end{bmatrix} \boldsymbol{X}(k) + \boldsymbol{N}(k)$$

$$\tag{6.79}$$

式中,$\boldsymbol{Y}(k) = [Y_0(k), Y_1(k), Y_2(k), \cdots, Y_{N-1}(k)]^{\mathrm{T}}$,$\boldsymbol{X}(k) = [X_0(k), X_1(k), X_2(k), \cdots,$ $X_{M-1}(k)]^{\mathrm{T}}$,$\boldsymbol{N}(k) = [N_0(k), N_1(k), N_2(k), \cdots, N_{N-1}(k)]^{\mathrm{T}}$ 分别为第 k 个子载波的接收向量、发射向量和复高斯噪声向量;$H_{n,m}(k)$ 为发射天线 m 和接收天线 n 间第 k 个子载波上的信道频率响应。

式(6.79)是 MIMO-OFDM 系统在单个子载波上的模型,它和式(6.27)具有完全相同的形式,所以前面讨论 MIMO 系统的理论分析方法完全可以适用子载波级别的 MIMO-OFDM 系统。包含所有子载波的 MIMO-OFDM 系统要引入多个新矩阵符号和矩阵运算,本书就不详细介绍了。

MIMO-OFDM 系统发射机和接收机复基带原理如图 6.26 和图 6.27 所示。

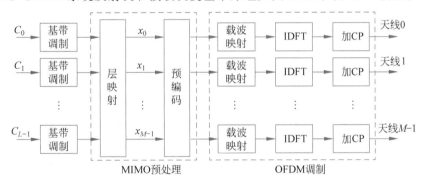

图 6.26 MIMO-OFDM 系统发射机复基带原理

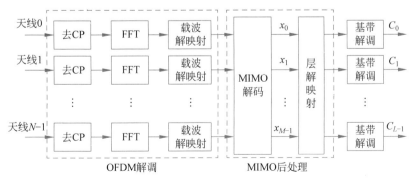

图 6.27 MIMO-OFDM 系统接收机复基带原理

图 6.26 中,MIMO 预处理增加了层映射模块,它可以把输入的 L 个编码调制后的基带数据流映射到 M 根天线上($L \leqslant M$)。这 L 个数据流可以来自同一个用户,也可以来自多个用户。层映射模块的作用是匹配前述数据流和天线数。预编码模块根据信道矩阵的特征对输入数据进行预编码以获得空间分集、空间复用或阵列增益。预编码后每根天线的基带数据再进行 OFDM 处理,形成宽带 MIMO 系统,可简化系统的理论分析、工程实现、信道估计和信道均衡。

MIMO-OFDM 接收机按发射机相反的顺序处理接收数据,最后得到发射数据。为简明扼要介绍接收机原理,图 6.27 省略了同步、频偏估计和校正、信道估计和均衡等功能模块。

MIMO-OFDM 技术通过将 MIMO 技术和 OFDM 技术结合,可以充分利用 MIMO 技术和 OFDM 技术各自的优势,实现宽带 MIMO 通信。

OFDM 通过将频率选择性衰落信道在频域内转变成频率平坦衰落信道,可对抗频率选择性衰落;而 MIMO 技术不仅能够在空间中产生独立的并行信道,同时能传输多路数据流,这样就有效地增加了系统的传输速率,即由 MIMO 提供的空间复用技术能够在不增加系统带宽和发射功率的情况下增加频谱效率;MIMO 系统也可以通过最大比传输和/或最大比接收获得分集增益,提高传输的可靠性;也可以通过固有的阵列增益提高功率效率。OFDM 和 MIMO 两种技术相结合,在不增加发射功率的情况下,可提高系统的频谱效率、功率效率和可靠性;同时保持 OFDM 系统物理层信号处理过程的简洁高效。

MIMO-OFDM 技术已经在 Wi-Fi、WiMax、LTE、4G、5G 等系统中取得了广泛的应用,在未来 6G 系统中也将是重要的候选传输技术之一。

6.5 本章小结

本章简单介绍了最基本的 MIMO 系统原理并给出了基本的容量分析,包括 SISO 信道、SIMO 信道、MISO 信道和 MIMO 信道的基本窄带模型及相关容量分析;同时简单介绍了 MIMO 技术在移动通信中的应用,即 MU-MIMO 和大规模 MIMO,简介了它们的优缺点;最后简单介绍了当前最主要的宽带 MIMO 实现,即 MIMO-OFDM 技术。

限于篇幅,本章仅介绍了最基本的概念、模型和理论,对这方面的内容感兴趣的读者,可进一步阅读相关文献。

第 7 章

组网技术基础

移动通信系统在追求提供最大容量的同时,也需要尽可能覆盖广泛的地理区域,以确保无论用户身处何处,都能够接收到信号。虽然目前的移动通信系统尚未完全达到这一目标,但它应当能够在覆盖范围内提供稳定的语音和数据通信服务。而要实现移动用户在其覆盖范围内的良好通信,就必须有一个通信网支撑,这个网就是移动通信网。

为了确保移动用户在网络覆盖范围内获得有效的通信,需要考虑多种基本问题。这些问题包括但不限于:众多移动台组网所产生的干扰、区域覆盖和信道分配对系统性能的影响,如何维持网络的有序运行,如何实现有效的区域间切换和位置管理,以及如何共享无线资源等。本章将介绍移动通信领域中的干扰、区域覆盖、信道配置、蜂窝系统容量提升方法、多信道共享技术、网络架构和移动性管理等内容,旨在建立一个系统级概念,以促进移动通信网络的发展。

7.1 移动通信网络的基本概念

移动通信网络是用于支持移动通信业务的网络,其主要功能是实现移动用户之间以及移动用户与固定用户之间的信息传输。通常而言,移动通信网络由空中网络和地面网络两部分构成。顾名思义,空中网络和地面网络分别称为无线网络和有线网络,分别完成无线通信和有线通信工作。

7.1.1 空中网络

空中网络是移动通信网络的主要部分,主要包括多址接入、频率复用与区域覆盖、多信道共用、移动性管理。

1. 多址接入

移动通信是利用无线电波在空间传递信息的。多址接入要解决的问题是在给定的频率等资源下如何共享,以使得有限的资源能够传输更大容量的信息,它是移动通信系统的重要问题。由于采用何种多址接入方式直接影响系统容量,所以多址接入一直是人们关注的热点。

2. 频率复用和区域覆盖

频率复用是指相同的频率在相隔一定距离以外的另一小区重复使用,它主要针对频率资源紧缺问题。区域覆盖是指基站发射的无线电波所覆盖的区域,要解决基站设置的问题。

20世纪70年代初美国贝尔实验室提出了蜂窝组网的概念,它为解决频率资源紧缺和用户容量问题提供了有效手段。蜂窝组网的基本思想一是将服务区划分成许多以正六边形为基本几何图形的覆盖区域(称为蜂窝小区),以一个较小功率的发射机服务一个蜂窝小区,每个小区仅提供服务区的一小部分无线覆盖;二是采用频率复用,在相隔一定距离的另一个基站重复使用同一组频率。蜂窝组网方式有效缓解了频率资源紧缺的矛盾,增大了系统容量。

3. 多信道共用

多信道共用技术是解决网内大量用户如何有效共享若干无线信道的技术。其原理是利用信道占用的间断性,使许多用户能够合理地选择信道,以提高信道的使用效率,这与市话用户共同享用中继线类似。

4. 移动性管理

移动性管理主要解决用户"动中通"的越区切换和位置更新问题。采用蜂窝组网后,由于不是所有的呼叫都能在一个蜂窝小区内完成全部接续业务,所以,为了保证通话的连续性,当正在通话的移动台进入相邻无线小区时,移动通信系统必须具有自动转换到相邻小区基站的越区切换功能,即切换到新的信道上,从而不中断通信过程。切换技术与多址接入方式相关。位置更新是移动通信所特有的,由于移动用户要在移动通信网络中任意移动,网络需要在任何时刻联系到用户,以实现对移动用户的有效管理。

7.1.2 地面网络

地面网络主要包括两部分。

(1) 服务区内各个基站的相互连接。

(2) 基站与固定网(公共交换电话网络(Public Switched Telephone Network,PSTN)、综合业务数字网(Integrated Services Digital Network,ISDN)、数据网等)。

图7.1给出了蜂窝移动通信网络的基本构成。移动通信无线服务区由许多正六边形小区覆盖而成,呈蜂窝状,通过接口与公众通信网(PSTN、ISDN)互联。移动通信系统包括移动交换子系统(Switching Subsystem,SS)、操作维护管理子系统(Operation and Maintenance Subsystem,OMS)和基站子系统(Base Station Subsystem,BSS)(通常包括移动台),是一个完整的信息传输实体。

移动通信中建立一个呼叫是由BSS和SS共同完成的;BSS提供并管理移动台和SS之间的无线传输通道,SS负责呼叫控制功能,所有的呼叫都是经由SS建立连接的;OMS负责管理控制整个移动通信网;原籍(归属)移动交换中心通过7号信令与访问移动交换中心相连。

移动台(Mobile Station,MS)也是一个子系统。MS实际上是由移动终端设备和用户数据两部分组成的。用户数据存放在一个与移动台可分离的数据模块中,此数据模块称为SIM(Subscriber Identity Module)。

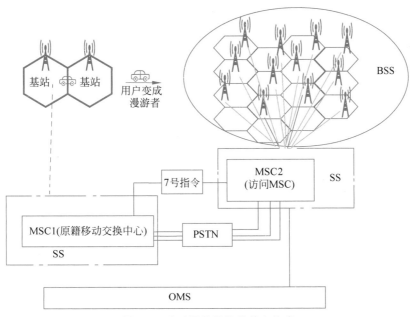

图 7.1　移动通信网络的基本构成

7.2　移动通信环境下的干扰

干扰是限制移动通信系统性能的主要因素。干扰来源包括相邻小区中正在进行通话、使用相同频率的其他基站，或者无意中渗入系统频带范围的任何干扰系统。语音信道上的干扰会导致串话，使用户听到背景干扰。信令信道上的干扰则会导致数字信号发送错误，而造成呼叫遗漏或阻塞。因此，如何解决无线电干扰问题是移动通信网络设计中的一个难题。在移动通信网络内，无线电干扰可分为同频干扰、邻频干扰、互调干扰、阻塞干扰和远近效应等。

7.2.1　同频干扰

在移动通信系统中，为了提高频率利用率，在相隔一定距离以外，可以使用相同的频率，这称为频率复用。频率复用意味着在一个给定的覆盖区域内，存在许多使用同一组频率的小区。这些小区被称为同频小区。同频小区之间涉及与有用信号频率相同的无用信号干扰称为同频干扰，也称同道干扰或共道干扰。显然，复用距离越近，同频干扰就越大；复用距离越远，同频干扰就越小，但频率利用率就会降低。总体来说，只要在接收机输入端存在同频干扰，接收系统就无法滤除和抑制它，所以系统设计尺寸时要确保同频小区在物理上隔开一个最小的距离，以为电波传播提供充分的隔离。

为了避免同频干扰和保证接收质量，必须使接收机输入端的信号功率与同频干扰功率之比大于射频(Radio Frequency，RF)防护比。RF 防护比是达到规定接收质量时所需的 RF 信号功率对同频无用 RF 信号功率的比值。它不仅取决于通信距离，还和调制方式、电波传播特性、通信可靠性、无线小区半径、选用的工作方式等因素有关。从 RF 防护比出发，可以研究同频复用距离。当 RF 防护比达到规定的通信质量要求时，两个邻近同频小区之间的距离称为同频复用距离。

图 7.2 给出了频分双工情况下的同频复用距离。设 A 基站和 B 基站使用相同的频道，

移动台 M 正在接收 A 基站发射的信号,由于基站天线高度远高于移动台天线高度,因此当移动台 M 处于小区的边缘时,最易受到 B 基站发射的同频干扰。若输入移动台接收机的有用信号与同频干扰功率比等于 RF 防护比,则基站 A、B 之间的距离即为同频复用距离,记为 D。

由图可见

$$D = D_I + D_s = D_I + r_0 \tag{7.1}$$

式中,D_I 为同频干扰源与移动台之间的距离;D_s 为传播距离;r_0 为小区半径。

同频复用系数的表达式如下:

$$Q = D/r_0 \tag{7.2}$$

由式(7.1)可得同频复用系数:

$$Q = \frac{D}{r_0} = 1 + \frac{D_I}{r_0} \tag{7.3}$$

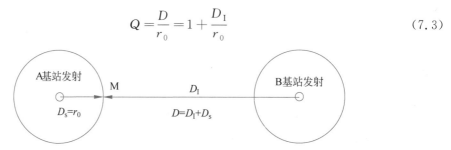

图 7.2　同频复用距离

7.2.2　邻频干扰

邻频干扰是指在无线通信系统中,由于相邻频道之间的相互影响而导致的干扰现象。这种干扰通常由无线设备工作频率相近或频率间隔较小引起。邻频干扰可能会导致接收的信号质量下降,甚至影响通信的稳定性和可靠性。

邻频干扰产生的主要原因包括但不限于:频率复用技术不当、设备工作频率设置不合理、天线设计问题以及电磁环境等。为了解决邻频干扰问题,可以采取如下措施。

(1) 降低发射机落入相邻频道的干扰功率,即减小发射机带外辐射。

(2) 提高接收机的邻频道选择性。

(3) 在网络设计中,避免相邻频道在同一小区或相邻小区内使用。

通过综合运用这些方法,可以有效降低邻频干扰对无线通信系统的影响,提高通信质量和可靠性。

7.2.3　互调干扰

互调干扰是由传输设备中的非线性电路产生的。它指两个或多个信号作用在通信设备的非线性器件上,产生和有用信号频率相近的组合频率,从而对通信系统构成干扰的现象。在移动通信系统中,产生互调干扰主要有发射机互调、接收机互调及外部效应引起的互调。在专用网和小容量网中,互调干扰可能成为设台组网较为关注的问题。产生互调干扰的基本条件如下。

(1) 多个干扰信号的角频率(ω_A, ω_B, ω_C)与受干扰信号的角频率(ω_S)之间满足 $2\omega_A - \omega_B = \omega_S$ 或 $\omega_A + \omega_B - \omega_C = \omega_S$ 的条件。

(2) 干扰信号的幅度足够大。

(3) 干扰(信号)站和受干扰的接收机同时工作。

互调干扰分为发射机互调干扰、接收机互调干扰和在设台组网中对抗互调干扰。

（1）发射机互调干扰

一部发射机发射的信号进入了另一部发射机，并在其末级功放的非线性作用下与输出信号相互调制，产生不需要的组合干扰频率，对接收信号频率与这些组合频率相同的接收机造成的干扰，称为发射机互调干扰。减少发射机互调干扰的措施有：①加大发射机天线之间的距离；②采用单向隔离器件和采用高品质因子的谐振腔；③提高发射机的互调转换衰耗。

（2）接收机互调干扰

当多个强干扰信号进入接收机前端电路时，在器件的非线性作用下，干扰信号互相混频后产生可落入接收机中频频带内的互调产物而造成的干扰称为接收机互调干扰。减少接收机互调干扰的措施有：①提高接收机前端电路的线性度；②在接收机前端插入滤波器，提高其选择性；③选用无三阶互调的频道组工作。

（3）在设台组网中对抗互调干扰

在设台组网中对抗互调干扰的措施有：①蜂窝移动通信网，可采用互调最小的等间隔频道配置方式，并依靠具有优良互调抑制指标的设备来抑制互调干扰；②专用的小容量移动通信网，主要采用不等间隔排列的无三阶互调的频道配置方法来避免发生互调干扰。表7.1列出了无三阶互调干扰的信道组。由表7.1可见，当需要的频道数较多时，频道（信道）利用率低，故不适用于蜂窝组网。

表 7.1 无三阶互调干扰的信道组

需用信道数	最小占用信道数	无三阶互调信道组的信道序号	最高信道利用率
3	4	1,2,4	75%
		1,3,4	
4	7	1,2,5,7	57%
		1,3,6,7	
5	12	1,2,5,10,12	41%
		1,3,8,11,12	
6	18	1,2,5,11,16,18	33%
		1,2,9,12,14,18	
		1,2,9,13,15,1,2,5,11,13,18	
		18	
7	26	1,2,8,12,21,24,26	27%

7.2.4 阻塞干扰

当外界存在一个离接收机工作频率较远，但能进入接收机并作用于其前端电路的强干扰信号时，由于接收机前端电路的非线性而造成有用信号增益降低或噪声增高，使接收机灵敏度下降的现象称为阻塞干扰。这种干扰与干扰信号的幅度有关，幅度越大，干扰越严重。当干扰电压幅度非常大时，可导致接收机收不到有用信号而使通信中断。

7.2.5 远近效应

当基站同时接收来自两个距离的移动台发来的信号时，基站接收的近距离移动台的功率大于远距离移动台的功率。此时，若存在邻频干扰，那么近距离移动台的信号会干扰或抑制远距离移动台的有用信号,甚至淹没其有用信号。这种现象称为近端对远端干扰,又称为远近效应。

要克服近端对远端干扰,主要有两个措施:一是确保两个移动台所用频道之间有必要的间隔,即避免邻频干扰;二是在移动台端加入自动功率控制,以使二者到达基站的功率基本一致。受限于频率资源,自动功率控制是移动通信系统普遍采用的方法。通过这些措施,可以有效地减轻远近效应带来的干扰问题,提高无线通信系统的性能和可靠性。

7.3 区域覆盖和信道配置

无线电波的传播损耗随着距离的增加而逐渐增加,并受地形环境的影响。因此,移动设备与基站之间的通信范围是有限的。在大区制网络中,单个基站覆盖一个服务区,可容纳的用户数非常有限,无法满足大容量需求。相比之下,在小区制网络中,每个基站仅覆盖一个小区,需要通过在相隔一定距离的小区中重复使用相同的频率来提高系统频率资源和频谱利用率。虽然大区制的应用不多,但一些容量小、用户密度低的宏小区或超小区蜂窝网等也具有大区制移动通信网络的特点。因此,本节将深入讨论大区制和小区制网络覆盖问题,并研究移动通信系统中信道的分配问题。

7.3.1 区域覆盖

1. 大区制移动通信网络的区域覆盖

大区制移动通信网络尽可能地增大基站覆盖范围,实现大区域内的移动通信。为了增大基站的覆盖区半径,在大区制的移动通信系统中,基站的天线架设得很高,可达数十米至数百米;基站的发射功率大,为 50~200W,实际覆盖半径达 30~50km。

大区制方式的优点是网络结构简单、成本低,通常借助市话交换局设备,如图 7.3 所示。将基站的收发设备与市话交换局连接,借助高的天线,为一个大的服务区提供移动通信业务。一个大区制系统的基站频道数是有限的,容量不大,无法满足用户数量日益增加的需要,用户数只能达数十至数百个。

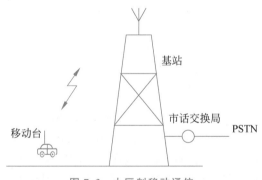

图 7.3 大区制移动通信

为了扩大覆盖范围,可将图 7.3 的无线系统重复设置在多个区域,借助控制中心接入市话交换局。但是控制中心的控制能力及多个控制中心的互联能力是有限的,因而这种系统的覆盖范围容量不大。这种大区制覆盖的移动通信方式只适用于农村、郊区等业务量不大的地区或专用移动通信网。

覆盖区域的划分决定于系统的容量、地形和传播特性。覆盖区半径的极限距离应由下述因素确定。

(1) 在正常的传播损耗情况下,地球的曲率半径限制了传播的极限范围。

(2) 受地形环境影响,例如山丘、建筑物等阻挡,信号传播可能产生覆盖盲区。

(3) 多径反射干扰限制了传输距离的增加。

(4) 基站(Base Station,BS)发射功率增加是有限额的,且只能增加很小的覆盖距离。

(5) MS 发射功率很小,上行(MS 至 BS)信号传输距离有限,所以上行和下行(BS 至MS)传输增益差限制了 BS 与 MS 的互通距离。

MS 与 BS 的关系见图 7.4。

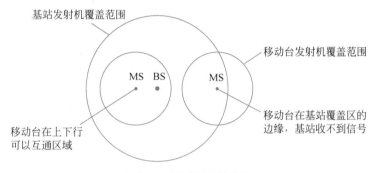

图 7.4　MS 与 BS 的关系

图 7.4 通过描述 MS 与 BS 的不同相对位置,说明上、下行传输增益差是决定大区制移动通信系统覆盖区域的重要因素。解决上、下行传输增益差的问题,可采取如下措施。

(1) 设置分集接收台。在业务区内的适当地点设立分集接收台(Diversity,Receiver,DR),如图 7.5 所示。位于远端 MS 的发送信号可以由就近的 DR 分集接收,放大后由有线或无线链路传至 BS。

(2) BS 采用全向天线发射和定向天线接收。

(3) BS 选用分集接收的天线配置方案。

(4) 提高 BS 接收机的灵敏度。

(5) 在大的覆盖范围内,用同频转发器(又称为直放站)扫除盲区,如图 7.6 所示。整个系统都能使用相同的频道,盲区中的 MS 无须转换频道,工作原理简单。

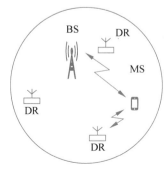

图 7.5　用分集接收台的图示

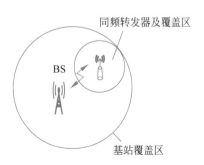

图 7.6　用同频转发器的图示

2. 小区制移动通信网络的区域覆盖

在用户数量增多时,通信负载随之增大,因此需要提供更多的频道以满足通信需求。为了扩大服务范围并提高频率复用效率,可以将整个服务区域划分为多个半径为 1~20km 的小区域,并在每个小区域内设置基站,负责小区内移动用户的无线通信。这种方式被称为小区制。小区制具有以下特点。

(1)频率利用率高。由于同一组频率可以在一个较大的服务区内多次重复使用,从而增加了可用频道数,提高了服务区的容量密度,有效地提高了频率利用率。

(2)网络部署灵活。随着用户数量的增长,每个覆盖区域可以进一步细分,以适应实际需求的变化。

通过上述特点,可以看出采用小区制可以有效地解决频道资源有限和用户数量增加之间的矛盾。下面针对多种服务区来讨论小区的结构和频率的分配方案。

1)带状网

带状网主要用于公路、铁路和海岸等区域的覆盖,如图 7.7 所示。如果基站天线采用全向辐射方式,覆盖区将呈现圆形(见图 7.7(a))。为了实现更有效的覆盖,带状网应采用有向辐射天线,以使每个小区覆盖呈扁圆形(见图 7.7(b))。

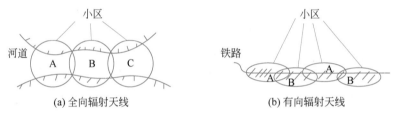

图 7.7　带状网

带状网可以进行频率复用。在一个区群内,各小区采用不同的频率,不同的区群可使用相同的频率。当三个小区采用不同信道组成一个区群时,被称为三频制,如图 7.7(a)所示;当两个小区采用不同信道组成一个区群时,被称为双频制,如图 7.7(b)所示。从造价和频率资源利用的角度来看,双频制是最佳选择;然而,从抵御同频干扰的角度来看,双频制则不如三频制,因此还需要考虑多频制。在实际应用中,通常采用多频制。例如,日本新干线列车无线电话系统采用三频制,而我国和德国列车无线电话系统则采用四频制。

设 n 频制的带状网如图 7.8 所示。每一个小区的半径为 r,相邻小区的交叠宽度为 a,第 $n+1$ 区与第 1 区为同频小区。据此,可算出信号传输距离 D_s 和同频干扰传输距离 D_1 之比。若认为传播损耗近似与传播距离的四次方成正比,则在最不利的情况下可得到相应

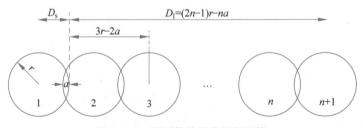

图 7.8　n 频制带状网的同频干扰

的干扰信号比(I/S)见表 7.2。可见,如果交叠宽度等于小区半径,三频制也只能获得 12dB 的同频干扰信号比,这是不够的。

表 7.2　带状网的同频干扰信号比

		双 频 制	三 频 制	n 频 制
D_s/D_1	—	$\dfrac{r}{3r-2a}$	$\dfrac{r}{5r-3a}$	$\dfrac{r}{(2n-1)r-na}$
I/S	$a=0$	$-19\mathrm{dB}$	$-28\mathrm{dB}$	$40\lg\dfrac{1}{2n-1}$
	$a=r$	$0\mathrm{dB}$	$-12\mathrm{dB}$	$40\lg\dfrac{1}{n-1}$

2) 蜂窝网

在平面区域内划分小区,通常组成蜂窝式的网络。在带状网中,小区呈线状排列,区群的组成和同频小区距离的计算简单,而在平面分布的蜂窝网中,这是一个复杂的问题。

(1) 小区的形状。通常情况下,全向辐射天线的覆盖区是圆形的。然而,为了实现对整个服务区平面的无缝覆盖,相邻圆形辐射区之间会出现较大的交叠部分。考虑这些交叠部分后,实际上每个辐射区的有效覆盖区域可以被描述为一个正多边形。根据交叠情况,当每个小区周围设置三个邻区时,有效覆盖区将呈现正三角形;设置四个邻区时,有效覆盖区将呈现正方形;设置六个邻区时,有效覆盖区将呈现正六边形,具体小区形状请参见图 7.9。可证明,在使用正多边形进行无缝、无交叠地覆盖平面区域时,只有这三种形状是可能的。那么这三种形状中哪一种最理想呢? 在辐射半径 r 相同的条件下,可以计算出三种形状小区的邻区距离、小区面积、交叠区宽度和交叠区面积,见表 7.3。

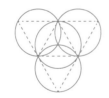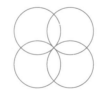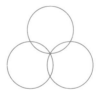

图 7.9　小区的形状

表 7.3　三种小区形状数据

小 区 形 状	正 三 角 形	正 方 形	正 六 边 形
邻区距离	r	$\sqrt{2}\,r$	$\sqrt{3}\,r$
小区面积	$1.3r^2$	$2r^2$	$2.6r^2$
交叠区宽度	r	$0.59r$	$0.27r$
交叠区面积	$1.2\pi r^2$	$0.73\pi r^2$	$0.35\pi r^2$

由表 7.3 可见,在服务区面积一定的情况下,正六边形小区的形状最接近理想的圆形,用它覆盖整个服务区所需的基站数最少,也就最经济。正六边形构成的网络形同蜂窝,因此将小区形状为六边形的小区制移动通信网络称为蜂窝网。

(2) 区群的组成。相邻小区不得使用相同信道,以确保同一频道的小区之间有足够的距离。因此,附近的若干小区不得共用相同信道,这些采用不同信道的小区构成一个区群,只有分属不同区群的小区才能进行信道复用。

区群的组成应满足两个条件:一是区群之间可以邻接,且无空隙无重叠地进行覆盖;二是邻接之后的区群应保证各个相邻同信道小区之间的距离相等。满足上述条件的区群形

状和区群内的小区数不是任意的。可以证明,区群内的小区数应满足式(7.4):

$$N = i^2 + ij + j^2 \tag{7.4}$$

式中,i、j 为自然数,且不能同时为零。由式(7.4)算出 N 的典型值,见表7.4,相应的区群形状如图7.10所示。

表 7.4 区群小区数 N 的取值

i	j			
	0	**1**	**2**	**3**
1	1	3	7	13
2	4	7	12	19
3	9	13	19	27
4	16	21	28	37

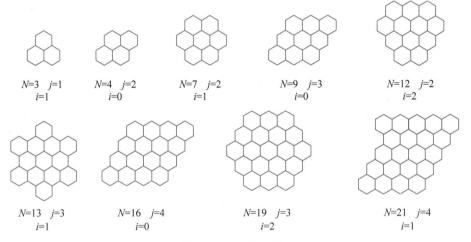

图 7.10 区群的形状

(3) 同频小区的距离。可用以下方法来确定同频(同信道)小区的位置和距离。如图7.11所示,自某一小区 A 出发,先沿边的垂线方向跨 j 个小区,逆时针转 $60°$,再沿边的垂线方向跨 i 个小区,这样就到达相同小区 A。在正六边形的 6 个方向上,可以找到 6 个相邻同信道小区,且相邻小区 A 之间的距离相等。

设小区的辐射半径(即正六边形外接圆的半径)为 r,则从图7.11可以算出同频小区中心之间的距离为

$$
\begin{aligned}
D &= \sqrt{3}\, r \sqrt{\left(j + \frac{i}{2}\right)^2 + \left(\frac{\sqrt{3}\,i}{2}\right)^2} \\
&= \sqrt{3(i^2 + ij + j^2)}\, r \\
&= \sqrt{3N}\, r
\end{aligned} \tag{7.5}
$$

可见,群内小区数 N 越大,同频小区的距离就越远,抗同频干扰的性能就越好。例如,$N=4, D/r=3.46$;$N=7, D/r=4.6$;$N=9, D/r=5.2$。

(4) 中心激励和顶点激励。在每个小区中,基站可以设在小区的中央,用全向辐射天线形成圆形覆盖区,这就是所谓的"中心激励"方式,如图7.12(a)所示。也可以将基站设置在

每个小区六边形的三个顶点上,每个基站采用三副 120°扇形辐射的定向天线,分别覆盖三个相邻小区的各三分之一区域,每个小区由三副 120°扇形天线共同覆盖,这就是所谓的"顶点激励"方式,如图 7.12(b)所示。采用 120°的定向天线后,所接收的同频干扰功率仅为采用全向天线系统的 1/3,因而可以减少系统的同频干扰。另外,在多个地点采用多副定向天线可消除小区内障碍物的阴影区。

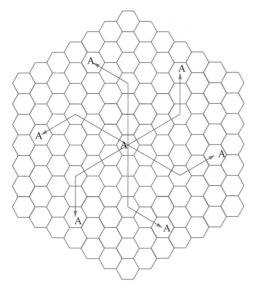

图 7.11　同信道小区的确定

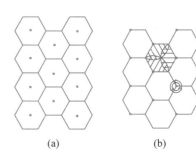

图 7.12　两种激励方式

　　以上讨论的整个服务区中的每个小区尺寸是相同的,这只能适应用户密度均匀的情况。事实上,服务区内的用户密度是不均匀的,例如城市中心商业区的用户密度高,居民区和郊区的用户密度低。为了适应这种情况,可以考虑在用户密度高的市中心缩小小区面积,在用户密度低的郊区扩大小区面积,如图 7.13 所示。

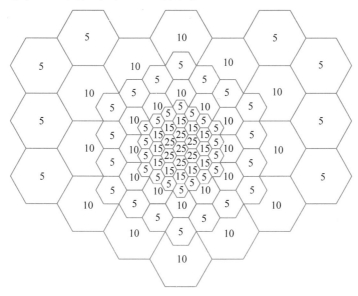

图 7.13　用户密度不等时的小区结构

7.3.2　信道分配

信道分配是频率复用的前提。频率分配有两个基本含义：一是频道分组,根据移动通信网络的需要将全部频道分成若干组;二是频道指配,以固定的或动态分配方法指配给蜂窝网的用户使用。

频道分组的原则如下。

(1) 根据国家或行业标准(规范)确定双工方式、载频中心频率值、频道间隔和收发间隔等。

(2) 确定无互调干扰或尽量减小互调干扰的分组方法。

(3) 考虑有效利用频率、减小基站天线高度和发射功率,在满足业务质量 RF 防护比的前提下,尽量减小同频复用的距离,从而确定频道分组数。

频道指配时需注意的问题如下。

(1) 在同一频道组中,尽量避免相邻序号的频道。

(2) 相邻序号的频道不能指配给相邻扇区。

(3) 应根据移动通信设备抗邻频干扰的能力来设定相邻频道的最小频率和空间间隔。

(4) 由规定的 RF 防护比建立频率复用的频道指配图案。

(5) 频率规划、远期规划、新网和重叠网频率指配协调一致。

下面按固定频道指配的方法,分别予以讨论。

固定频道指配应解决三个问题：频道组数、每组频道数及频道频率指配。

(1) 带状网的固定频道分配。当同频复用系数 D/r_0 确定后,就能相应地确定频道组数。

例如,若 $D/r_0=6$(或 8),至少应有 3(或 4)个频道组,如图 7.14 所示。当采用定向天线时(如铁路、公路上),根据通信线路的实际情况(如不是直线),若能利用天线的方向性隔离度,还可以适当地减少使用的频道组数。

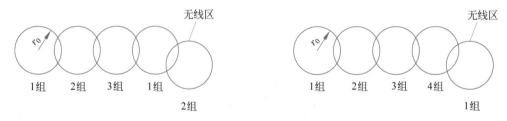

图 7.14　频道的地区复用

(2) 蜂窝网的固定频道分配。由蜂窝网的组成可知,根据同频复用系数 D/r_0 确定单位无线区群。若一个无线区群由 N 个无线区(即小区)组成,则需要 N 个频道组。每个频道组的频道数可由无线区的话务量确定。

固定频道分配方法有两种：一是分区分组分配法;二是等频距分配法。

(1) 分区分组分配法

分区分组分配法按以下要求进行频率分配：尽量减少占用的总频段,即尽量提高频段的利用率,为避免同频干扰,在单位无线区群中不能使用相同的频道。为避免三阶互调干扰,在每个无线区应采用无三阶互调的频道组。现举例说明如下。

设给定的频段以等间隔划分为信道,按顺序分别标明各信道的号码为 1、2、3、……。若每个区群有 7 个小区,每个小区需 6 个信道,按上述原则进行分配,可得到

第 1 组:1、5、14、20、34、36

第 2 组:2、9、13、18、21、31

第 3 组:3、8、19、25、33、40

第 4 组:4、12、16、22、37、39

第 5 组:6、10、27、30、32、41

第 6 组:7、11、24、26、29、35

第 7 组:15、17、23、28、38、42

每一组信道分配给区群内的一个小区。此处使用 42 个信道就占用了 42 个信道的频段,是最佳的分配方案。

以上分配的主要出发点是避免三阶互调,但未考虑同一信道组中的频率间隔,可能会出现较大的邻频干扰,这是此配置方法的一个缺陷。

(2) 等频距分配法

等频距分配法是按等频率间隔配置信道,只要频距选得足够大,就可以有效地避免邻频干扰。这样的频率配置可能正好满足产生互调的频率关系,但正因为频距大,干扰易于被接收机输入滤波器滤除而不易作用到非线性器件上,这也就避免了互调的产生。

等频距配置时可根据群内的小区数 N 来确定同一信道组内各信道之间的频率间隔,例如,第一组用 $(1,1+N,1+2N,1+3N,\cdots)$,第二组用 $(2,2+N,2+2N,2+3N,\cdots)$ 等。例如 $N=7$,则信道的配置为

第 1 组:1、8、15、22、29、……

第 2 组:2、9、16、23、30、……

第 3 组:3、10、17、24、31、……

第 4 组:4、11、18、25、32、……

第 5 组:5、12、19、26、33、……

第 6 组:6、13、20、27、34、……

第 7 组:7、14、21、28、35、……

这样,同一信道组内的信道最小频率间隔为 7 个信道间隔,若信道间隔为 50kHz,则其最小频率间隔可达 350kHz,接收机的输入滤波器便可有效地抑制邻频干扰和互调干扰。

如果是利用定向天线进行顶点激励的小区制,每个基站应配置三组信道向三个方向辐射,例如 $N=7$,每个区群就需有 21 个信道组。整个区群内各基站信道组的分布如图 7.15 所示。

以上讨论的信道配置方法都是将一组信道固定分配给特定基站。该方法只能适应移动台业务相对固定的情况。然而,移动台业务的地理分布通常会发生变化,例如早上从住宅区向商业区移动,傍晚又返回原地,或者在交通事故或体育比赛时业务量集中到某一区域。在这种情况下,某些小区的业务量可能会急剧增加,导致原先配置的信道不够使用;同时,相邻小区的业务量可能较少,导致原先配置的信道有空闲。但由于小区之间的信道无法相互调剂,因此频率利用率较低,这就是固定配置信道的缺陷。

为了进一步提高频率利用率,使信道的配置能够随着移动通信业务量及地理分布的变化而灵活变化,有两种解决办法:一是采用动态配置法——随着业务量的变化重新配置全

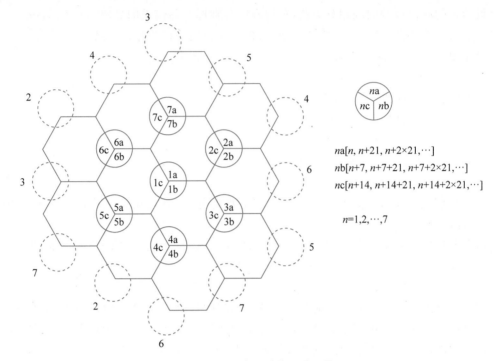

图 7.15 三顶点激励的信道配置

部信道；二是采用柔性配置法——准备若干信道，根据需要提供给特定小区使用。前者如果能够理想地实现，可以提高 20%～50% 的频率利用率，但需要及时计算出新的配置方案，并且避免各种干扰，也要求移动台和天线共用器等设备能够适应变化，这是非常困难的。后者则控制相对简单，只需要预留一部分信道以便基站共享，可以应对局部业务量变化的情况，是一种实用方法。

7.4 蜂窝系统容量提升方法

随着用户需求的增加，分配给每个小区的信道数变得不足以支持所要达到的用户数。为了解决这一问题，首先要弄清蜂窝系统容量受何种因素制约，其次从减小干扰的角度分析小区分裂、小区扇区化和覆盖区域逼近等技术提高系统容量的本质，以便更好地解决实际问题。

系统容量可被定义为移动通信系统所能支持的最多信道数量。在无线通信系统中，系统容量的度量方法有多种，并可根据情境采用指标。例如，可以根据每平方千米的用户数、每个小区的信道数、系统中的总信道数或系统所容纳的用户数来衡量系统容量。在移动通信系统中，鉴于信道的分配涉及频率复用以及同频干扰等问题，更倾向于使用系统中的信道总数来表征系统容量。

7.4.1 频率复用

频率复用是提高蜂窝系统容量的核心技术。考虑一个共有 L 个可用的双向信道（频道）的蜂窝系统，如果每个小区都分配 k 个信道（$k<L$），并且 L 个信道在 N 个小区中分为

各不相同、各自独立的信道组,而且每个信道组有相同的信道数量,那么可用无线信道(频道)的总数表示为

$$L = kN \tag{7.6}$$

如果区群在系统中共复制了 β 次,则在仅考虑频率复用因素的情况下,系统容量 C_T 为

$$C_T = \beta kN = \beta L \tag{7.7}$$

从式(7.7)可以看出,蜂窝系统容量直接与区群在某一固定服务范围内复制的次数成正比。例如,对于中国移动湖北公司武汉分公司,若频率资源是 50MHz 带宽,双向信道的载频带宽为 400kHz,那么,无线信道总数为 125 个。即不采用频率复用,武汉市能同时呼叫的用户数仅为 125 个。若武汉市区的区群复制了 1000 次,则在武汉市可以同时接通的用户数为 12.5 万。由此可以看出,频率复用提高了系统容量。

显然,如果没有同频干扰,所有可用频率在系统覆盖区域内可以无限复制,系统容量也可以无限增加,但实际上受同频干扰的制约,所有可用频率不能无限复制。所以,同频干扰是限制系统容量的主要因素。因此,有必要探讨系统容量与同频干扰之间的关系,以便知道如何在抑制同频干扰的基础上,通过系统设计来提高系统容量。

通常认为蜂窝手机在任何地方进行通信时,会收到两种信号,一种是所在小区基站发来的有用信号,另一种是来自同频小区基站发来的同频干扰信号。显然,在仅考虑同频干扰的情况下,这个有用信号功率与同频干扰信号功率之间的比值(即信干比)决定了蜂窝手机的信号接收质量。而要达到规定的信号接收质量,同频小区必须在物理上隔开一个最小的距离,以便为电波传播提供充分的隔离。

如果每个小区尺寸都差不多,基站也都发射相同的功率,则同频干扰比例与发射功率无关,而变为小区半径(r)和相距最近的同频小区的中心之间距离(D)的函数。增加 D/r 的值,同频小区间的空间距离就会增加,则来自同频小区的射频能量减小而使干扰减小。对于六边形系统,同频复用系数 Q 可表示为

$$Q = D/r = \sqrt{3N} \tag{7.8}$$

由式(7.8)可知,Q 值越小,一个区群内的小区数越少,进而通过复制可达到系统容量越大的目的;但 Q 值越大,同频干扰越小,信干比越大,移动台的信号接收质量就越好。在实际的蜂窝系统设计中,需要对这两个目标进行协调和折中。

若设 i_s 为同频小区数,则移动台从基站接收到的信干比(Signal to Interference Ratio,SIR)可以表示为

$$\mathrm{SIR} = \frac{S}{\displaystyle\sum_{i=1}^{i_s} I_i} \tag{7.9}$$

式中,S 是接收信号功率的期望值;I_i 是第 i 个同频小区所在基站引起的干扰功率。如已知同频小区的信号强度,则通过式(7.9)可知信干比。

无线电波的传播测量表明,在任一点接收到的平均信号功率随发射机和接收机之间距离的增加呈幂指数下降。在距离发射天线 d 处接收到的平均信号功率 P_r 可以由式(7.10)估计:

$$P_r = P_0 \left(\frac{d}{d_0}\right)^{-n} \tag{7.10}$$

式中,P_0 为参考点的接收功率,该点与发射天线有一个较小的距离 d_0;n 是路径衰减因子。

设有用信号来自当前服务的基站,干扰来自同频基站,每个基站的发射功率相等,整个覆盖区域内的路径衰减因子也相同,则移动台接收到的信干比可近似表示为

$$\text{SIR} = \frac{r^{-n}}{\sum_{i=1}^{i_s}(D_i)^{-n}} \tag{7.11}$$

同频干扰小区分为许多层,它分布在以某小区中心为圆心逐层往外的圆周上:第一层6个,第二层12个,第三层18个……显然来自第一层同频干扰小区的干扰最强,起主要作用。如果仅考虑第一层干扰小区(其数量为 i_0),且设所有干扰基站与期望基站间是等距的,小区中心间的距离都是 D,则式(7.11)可以简化为

$$\text{SIR} = \frac{(D/r)^n}{i_0} = \frac{(\sqrt{3N})^n}{i_0} \tag{7.12}$$

式(7.12)建立了信干比与区群 N 之间的关系,结合式(7.7)可得

$$C_T = \frac{3N_s}{(i_0\text{SIR})^{\frac{2}{n}}}L \tag{7.13}$$

式中,N_s 表示系统中小区的总数;L 为无线信道总数。

式(7.13)右边包括 5 个参数,在频率资源和传播环境确定的情况下,参数 L 与 n 确定,这样剩下的只有第一层同频小区数 i_0、小区的总数 N_s 和信干比三个参数可变。通常认为,接收信号的最低信干比要求与系统有关,例如,AMPS 蜂窝系统要求的最低信干比为 18dB,而 GSM 系统要求的最低信干比为 9dB。显然,选择最低信干比要求低的系统可以使得区群变小,进而增加区群的复制次数,最终达到增加系统容量的目的。下面从式(7.13)出发进一步寻找提高系统容量的方法。

7.4.2 小区分裂

对于已设置好的蜂窝通信网络,随着城市建设的发展,原来的低用户密度区可能变成高用户密度区,这时可采用小区分裂的方法,即保持区群 N 不变,通过减小小区半径来等比例缩小区群几何形状。由于该方法增加了覆盖地区的小区总数,所以系统容量得到提高。

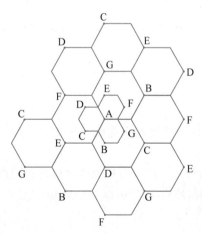

小区分裂是将拥塞的小区分成更小小区的方法,分裂后的每个新小区都有自己的基站,并相应地降低天线高度和发射机功率。由于小区分裂提高了信道的复用次数,所以能提高系统容量。通过设定比原小区半径更小的新小区或在原小区间安置这些小区(称为微小区),可使得单位面积内的信道数量增加,从而增加系统容量。

设每个小区都按半径的二分之一分裂,如图 7.16 所示。为了用这些更小的小区覆盖整个服务区,将需要大约为原来小区数 4 倍的小区,究其原因,以 r 为半径的圆所覆盖的区域是以 $r/2$ 为半径的圆所覆盖区域的 4 倍。小区数的增加将增加覆盖区域内的区群数

图 7.16　小区分裂

量,也就增加了覆盖区域内的信道数量,进而增加了系统容量。小区分裂通过用更小的小区代替较大的小区来增加系统容量,同时又不影响为了维持同频小区间的最小同频复用因子所需的信道分配策略。图 7.16 为小区分裂的例子,基站放置在小区角上,设基站 A 服务区域内的话务量已经饱和(即基站 A 的阻塞超过了可接受值),则该区域需要新基站来增加区域内的信道数量,并减小单个基站的服务范围。注意,最初的基站 A 被 6 个新的微小区基站所包围。在图 7.16 所示的例子中,更小的小区是在不改变系统的频率复用计划的前提下增加的。例如,标为 G 的微小区基站安置在两个用同样信道的、也标为 G 的大基站中间。其他的微小区基站也类似。从图 7.16 可以看出,小区分裂只是按比例缩小了区群的几何形状。

在保证新的微小区的频率复用方案和原小区一样的情况下,新小区的发射功率可以通过检测在新、旧小区边界接收到的功率,并令它们相等来得到。设新小区的半径为原来小区的二分之一,则由图 7.16 可得

$$\begin{cases} P_r[\text{在旧小区边界}] \propto P_{t1} r^{-n} \\ P_r[\text{在新小区边界}] \propto P_{t2} (r/2)^{-n} \end{cases} \tag{7.14}$$

式中,P_{t1} 和 P_{t2} 分别为大的小区及较小的小区的基站发射功率;n 是路径衰减因子。

在 $n=4$,且接收到的功率都相等时,则有

$$P_{t2} = P_{t1}/16 \tag{7.15}$$

可见,为了用新小区填充原有的覆盖区域,同时又要求满足信干比要求,发射功率要降低 12dB。

7.4.3 小区扇区化

如上所述,通过减小小区半径 r 和不改变同频复用系数 D/r,采用小区分裂的方法增加了单位面积内的信道数,进而增加了系统容量。然而,另一种提高系统容量的方法是采用小区扇区化的方法,即通过定向天线来减少同频干扰小区数,进而提高系统容量。

通过用多个定向天线代替基站中单根全向天线,可有效减小蜂窝系统中的同频干扰。其中,每个定向天线仅辐射某一特定的扇区。使用定向天线,小区将只接收同频小区中一部分小区的干扰。小区扇区化技术使用定向天线来减小同频干扰,从而提高系统容量。同频干扰减小的因素取决于使用扇区的数量。通常一个小区划分为 3 个 120° 的扇区或 6 个 60° 的扇区,如图 7.17 所示。

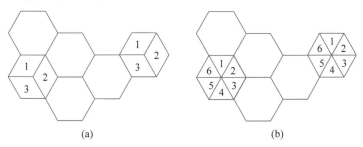

(a)　　　　　　　　　　　　　(b)

图 7.17　扇形划分

采用扇区化后,小区的信道就分成多组,一个扇区仅使用一组信道,如图 7.17(a)和图 7.17(b)所示。设为 7 小区复用,对于 120° 扇区,第一层的干扰源数量由 6 下降到 2。究其原因,6 个邻近的同频小区中只有 2 个会对其产生干扰。如图 7.18 所示,考虑在标有"5"

的中心小区的右边扇区的移动台所收到的干扰。在这 6 个同频小区中,只有 2 个小区的电磁辐射信号可以进入中心小区,即中心小区的移动台只会收到来自这两个小区的干扰。此时,根据式(7.12),此时的信干比是全向天线信干比的 3 倍。

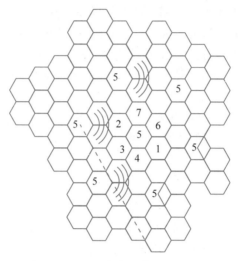

图 7.18　采用多扇形减小同频干扰

7.4.4　覆盖区域逼近方法

当使用小区扇区化时需要增加切换次数,这会导致系统的交换和控制负荷增加。为解决这一问题,可以采用覆盖区域逼近方法。该方法的实质是保持小区半径不变,将定向天线置于小区边缘,通过减小基站的发射功率来抑制同频干扰。图 7.19 给出了一种采用基于 7 小区的微小区覆盖区域逼近方案。在该方案中,每 3 个(或者更多)区域站点(以 T_x/R_x 表示)与一个基站相连,并且共享同样的无线设备。各微小区用同轴电缆、光导纤维或者微波链路与基站连接,多个微小区和一个基站组成一个小区。当移动台在小区内行驶时,由信号最强的微小区来服务。由于该方案的天线安放在小区的外边缘,且任意基站的信道都可由基站分配给任一微小区,所以该方案优于小区扇区化方案。

当移动台在小区内从一个微小区行驶到另一个微小区时,它使用同样的信道。与小区扇区化不同,当移动台在小区内的微小区之间行驶时不需要移动交换中心(Mobile Switching Center,MSC)进行切换。由于某一信道(或频道)只是当移动台行驶在微小区内时使用,所以基站发射的电磁波被限制在局部范围内,相应的干扰也减小了。由于这种系统根据时间和空间在 3 个微小区之间分配信道,也像通常一样进行同频复用,所以该方案在高速公路边上或市区开阔地带特别有用。

图 7.19 所示方案的优势在于小区可以保持覆盖半径不变,并且可以减少蜂窝系统中的同频干扰。究其原因,一个大型中心基站被多个位于小区边缘的低功率发射机(微型小区发射机)取代。同频干扰的减少提高了信号接收质量,同时增加了系统容量,而不会出现由小区扇区化引起的信道利用率下降问题。正如前文所述,AMPS 系统的 SIR 要求为 18dB,在 $N=7$ 的系统中,同频复用系数 D/r 等于 4.6 即可。对于图 7.20 所示的系统,由于任何时刻的发射都受某一微小区控制,因此为实现性能要求,D_z/r_z(其中,D_z 为两个同频微小区

间的最小距离,r_z 为微小区的半径)可以控制在 4.6 以内。

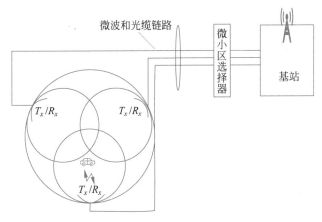

图 7.19 微小区概念

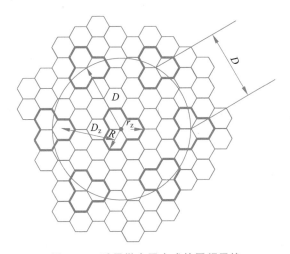

图 7.20 采用微小区方式的同频干扰

在图 7.20 中,每个独立的六边形代表一个微小区,每 3 个六边形一组代表一个小区。微小区半径 r_z 约等于六边形的边长。显然,微小区系统的容量与同频小区间的距离相关,而与微小区无关。同频小区之间的距离表示为 D。设 D_z/r_z 为 4.6,则同频复用系数 D/r 的值为 3,其中 r 是小区的半径,它等于微小区半径的 2 倍。根据式(7.8),与 $D/r=3$ 相对应的区群 $N=3$。由此可以看出,将区群 N 从 7 减少到 3,将使系统容量增加 2.33 倍。

因此,对于相同的 18dB 的 SIR 要求,相对于传统的蜂窝覆盖,该方案在容量上有所增加。由于没有信道共用效率的损失,该方案在许多蜂窝系统中得到广泛应用。

7.5 多信道共用技术

多信道共用是指在网络内的大量用户共享若干无线信道,其原理是利用信道被占用的间断性,使许多用户能够合理地选择信道,以提高信道的使用效率。这种占用信道的方式相对于独立信道方式,可以明显提高信道利用率。

例如,一个无线区有 n 个信道,对每个用户指定一个信道,不同信道内的用户不能互换信道,这就是独立信道方式。当某一个信道被一个用户占用时,则在他通话结束前,属于该信道的其他用户都处于阻塞状态,无法通话。但是,此时,其他信道却处于空闲状态。这样,就造成某些信道在紧张排队,而其他信道却处于空闲状态的局面,从而导致信道得不到充分利用。如果采用多信道共用方式,即在一个无线小区内的 n 个信道,为该区内所有用户共用,则当 $k(k<n)$ 个信道被占用时,其他需要通话的用户可以选择剩下的任一空闲信道通话。设任何一个移动用户选取空闲信道和占用信道的时间都是随机的,那么所有信道同时被占用的概率远小于单个信道被占用的概率。因此,多信道共用可提高信道的利用率。

在用户和信道数一定的情况下,多信道共用情况下的用户通话的阻塞概率下降。换言之,在信道数和阻塞概率一定的情况下,多信道共用可使用户数量增加。那么,在某一阻塞概率下,采用多信道共用技术,一个信道究竟平均分配多少用户才合理?下面研究话务量和呼损。

7.5.1 话务量与呼损

1. 呼叫话务量

话务量是度量通信系统业务量或繁忙程度的指标。其性质如同客流量,具有随机性,只能用统计方法获取。呼叫话务量(A)是指单位时间内(1h)进行的平均电话交换量,其表达式如下:

$$A = Ct_0 \tag{7.16}$$

式中,C 为每小时平均呼叫次数(包括呼叫成功和呼叫失败的次数);t_0 为每次呼叫平均占用信道的时间(包括通话时间)。

如果 t_0 以小时为单位,则话务量 A 的单位是爱尔兰(Erlang,简称 Erl)。一个信道所能完成的最大话务量是 1Erl。究其原因,在一个小时内不断地占用一个信道,则其呼叫话务量为 1Erl。

例如,设在 100 个信道上,平均每小时有 1100 次呼叫,平均每次呼叫时间为 3min,则这些信道上的呼叫话务量为

$$A = 1100 \times 3/60 = 55\text{Erl}$$

2. 呼损率

当多个用户共用信道时,通常总是用户数大于信道数。因此,会出现许多用户同时要求通话而信道数不能满足要求的情况。这时只能先让一部分用户通话,而让另一部分用户等待,直到有空闲信道时再通话。后一部分用户虽然发出呼叫,但因无信道而不能通话,这称为呼叫失败。在一个通信系统中,造成呼叫失败的概率称为呼叫失败概率,简称呼损率,用 B 表示。

设 A' 为呼叫成功而接通电话的话务量(简称完成话务量),C 为一小时内的总呼叫次数,C_0 为一小时内呼叫成功而通话的次数,则完成话务量 A' 为

$$A' = C_0 t_0 \tag{7.17}$$

呼损率 B 为

$$B = \frac{A - A'}{A} = \frac{C - C_0}{C} \tag{7.18}$$

式中，$A - A'$ 为损失话务量。

所以呼损率的物理意义是损失话务量与呼叫话务量之比的百分数。

显然，呼损率 B 越小，成功呼叫的概率越大，用户就越满意。因此，呼损率也称为系统的服务等级。例如，某系统的呼损率为 2%，即说明该系统内的用户平均每呼叫 100 次，其中有 2 次因信道被占用而无法接通，98 次则能找到空闲信道而实现通话。但是，对于一个通信网络，要想使呼损率减小，只有让呼叫流入的话务量减少，即容纳的用户数少一些，而这是不希望的。可见呼损率和话务量是一对矛盾，即服务等级和信道利用率是矛盾的。

如果呼叫有以下性质：

(1) 每次呼叫相互独立，互不相关(呼叫具有随机性)；

(2) 每次呼叫在时间上都有相同的概率，并设移动通信服务系统的信道数为 n，则呼损率 B 为

$$\begin{aligned} B &= \frac{A^n / n!}{1 + (A/1!) + (A^2/2!) + (A^3/3!) + \cdots + (A^n/n!)} \\ &= \frac{(A^n/n!)}{\sum_{i=0}^{n} (A^i/i!)} \end{aligned} \tag{7.19}$$

式(7.19)就是爱尔兰公式。如已知呼损率 B，则可根据式(7.19)计算出 A 和 n 的对应数量关系，见表 7.5(工程上称为爱尔兰 B 表)。

表 7.5 爱尔兰呼损表

n	B						
	1%	2%	3%	5%	7%	10%	20%
1	0.010	0.020	0.031	0.053	0.075	0.111	0.250
2	0.153	0.223	0.282	0.381	0.470	0.595	1.000
3	0.455	0.602	0.725	0.899	1.057	1.271	1.980
4	0.869	1.092	1.219	1.525	1.748	2.045	2.945
5	1.361	1.657	1.875	2.218	2.054	2.881	4.010
6	1.909	2.276	2.543	2.960	3.305	3.758	5.109
7	2.051	2.935	3.250	3.738	4.139	4.666	6.230
8	3.128	3.627	3.987	4.543	4.999	5.597	7.369
9	3.783	4.435	4.748	5.370	5.879	6.546	8.552
10	4.461	5.048	5.529	6.216	6.776	7.551	9.685
11	5.160	5.842	6.328	7.076	7.687	8.437	10.857
12	5.876	6.615	7.141	7.950	8.610	9.474	12.036
13	6.607	7.402	7.967	8.835	9.543	10.470	13.222
14	7.352	8.200	8.803	9.730	10.485	11.473	14.413
15	8.108	9.010	9.650	10.633	11.434	12.484	15.608
16	8.875	9.828	10.505	11.544	12.390	13.500	16.608
17	9.652	10.656	11.368	12.461	13.353	14.522	18.010
18	10.437	11.491	12.238	13.335	14.321	15.548	19.216

续表

n	*B*						
	1%	**2%**	**3%**	**5%**	**7%**	**10%**	**20%**
19	11.230	12.333	13.115	14.315	15.294	16.579	20.424
20	12.031	13.182	13.997	15.249	16.271	17.613	21.635
21	12.838	14.036	14.884	16.189	17.253	18.651	22.848
22	13.651	14.896	15.778	17.132	18.238	19.692	24.064
23	14.470	15.761	16.675	18.080	19.227	20.373	25.861

在一天 24h 中,每小时的话务量是不一样的,即总有一些时间打电话的人多,另外一些时间使用电话的人少。因此一个通信系统可以区分忙时和非忙时。例如,在我国早晨 8:00～9:00 属于电话忙时,而一些欧美国家 19:00 属于电话忙时。所以在考虑通信系统的用户数和信道数时,应采用忙时平均话务量。因为只要在忙时信道够用,非忙时肯定不成问题。

3. 每个用户忙时话务量

用户忙时话务量是指一天中最忙的那个小时(即忙时)每个用户的平均话务量,用 A_a 表示,A_a 是一个统计平均值。

忙时话务量与全日话务量之比称为集中系数,用 K 表示。通常,K 为 7%～15%。这样,便可以得到每个用户忙时话务量的表达式:

$$A_a = \frac{C_d T K}{3600} \tag{7.20}$$

式中,C_d 为每一用户每天平均呼叫次数;T 为每次呼叫平均占用信道的时间(单位为 s);K 为忙时集中系数。

例如,每天平均呼叫 2 次,每次的呼叫平均占用时间为 3min,忙时集中系数为 7%($K = 0.07$),则每个用户忙时话务量为 0.007Erl。

一些移动通信网络的统计数值表明,对于公用移动通信网络,每个用户忙时话务量可按 0.01～0.03Erl 计算;对于专用移动通信网络,每个用户忙时话务量与业务有关,可按 0.03～0.06Erl 计算。当网内接有固定用户时,它的忙时话务量高达 0.12Erl。通常,车载台的忙时话务量最低、手机居中、固定台最高。

7.5.2　多信道共用的容量和信道利用率

在多信道共用时,容量有两种表示法。

(1) 系统所能容纳的用户数(M)

$$M = \frac{A}{A_a} \tag{7.21}$$

(2) 每个信道所能容纳的用户数(m)

$$m = \frac{M}{n} = \frac{A/n}{A_a} = \frac{A/A_a}{n} \tag{7.22}$$

在一定呼损条件下,每个信道的 m 与信道平均话务量成正比,而与每个用户忙时话务量成反比。要注意的是,此处容量的计算与 7.4 节不同,仅仅考虑共用因素。

多信道共用时,信道利用率 η 是指每个信道平均完成的话务量,即

$$\eta = \frac{A'}{n} = \frac{A(1-B)}{n} \tag{7.23}$$

若已知 B、n,则根据式(7.19)或表 7.5 可算出 A,然后可由式(7.23)求出 η。

例 7.1 某移动通信系统一个无线小区有 10 个信道(1 个控制信道和 9 个语音信道),每天每个用户平均呼叫 8 次,每次占用信道平均时间为 100s,呼损率要求 7%,忙时集中系数为 0.07。该无线小区能容纳多少用户?

解:(1) 根据呼损的要求及信道数($n=9$),求总话务量 A。可以利用公式,也可查表。求得 $A = 5.879\text{Erl}$。

(2) 求每个用户的忙时话务量 A_a

$$A_a = C_d TK/3600 = 8 \times 100 \times 0.07/3600 = 0.0156\text{Erl}$$

(3) 求系统所容纳的用户数

$$M = A/A_a = 5.879/0.0156 = 377$$

例 7.2 设每个用户的忙时话务量 $A_a = 0.01\text{Erl}$,呼损率 $B = 7\%$,现有 9 个无线信道,采用两种技术,即多信道共用系统和单信道共用系统,试分别计算它们的容量和利用率。

解:(1) 对于多信道共用系统:已知 $n=9$,$B=7\%$,求 M。

由表 7.5 可得 $A = 5.879\text{Erl}$

$$M = A/A_a = 5.879/0.01 = 588$$

由式(7.23)得

$$\eta = 5.879 \times (1 - 0.07)/9 = 61\%$$

(2) 对于单信道共用系统:已知 $n=1$,$B=7\%$,求 M。

由表 7.5 可得 $A = 0.075\text{Erl}$

$$M = A/A_a = 0.075 \times 9/0.01 = 68$$

由式(7.23)得

$$\eta = 0.075 \times 9 \times (1 - 0.07)/9 = 7\%$$

通过例 7.2 的计算得知,在相同的信道数、相同的呼损率条件下,多信道共用与单信道共用相比,信道利用率明显提高,例 7.2 中从 7% 提高到 61%。因此,多信道共用技术是提高信道利用率即频率利用率的一种重要手段。

7.6 基本网络结构

人与人、人与物、物与物进行信息的传递和交换称为通信。通信以获取信息为目的,实现信息传输所需的一切设备和传输媒介构成通信系统,通信系统大体包括终端和通信网络两部分,终端负责原始信息和可传输信号之间的转换,通信网络负责可传输信号的接入、交换和传输。

移动通信网络是通信网络的分支,是实现移动用户与固定点用户之间或移动用户之间通信的通信介质。移动通信已经发展了五代,目前正处于 6G 研究和探索阶段。移动通信网络可以分为两段,如图 7.21 所示。一段是终端到基站,这段是无线通信,也被称为空中接口,负责将终端信息接入通信网络,按照功能划分称为无线接入网;另一段是基站到因特

网,是有线通信,负责信息的传输和交换,按照功能可以继续划分成承载网和核心网。

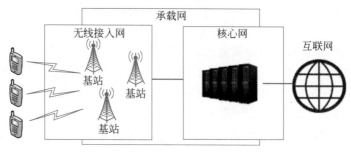

图 7.21　移动通信网络组成

在蜂窝移动通信网络中,为便于网络组织,将一个移动通信网络分为若干服务区,每个服务区又分为若干 MSC 区,每个 MSC 区又分为若干位置区,每个位置区由若干基站小区组成。一个移动通信网络中服务区或 MSC 区的数量,取决于移动通信网络所覆盖地域的用户密度和地形地貌等。多个服务区的网络结构如图 7.22 所示。每个 MSC(包括移动电话端局和移动汇接局)要与本地的市话汇接局、本地长途电话交换中心相连。MSC 之间需互联互通才可以构成一个功能完善的网络。

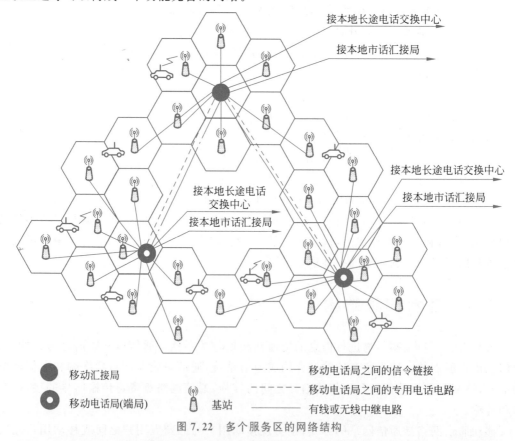

图 7.22　多个服务区的网络结构

有线通信网络上的两个终端每次成功的通信都包括三个阶段,即呼叫建立、消息传输和释放,蜂窝移动通信的交换技术也包括这三个过程。但是,移动通信网络中使用的交换机与常规交换机的主要区别是除了要完成常规交换机的所有功能外,它还负责移动性管理和无线资源管理(包括越区切换、漫游、用户位置登记管理等)。原因在于以下两点:一是移动用户没有固定位置,所以在呼叫建立过程中首先要确定用户所在位置,其次在每次通话过程中,系统还必须一直跟踪每个移动用户位置的变化;二是蜂窝系统采用了频率复用和小区覆盖技术,所以在跟踪用户移动过程中,必然会从一个无线小区越过多个无线小区,从而发生多次越区频道(信道)切换问题,以及网络间切换或系统间切换的问题。这些问题也就是移动性管理和无线资源管理问题。所以说蜂窝移动通信的交换技术比有线电话系统的交换技术复杂。

7.7　移动性管理

通常认为,在所有电话网络中建立两个用户——始呼和被呼之间的连接是通信的最基本任务。为了完成这一任务,网络必须完成系列的操作,诸如识别被呼用户、定位用户所在的位置、建立网络到用户的路由连接并维持所建立的连接直至两用户通话结束,最后当用户通话结束时,网络要拆除所建立的连接。

由于固定网用户所在的位置是固定的,所以在固定网中建立和管理两用户间的呼叫连接是相对容易的。而移动通信网络由于它的用户是移动的,所以建立一个呼叫连接是较为复杂的。通常在移动通信网络中,为了建立一个呼叫连接需要解决三个问题:

(1) 用户所在的位置;

(2) 用户识别;

(3) 用户所需提供的业务。

下面将从这三个问题出发讨论移动性管理过程。

当一个移动用户在随机接入信道上呼叫另一移动用户或固定用户,或者某一固定用户呼叫移动用户时,移动通信网络将启动一系列操作。这些操作涉及网络的多个功能单元,包括基站、移动台、移动交换中心、各种数据库以及网络的各个接口。这些操作将用于建立或释放控制信道和业务信道,进行设备和用户的识别,完成无线链路和地面链路的交换和连接,最终在主叫方和被叫方之间建立点对点的通信链路,提供通信服务。这一过程即为呼叫接续过程。

当移动用户从一个位置区漫游到另一个位置区时,同样会引起网络各个功能单元的一系列操作。这些操作将导致各种位置寄存器中移动台位置信息的登记、修改或删除。若移动台正在通话,则还会触发越区转接过程。所有这些都是支持蜂窝系统移动性管理的过程。

7.7.1　系统的位置更新过程

以 GSM 系统为例,其位置更新包括三方面:第一,移动台的位置登记;第二,当移动台从一个位置区域进入一个新的位置区域时,移动通信系统所进行的是通常意义下的位置更新;第三,在一个特定时间内,网络与移动台没有发生联系时,移动台自动地、周期地(以网络在广播信道发给移动台的特定时间为周期)与网络取得联系,核对数据。

移动通信系统中位置更新的目的是使移动台总是与网络保持联系,以便移动台在网络覆盖范围内的任何一个地方都能接入网络中。或者说网络能随时已知移动台所在的位置,以使网络可随时寻呼到移动台。在 GSM 系统中用各类数据库维持移动台与网络联系。

在用户侧,一个最重要的数据库就是 SIM 卡。SIM 卡中存有用于用户身份认证所需的信息,并能执行一些与安全保密有关的信息,以防止非法用户入网。另外,SIM 卡还存储与网络和用户有关的管理数据。SIM 卡是一个独立于用户移动台的用户识别和数据存储设备,移动台只有插入 SIM 卡后才能进网使用。在网络侧,从网络运营商的角度看,SIM 卡就代表了用户,就好像移动用户的"身份证"。每次通话中,网络对用户的鉴权实际上是对 SIM 卡的鉴权。

网络运营部门向用户提供 SIM 卡时需要注入用户管理的有关信息,其中包括用户的国际移动用户识别号(International Mobile Subscriber Identity,IMSI)、鉴权密钥(Key identifier,Ki)、用户接入等级控制及用户注册的业务种类和相关的网络信息等内容。

当网络端允许一个新用户接入网络时,网络要对新移动用户的 IMSI 数据做"附着"标记,表明此用户是一个被激活的用户,可以入网通信了。移动用户关机时,移动台要向网络发送最后一次消息,其中包括分离处理请求,"移动交换中心/访问位置寄存器"收到"分离"消息后,就在该用户对应的 IMSI 上进行"分离"标记,去掉"附着"标记。

当网络在特定时间内没有收到来自移动台的任何信息时,就启动周期位置更新措施。比如在某些特定条件下由于无线链路质量差,网络无法接收移动台的正确消息,而此时移动台还处于开机状态并接收网络发来的消息。在这种情况下,网络无法确定移动台所处的状态。为了解决这一问题,系统采取了强制登记措施。系统可要求移动用户在特定时间内登记一次。这种位置登记过程被称为周期位置更新。

7.7.2　越区切换

越区切换是指将当前正在进行的移动台与基站之间的通信链路从当前基站转移到另一个基站的过程。该过程也称为自动链路转移。

越区切换通常发生在移动台从一个基站覆盖小区进入另一个基站覆盖小区的情况下。为了保持通信的连续性,将移动台与当前基站的链路转移到移动台与新基站之间。

越区切换的研究包括三方面的问题:

(1)越区切换的准则,也就是何时需要进行越区切换;

(2)越区切换如何控制,包括同一类型小区或不同类型小区之间切换如何控制;

(3)越区切换时的信道分配。

越区切换算法研究所关注的性能指标包括越区切换的失败概率、因越区失败而使通信中断的概率、越区切换的速率、越区切换引起的通信中断的时间间隔以及越区切换发生的时延等。

越区切换分为三大类:硬切换、软切换和接力切换。硬切换是指在新的连接建立以前,先中断旧的连接。而软切换是指既维持旧的连接,又同时建立新的连接,并利用新旧链路的分集合并来改善通信质量,当与新基站建立可靠连接之后再中断旧链路。接力切换使用上行预同步技术,在切换过程中,移动台从原小区接收下行数据,向目标小区发送上行数据,即上下行通信链路先后转移到目标小区。与软切换相比,接力切换不需要同时有多个基站为一个移动台提供服务;与硬切换相比,接力切换断开原基站并与目标基站建立通信链路是同时进行的。因此,接力切换的突出优点是结合了软切换的高成功率和硬切换的高信道利用率。

在越区切换时,可以仅以某个方向(上行或下行)的链路质量为准,也可以同时考虑双向链路的通信质量。

1. 越区切换的准则

在决定何时需要进行越区切换时,通常根据移动台处的接收平均信号强度,也可以根据移动台处的信噪比(或信干比)、误比特率等参数来确定。

设移动台从基站 1 向基站 2 运动,其信号强度的变化如图 7.23 所示。

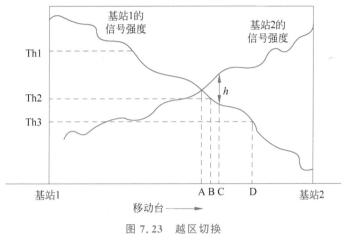

图 7.23 越区切换

判断何时需要越区切换的准则如下。

(1)相对信号强度准则(准则 1):在任何时间都选择具有最强接收信号的基站。如图 7.23 中的 A 处将要发生越区切换。这种准则的缺点是在原基站的信号强度仍满足要求的情况下,会引发太多不必要的越区切换。

(2)具有门限规定的相对信号强度准则(准则 2):仅允许移动用户在当时基站的信号足够弱(低于某一门限),且新基站的信号强于本基站信号的情况下,才可以进行越区切换。如图 7.23 所示在门限为 Th2 时,在 B 点将会发生越区切换。

在该方法中,门限选择具有重要作用。在图 7.23 中,如果门限太高,取 Th1,则该准则与准则 1 相同。如果门限太低,则会引起较大的越区时延。此时,可能会因链路质量较差导致通信中断,另外,它会引起对同道用户的额外干扰。

(3)具有滞后余量的相对信号强度准则(准则 3):仅允许移动用户在新基站的信号强度比原基站信号强度强(即大于滞后余量)的情况下进行越区切换,如图 7.23 中的 C 点。该技术可以防止由于信号波动引起的移动台在两个基站之间的重复切换——即"乒乓效应"。

(4)具有滞后余量和门限规定的相对信号强度准则(准则 4):仅允许移动用户在当前基站的信号电平低于规定门限并且新基站的信号强度高于当前基站一个给定滞后余量时进行越区切换,如图 7.23 中的 D 点所示。

还可以有其他类型的准则,例如通过预测技术(即预测未来信号电平的强弱)来决定是否需要越区,还可以考虑人或车辆的运动方向和路线等。另外,在上述准则中还可以引入一个定时器(即在定时器到时间后才允许越区切换),采用滞后余量和定时相结合的方法。

2. 越区切换的控制策略

越区切换控制包括两方面:一方面是越区切换的参数控制,另一方面是越区切换的过程控制。参数控制在上面已经讨论,本节主要讨论过程控制。

在移动通信系统中,过程控制的方式主要有以下三种。

1)移动台控制的越区切换

在该方式中,移动台连续监测当前基站和数个越区时的候选基站的信号强度和质量。当满足某种越区切换准则后,移动台选择具有可用业务信道的最佳候选基站,并发送越区切换请求。

2)网络控制的越区切换

在该方式中,基站监测来自移动台的信号强度和质量,当信号低于某个门限后,网络开始安排向另一个基站的越区切换。网络要求移动台周围的所有基站都监测该移动台的信号,并把测量结果报告给网络。网络从这些基站中选择一个基站作为越区切换的新基站,并把结果通过旧基站通知移动台和新基站。

3)移动台辅助的越区切换

在该方式中,网络要求移动台测量其周围基站的信号并把结果报告给旧基站,网络根据测试结果决定何时进行越区切换,以及切换到哪一个基站。

在现有的系统中,美国的个人接入通信系统和数字增强无绳通信系统采用了移动台控制的越区切换,GSM 系统则采用了移动台辅助的越区切换。

3. 越区切换时的信道分配

越区切换时的信道分配是用来解决呼叫转换到新小区时的链路问题,新小区分配信道的目标是使得越区切换失败的概率尽量小。常用的做法是在每个小区预留部分信道专门用于越区切换。这种做法的特点是:因新呼叫使可用信道数减少,增加了呼损率,但减少了通话被中断的概率,迎合了人们的使用习惯。

7.7.3　5G 通信网络中的移动性管理策略

5G 通信网络中的移动性管理策略,尤其是移动台的切换、位置更新和用户鉴权等问题,对于网络的稳定性和可靠性至关重要。移动性管理是指对移动台的位置变化和网络切换进行有效管理和控制的策略。它不仅能够提供很好的服务体验,同时还能够优化网络资源的利用效率。以下是五种常见的移动性管理策略。

(1)基于扇区切换的策略:该策略是 5G 通信网络中最基本的移动性管理手段一。通过将网络覆盖区域划分为多个同区,移动台可以根据自身的位置变化,自动切换到最近的扇区。这种策略不仅能够实现网络的无缝切换,还能够减轻网络负载,提高用户的网络体验。

(2)基于速度和加速度的策略:在 5G 通信网络中,通过对移动台的速度和加速度进行实时监测和分析,可以更加准确地确定移动台的位置变化,并根据移动台的移动速度和加速度调整网络资源的分配。这种策略不仅能够提高网络的利用率,还能够降低网络延迟,提高用户的体验感。

(3)基于预测算法的策略:在 5G 通信网络中,利用大数据分析和机器学习,预测移动台的位置变化和用户的移动轨迹。通过对移动台和用户行为模式的分析,可以提前判断用户可能的行动,并相应地调整网络资源的分配和配置。这种策略不仅能够提高网络的适应性和灵活性,还能够更好地满足用户的个性化需求。

(4)基于边缘计算的策略:在 5G 通信网络中,由于网络边缘计算技术的应用,可以将移动性管理的决策和控制功能分布到网络边缘的设备上。通过在移动台或网络边缘设备上进行实时的位置信息处理和网络切换决策,可以减轻核心网络的负载,提高网络的传输速率和质量,同时降低网络延迟,提高用户的网络体验。

(5)基于虚拟化和软件定义网络的策略:在5G通信网络中,虚拟化和软件定义网络技术的应用,可以实现对网络资源的灵活配置和管理。通过动态调整网络功能和资源的分配,可以实现对移动台的无缝切换和位置更新,提高网络的可用性和可靠性。这种策略不仅能够提供更好的用户体验,还能够降低网络运营商的成本,提高网络的资源利用效率。

综上所述,移动性管理是5G通信网络中的重要策略,对于网络的稳定性和可靠性具有重要意义。在5G通信网络中,通过多种移动性管理策略,可以实现对移动台的网络切换、位置更新和用户鉴权等功能,提高网络性能和用户体验。

7.8　本章小结

本章介绍了移动通信网络的基本概念,重点分析了干扰对系统性能的影响,讨论了区域覆盖和提高系统容量的方法,着重探讨了多信道共用的技术,并对网络结构和移动性管理进行了详细阐述。通过对这些内容的全面讨论,读者可以更好地理解移动通信系统的工作原理和优化方法,为进一步深入研究和实践提供了坚实的基础。

第 8 章

5G、B5G 关键技术

4G 技术的广泛部署和应用,为全球经济社会的爆发式增长提供了强大助力。随着 5G 技术的迅速发展,不仅达成了相较于 4G 技术 10 倍以上的峰值速率、毫秒级的传输延迟以及千亿级的连接密度,还开启万物广泛互联、人机深度交互的新时代。这一进展不仅释放了云计算、大数据与人工智能等技术的潜力,也标志着一个感知无处不在、连接无处不在、智能无处不在的万物互联新时代的到来。如果说 4G 转变了人们的支付与社交模式,那么 5G 无疑重塑了整个网络社会的构架。5G 技术提供远程沟通、虚拟社交等即时互动体验,以及增强现实(Augmented Reality,AR)、虚拟现实(Virtual Reality,VR)、混合现实(Mixed Reality,XR)等沉浸式媒体,为用户带来身临其境的信息盛宴,最终实现"信息随心至,万物触手及"的愿景。

本章将介绍 5G 系统的愿景、典型应用场景以及标准化进程,从网络架构、协议栈到部署策略进行全面的阐述。深入讨论 5G 新空口的帧格式、时频资源分配,以及大规模 MIMO、毫米波通信、广义频分复用、非正交多址接入、智能超表面(Reconfigurable Intelligent Surface,RIS)、全双工技术、通信感知一体化(Integrated Sensing And Communication,ISAC)等关键技术,这些技术是 5G 能够实现其革命性特性的基础。通过对这些技术的深入探讨,可以更好地理解 5G 如何能够满足未来社会的广泛需求,以及它将如何推动全球进入一个全新的数字化时代。

8.1　5G 概念、愿景需求

自 2012 年国际电信联盟无线电通信部门(International Telecommunication Union-Radiocommunication Sector,ITU-R)发起"IMT for 2020 and Beyond"计划以来,5G 技术的演进涵盖了一系列关键发展阶段,包括需求论证、技术创新、标准制定、研发与测试,以及商业化部署和应用推广。在这一过程中,业界对于 5G 的愿景达成了共识:5G 技术不仅为用户提供前所未有的高速传输和低延迟体验,更将开启一个全新的时代——通过提供卓越的移动宽带服务、超高的通信可靠性以及高度灵活高效的网络,实现物与物、人与物之间的全面连接。

8.1.1　5G 典型应用场景

我国工业和信息化部、国家发展改革委、科技部于 2013 年 2 月联合推动成立了 IMT-2020(5G)推进组,2014 年 5 月发布《5G 愿景与需求白皮书》,论证了 5G 研究的必要性和系统需求,5G 移动通信系统是面向 2020 年以后移动通信需求而发展起来的新一代移动通信系统。设计目标是为多种类型的业务提供满意的服务。综合未来移动互联网和物联网各类场景和业务需求特征,5G 典型的业务通常可分为三类:增强移动宽带(enhanced Mobile Broad Band,eMBB)、超高可靠低时延通信(ultra-Reliable and Low-Latency Communication,uRLLC)和海量机器类通信(massive Machine Type of Communication,mMTC),如图 8.1 所示。不同类型的业务对系统架构的能力需求有所差异,移动通信网络的空中接口能力也因此展现出一定的差异性。这些差异主要体现在时延、空中接口传输性能以及回传能力等方面。

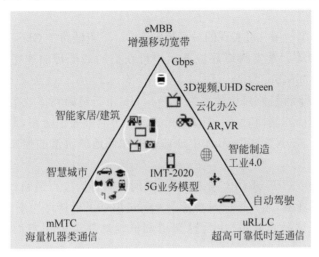

图 8.1　5G 三大应用场景

eMBB 业务旨在提供较 4G 网络更高传输速率、更大容量的移动互联网接入服务,以支持高清视频流、虚拟现实、增强现实类业务。eMBB 代表着现有网络的进一步升级,并将成为 5G 初期在个人消费市场中的核心应用场景。

uRLLC 业务针对那些对网络响应速度和可靠性要求极高的应用而设计。其主要目标是实现极低的空口延迟(约 1 毫秒级)和在高速移动环境(高达 500km/h)下提供极高的数据传输可靠性(99.999%),以支持诸如工业自动化、智能电网、远程医疗、公共安全和紧急服务等关键任务应用。这些场景对于实时控制和自动化应用至关重要。然而,传统蜂窝网络架构难以满足这些特定场景的通信可靠性需求,5G 移动通信系统在可靠性和实时性方面面临严峻挑战。

mMTC 业务主要面向物联网应用,旨在通过优化长距离通信、降低功耗及支持海量设备接入来满足物联网的特殊需求。该技术的设计目标是支持超千亿级别的低功耗设备连接,满足 $10^5/\mathrm{km}^2$ 连接数密度指标要求,同时确保终端的超低功耗、设备的超低成本、高可靠性的传输和广阔的覆盖范围。在大规模机器通信场景中,mMTC 将推动智慧城市、智能家居、环境监测等多个垂直行业的深度融合,最终实现真正意义上的万物互联。

作为全球移动通信领域的主要标准制定机构,3GPP 自 2013 年以来逐步推出了多个 5G 标准版本。首个正式版本 R15 的发布,标志着 5G 标准化工作的正式启动。该版本的核心在于支持 eMBB、uRLLC、mMTC 等关键应用场景,同时引入了新型无线接入技术,并支持 28GHz 毫米波频段及优化的多天线技术。继 R15 之后,R16 版本进一步扩展了 5G 的功能,新增了对工业物联网、智能交通系统和增强移动宽带服务等新兴场景的支持,并通过改进无线电接入网络、网络切片和集成接入技术,提升了网络的灵活性与效率。2022 年 6 月,R17 标准的冻结进一步拓展了 5G 在增强型无人机通信、车联网通信和非地面网络等领域的应用。截至 2024 年 3 月,R18 标准的完成则标志着 5G-Advanced 的开端,该版本不仅强化了本地网络组织的能力,还系统性地支持扩展现实沉浸式多媒体通信,并进一步利用 5G 网络支持人工智能和机器学习服务,从而推动了空天地一体化通信的深化发展。

8.1.2　5G 关键性能指标

根据 3GPP 标准的规定,5G 网络的关键性能指标(Key Performance Indicator,KPI)包括以下 9 点。

(1) 峰值速率:单一用户可实现的最高传输速率。下行链路 20Gbps,上行链路 10Gbps。

(2) 用户体验速率:真实网络环境下用户可获得的最低传输速率。目标为下行链路 100Mbps,上行链路 50Mbps。

(3) 频谱效率:下行链路频谱效率为 30bps/Hz,上行链路频谱效率为 15bps/Hz。

(4) 控制面时延:控制面时延目标为 10ms。对于卫星通信链路,地球静止轨道和高椭圆轨道的控制面时延应小于 600ms,而中地球轨道和低地球轨道的控制面时延应分别小于 180ms 和 50ms。

(5) 用户面时延:对于 uRLLC 业务,用户面时延目标为上行链路和下行链路均不大于 0.5ms;对于 eMBB 业务,用户面时延目标为上行链路和下行链路均不大于 4ms;在卫星链路通信的情况下,地球静止轨道、中地球轨道和低地球轨道的用户面往返时间分别约为 600ms、180ms 和 50ms。

(6) 连接数密度:指实现单位面积(每平方千米)达到目标服务质量的设备总数。在城市环境中,连接数密度的目标是每平方千米高达 100 万个设备的连接。

(7) 移动性:指在保持预期服务质量的情况下,用户可达到的最大移动速度。5G 的移动性目标为 500km/h。

(8) 切换中断时间:目标应为 0ms,该 KPI 适用于 5G 新空口的带内/带外移动。

(9) 网络能量效率(可靠性):网络既满足一定时延要求又能成功传输特定字节数据,实现这一目标的概率又称为可靠性。5G 网络的目标是实现 99.999% 的可靠性,以支持关键任务应用,如工业自动化业务。在用户面时延是 1ms 的前提下传输 32 字节时的丢包率小于 10^{-5}。

ITU 定义的三大场景和 9 个关键性能指标的关系如图 8.2 所示。

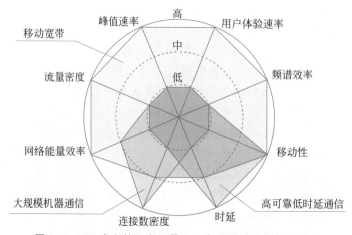

图 8.2　ITU 定义的三大场景和 9 个关键性能指标的关系

8.1.3 5G 频谱规划

为抢占 5G 技术发展的先机,中、美、日、韩、欧等多个国家和地区纷纷发布了关于 3.5GHz、4.9GHz 的中频段以及 26GHz、28GHz 附近的高频段的 5G 频谱规划。中国在 2017 年 11 月宣布,将 3.3~3.6GHz 和 4.8~5.0GHz 频段指定为 5G 使用频段,成为国际上首批进行中频段 5G 频谱规划的国家之一。截至目前,中国移动获得了 2515~2675MHz 和 4800~4900MHz 两个 5G 频段,频段号分别为 n41 和 n79。中国电信获得了 3400~3500MHz 的频段,频段号为 n78,中国联通获得了 3500~3600MHz 的频段,频段号也为 n78。此外,中国还启动了对 24.75~27.5GHz、37~42.5GHz 等毫米波频段的规划工作。应用场景对频段的技术需求也有所差异。eMBB 业务主要集中于 6GHz 以下的频段,以支持大流量移动宽带,同时探索 6GHz 以上的频谱资源,如毫米波通信,以提高数据传输速率。uRLLC 业务主要依赖 6GHz 以下频段,服务于对时延高度敏感的应用,如车联网和智能工厂,目标是将网络延迟控制在 1ms 以下。mMTC 业务主要采用 6GHz 以下频段,应用于大规模物联网,为其发展奠定了坚实基础并拓展了应用前景。

8.2 5G NR 系统物理层关键技术

8.2.1 NR 帧结构

对于 5G NR,时域的基本时间单元是 $T_c = 1/(\Delta f_{max} \times N_f)$。其中,最大子载波间隔 $\Delta f_{max} = 480 \times 10^3$ Hz,FFT 的长度是 $N_f = 4096$,故 $T_c = 1/(48\,000 \times 4096) = 0.509$ns,对应的最大采样率为 $1/T_c$,即 1966.08MHz。LTE 系统的基本时间单元是 $T_s = 1/(\Delta f_{ref} \times N_{f,ref})$。其中,最大的子载波间隔 $\Delta f_{ref} = 15 \times 10^3$ Hz,FFT 的长度是 $N_{f,ref} = 2048$,故 $T_s = 1/(15\,000 \times 2048) = 32.552$ns,对应的最大采样率为 $1/T_s$,即 30.72MHz。T_s 与 T_c 之间满足固定的比值关系,即常量 $k = T_s/T_c = 64$,这种设计有利于 NR 和 LTE 的共存,即 NR 和 LTE 部署在同一个载波上。

3GPP 定义了两大频率范围(Frequency Range,FR),分别是 FR1:410~7125MHz 和 FR2:24 250~52 600MHz。与 LTE 相比,3GPP 定义的 5G 新空口引入了更加灵活的帧结构设计,为了实现这种灵活性,5G 新空口引入了一系列帧结构参数集(Numerologies),包括子载波间隔(Subcarrier Spacing,SCS)和循环前缀(CP)的长度。这些关键参数集在技术报告 TR 38.802 中有详细定义,它们是 5G 能够支持从高速移动宽带到机器类通信和超高可靠低延迟通信等多样化应用的基础。表 8.1 列出了 5G NR 支持的参数集。

表 8.1 5G NR 支持的参数集

μ	$\Delta f = 2^\mu \times 15$ /kHz	循环前缀	支持的信道		FR1		FR2	
			数据信道	同步信道	是否支持	适用的带宽 /MHz	是否支持	适用的带宽 /MHz
0	15	正常	是	是	是	5~50	否	
1	30	正常	是	是	是	5~100	否	
2	60	正常、扩展	是	否	是	10~100	是	50~200
3	120	正常	是	是	否		是	50~400
4	240	正常	否	是	否		否	

参数集基于指数可扩展的子载波间隔 $\Delta f = 2^\mu \times 15\text{kHz}$，其中，对于同步信道（包括PSS、SSS 和 PBCH），整数 μ 取值 $\mu \in \{0,1,3,4\}$；对于数字信道，整数 μ 取值 $\mu \in \{0,1,2,3\}$。所有的子载波间隔都支持正常 CP，只有 $\mu=2$，即子载波间隔为 60kHz 时支持扩展 CP。究其原因，扩展 CP 的开销相对较大，与其带来的好处在大多数场景不成比例，且扩展 CP 在LTE 中应用少，预计在 NR 中应用的可能性也不高，但是作为一个特性，在协议中还是定义了扩展 CP。

NR 无线帧长度被定义为 10ms，每个无线帧由 10 个子帧组成，每个子帧长度为 1ms。这一设计与 LTE 系统保持一致，从而更好地支持 LTE 与 NR 的共存。这种结构的一致性在共同部署模式下，能够在帧与子帧的结构上实现协调，从而简化小区搜索和频率测量的过程。与 LTE 不同，NR 的子帧仅作为计时单位，不再作为基本的调度单元，此设计旨在支持更加灵活的资源调度方式。每个子帧可以进一步分割为多个时隙，具体的时隙数量取决于子载波间隔。值得注意的是，无论子载波间隔如何，每个时隙均包括 14 个 OFDM 符号，这意味着子载波间隔越大，时隙的实际时长越短。NR 无线帧结构如图 8.3 所示。

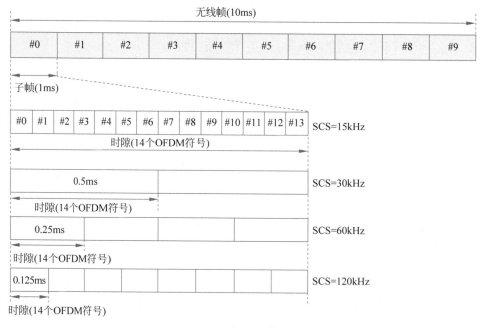

图 8.3　NR 无线帧结构

表 8.2 给出了正常 CP 时每个时隙的 OFDM 符号数、每个帧的时隙数量，以及每个子帧的时隙数。子载波间隔配置表示为 μ，$N_{\text{symb}}^{\text{slot}}$ 为一个时隙内的 OFDM 符号数，$N_{\text{slot}}^{\text{frame},\mu}$ 是一个帧内的时隙数，$N_{\text{slot}}^{\text{subframe},\mu}$ 是一个子帧内的时隙数。

表 8.2　正常 CP 时每个时隙的 OFDM 符号数、每个帧的时隙数以及每个子帧的时隙数

μ	SCS/kHz	$N_{\text{symb}}^{\text{slot}}$/个	$N_{\text{slot}}^{\text{frame},\mu}$/个	$N_{\text{slot}}^{\text{subframe},\mu}$/个
0	15	14	10	1
1	30	14	20	2
2	60	14	40	4
3	120	14	80	8
4	240	14	160	16

与 LTE 相比,NR 时隙设计具有两个优势。首先在多样性方面,NR 系统引入了更多种类的时隙类型,特别是自包含时隙的引入。其次,在灵活性方面,LTE 的下行和上行资源分配仅限于子帧级别的调整(特殊子帧除外),而 NR 则实现了符号级别的动态调整,从而针对不同用户设备提供更加灵活的资源调度。NR 每个半周期(5ms)内包含下行子帧(标记为"D")、上行子帧(标记为"U")和特殊子帧(标记为"S")。

在实际部署中,NR 的上下行时隙配置需要综合考虑上下行业务的需求、覆盖范围、运营商的业务类型以及网络建设要求等多个因素。此外,上下行时隙配置还与运营商所使用的频谱资源密切相关。

以中国移动为例,由于其 5G 频率与 4G 频率共享 2515～2675MHz 频段,NR 的上下行时隙配置需要与 LTE 的配置相协调。具体来说,LTE 的子载波间隔为 15kHz,每个无线帧持续 10ms,包含 10 个 1ms 的子帧,每个子帧由 14 个 OFDM 符号组成。目前,中国移动在 2575～2635MHz 频段上配置的下行到上行转换周期为 5ms,其上下行时隙配置比例为 3:1+10:2:2,即在每 5ms 的周期内,分配 3 个下行子帧(D)、1 个上行子帧(U)和 1 个特殊子帧(S),其中特殊子帧的下行导频时隙(DwPTS)、主保护时隙(GP)和上行导频时隙(UpPTS)分别包含 10 个、2 个和 2 个 OFDM 符号。

当 NR 部署在 2515～2615MHz 频段时,子载波间隔为 30kHz,这意味着每个子帧包含 2 个时隙,每个时隙的持续时间为 0.5ms。由于 LTE 和 NR 频段相邻,如果两者的上下行时隙配置不完全对齐,可能会引发交叉时隙干扰。根据 LTE 的上下行时隙配置原则,建议 NR 的下行到上行转换周期同样设定为 5ms,上下行时隙配置为 7:2+6:4:4,即 7 个完全下行时隙(D)、2 个完全上行时隙(U)和 1 个特殊时隙(S),其中特殊时隙的下行符号、灵活符号和上行符号分别为 6 个、4 个和 4 个 OFDM 符号,如图 8.4 所示。

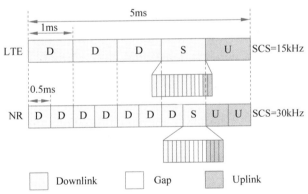

图 8.4　中国移动在 2515～2675MHz 的 LTE 和 NR 的上下行时隙配置

8.2.2　毫米波技术

毫米波频段为频率为 30～300GHz,对应波长为 1～10mm 的电磁频谱的极高频率,其中可利用的波长约为微波频段的 10 倍,具有高达 252GHz 的带宽(实际能利用的约100GHz),如图 8.5 所示。

毫米波技术因其宽频带特性,能够支持极高的数据传输速率和网络容量,尤其适用于短距离通信、车载网络等高需求场景。毫米波信号的短波长使其能够在有限的空间内集成大

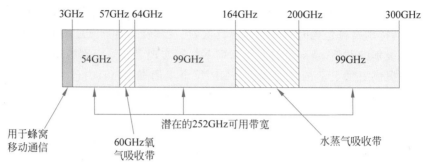

图 8.5 毫米波频段

量天线元件,从而实现高增益波束成形,这对于大规模 MIMO 技术具有关键意义。通过毫米波技术,大规模 MIMO 系统可以采用低成本、低功耗的组件,避免了传统系统中对昂贵且笨重的设备的需求,例如大型同轴电缆和高功率射频放大器,从而在不牺牲性能的前提下降低了系统的整体成本与能耗。而毫米波通信与大规模 MIMO 技术的结合是必然的趋势,工作在毫米波频带下的大规模 MIMO 有许多优势,称为毫米波大规模 MIMO(mmWave Massive MIMO)系统。下面分析毫米波大规模 MIMO 的关键技术。

1. 天线阵列

合理设计天线阵列对于充分发挥毫米波大规模 MIMO 通信的潜力至关重要,同时也需控制系统的成本和功耗。目前,主要有三种天线阵列架构:全数字阵列、全模拟阵列和大规模混合阵列。在全数字阵列中,每个天线都配备了独立的 RF 前端和数字基带处理器,这种毫米波大规模 MIMO 系统虽然具有理想的性能,但由于其高昂的成本和功耗,实际应用中难以实现。相比之下,全模拟阵列仅使用一个带有多个模拟移相器的 RF 链路来控制所有天线,其硬件结构相对简单,但系统性能受到限制,天线增益较低。当前,普遍采用的大规模混合阵列架构是在每个子阵列中仅使用单个数字输入和输出,所有子阵列的数字信号在数字处理器中进行联合处理。该方法降低了系统成本和硬件复杂性,同时其性能可接近全数字阵列,从而成为一种折中且可行的解决方案。

2. 预编码技术

MIMO 系统从两方面提高了频谱效率:一是允许基站在同一时间频率资源上服务多个用户,从而增加系统的总吞吐量;二是通过基站和用户设备之间的波束成形,进一步优化频谱利用率。随着 MIMO 技术从 MU-MIMO 发展到大规模 MIMO,基站端的大量天线通过波束成形提升了能量效率和频谱效率。

在传统的 MIMO 系统中,波束成形和预编码都在数字域实现,即所有的信号处理都在基带进行,这种方式被称为全数字预编码。这要求为每个天线单元分配一个独立的 RF 链路。然而,在毫米波大规模 MIMO 系统中,由于 RF 链路的高功耗,采用全数字预编码技术在实践中受到限制。因此,提出了混合预编码技术。该技术通过将原有的全数字预编码转换为高维模拟预编码和低维数字基带预编码,有效降低了功耗。尽管模拟预编码仅能控制信号的相位而非幅度,可能导致一定的性能损失,但整体性能仍具有较高的可接受性。

3. 传播特性和信道建模

毫米波通信(30~300GHz)因其高频特性面临多种挑战,包括高路径损耗、穿透损耗、方向性、延迟分辨率和易受人体阻挡的影响。特别是在 10GHz 以上,雨水成为关键因素,雨滴尺寸与毫米波波长相近导致信号散射;大气衰减主要由氧气和水蒸气分子吸收引起,尤其影响 60GHz 和 119GHz(氧气吸收)以及 22GHz 和 183GHz(水蒸气吸收)的频率;此外,植被衰减,如树叶对信号的吸收和散射,也对通信质量产生不容忽视的影响,如图 8.6 所示。

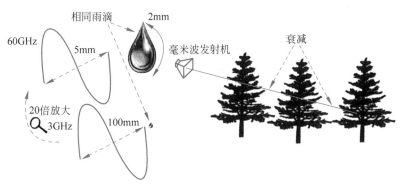

图 8.6　雨滴和树叶引起衰减的示意

毫米波信道建模旨在通过数学方法描述这些传播特性,涵盖路径损耗、小尺度衰落、阴影效应和多径效应等,以精确模拟信号在特定环境下的行为。这不仅有助于评估通信系统性能,还对系统设计和信号传输效率的提升至关重要。

8.2.3　大规模 MIMO 技术

现代通信系统通过在发射端和接收端采用 MIMO 技术,以增强链路性能。MIMO 技术经历了从点对点 MIMO 向 MU-MIMO 的逐步演进。MU-MIMO 技术通过空间分离用户,提升了网络的密集化程度与容量。然而,由于基站天线数量的限制,空间分辨率受限,从而约束了 MU-MIMO 性能的进一步提升。2010 年,贝尔实验室的 Marzetta 教授提出在基站中部署大规模天线阵列的概念,即多用户大规模 MIMO 无线通信系统,以进一步提高频谱效率并有效减少网络干扰。大规模 MIMO 的核心理论基础在于,随着基站天线数量的增加,多用户信道趋向于正交,从而大幅减少高斯噪声和非相关的小区干扰。在这种情况下,单个用户的容量主要受限于其他小区使用相同导频序列的用户干扰。

学术界建立的大规模天线阵列的结构包括线性阵列、球形阵列、圆柱形阵列、矩形阵列和分布式天线阵列等,但工业界主要采用矩形阵列。信道建模方面,主要有基于相关性的随机模型(Correlation-Based Stochastic Model,CBSM)和基于几何的随机模型(Geometry-Based Stochastic Model,GBSM)两大类,其中,3GPP 标准和 ITU 推荐的信道模型主要采用 GBSM 方法。在大规模 MIMO 系统中,建立三维(Three Dimensions,3D)信道模型是一项重要任务,WINNER II、WINNER＋和 COST273 模型等提出了多种 3D MIMO 信道建模方法。此外,针对毫米波频段,已经开发了多种信道模型,如 3GPP 的 38.901 和 ITU-R 的模型。

分布式大规模 MIMO 作为一个重要的研究方向,因为能够降低信道间的相关性,并更高效地利用空间分集增益而备受关注。在异构网络应用中,大规模 MIMO 主要应用于无线回传、热点覆盖和动态小区等场景,展现了在提高网络性能和效率方面的巨大潜力,如图 8.7 所示。

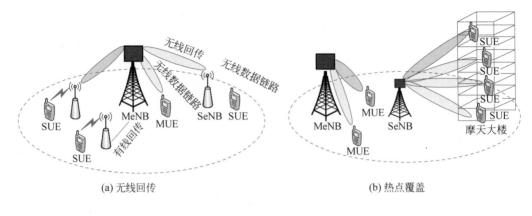

(a) 无线回传　　　　　　　　　　　(b) 热点覆盖

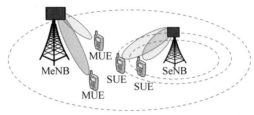

(c) 动态小区

图 8.7　异构网络场景下大规模 MIMO 的应用

　　如图 8.8 所示,大规模 MIMO 蜂窝系统模型由 L 个小区组成,每个小区内有 K 个单天线用户,而每个小区的基站则配备 M 根天线。设系统的频率复用因子为 1,即所有 L 个小区均在相同频段内工作。为了便于描述和分析,设系统在上行和下行链路中均采用 OFDM 系统,并以单个子载波为例来阐述大规模 MIMO 的基本原理。

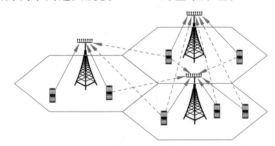

图 8.8　多小区大规模 MIMO 蜂窝系统

　　设定第 j 个小区的第 k 个用户至第 l 个小区基站的信道矩阵为 $\boldsymbol{g}_{i,j,k}$,该信道可以建模为

$$\boldsymbol{g}_{i,j,k}=\sqrt{\lambda_{i,j,k}}\,\boldsymbol{h}_{i,j,k} \tag{8.1}$$

式中,$\lambda_{i,j,k}$ 表示大尺度衰落系数; $\boldsymbol{h}_{i,j,k}$ 表示第 j 个小区的第 k 个用户至第 l 个小区基站的信道状态信息(CSI),是一个 $M\times1$ 的矢量。故第 j 个小区的所有 K 个用户到第 l 个小区的基站的信道矩阵可以表示为 $\boldsymbol{G}_{i,j}=[\boldsymbol{g}_{i,j,1},\cdots,\boldsymbol{g}_{i,j,k}]$。

　　基于上述大规模 MIMO 信道模型,第 l 个小区基站接收的上行链路信号可表示为

$$\boldsymbol{y}_l=\boldsymbol{G}_{l,l}\boldsymbol{x}_l+\sum_{j\neq l}\boldsymbol{G}_{l,j}\boldsymbol{x}_j+z_l \tag{8.2}$$

式中,第 l 个小区中 K 个用户的发送信号为 x_l,设 x_l 服从独立同分布的高斯分布;z_l 表示小区 l 个基站接收的加性高斯白噪声矢量,其协方差矩阵为 $E\{z_l z_l^{\mathrm{H}}\} = \gamma \boldsymbol{I}_M$。

基于式(8.2),设采用最小均方误差(MMSE)多用户联合检测,则第 l 个小区的上行多址接入的容量的下界可以表示为

$$C_{\mathrm{LB}} = \log_2 \det \left(\sum_{i=1}^{L} \boldsymbol{G}_{l,j} \boldsymbol{G}_{l,j}^{\mathrm{H}} + \gamma \boldsymbol{I}_M \right) - \log_2 \det \left(\sum_{j \neq l}^{L} \boldsymbol{G}_{l,j} \boldsymbol{G}_{l,j}^{\mathrm{H}} + \gamma \boldsymbol{I}_M \right) \tag{8.3}$$

随着基站天线数量趋于无穷大,多用户信道间将趋于正交,此时,第 1 个小区的容量下界将收敛为

$$C_{\mathrm{LB}}^{M \to \infty} = \sum_{k=1}^{K} \log_2 \left(1 + \frac{M}{\gamma} \lambda_{l,l,k} \right) \tag{8.4}$$

从式(8.4)可以看出,在理想 CSI 已知的情况下,当天线个数趋于无穷大时,多用户干扰和多小区干扰消失,整个系统是一个无干扰系统,系统容量随天线个数以 $\log_2 M$ 增大,并趋于无穷大。

在实际的大规模 MIMO 系统中,获得完美的 CSI 极为困难。上下行链路的空分复用依赖基站对 CSI 的准确获取。由于基站难以直接获得下行链路的 CSI,大规模天线系统通常采用时分复用双工模式。这种模式利用了信道的互易性,通过对上行信道的估计来推测下行信道的 CSI。在大规模的 MU-MIMO 系统中,为了进行有效的信道估计,要求信道具有足够长的相干时间,这使得信道估计的精度和信道相干时间的长度成为大规模 MIMO 技术面临的主要挑战。

目前,大规模 MIMO 系统主要面临两大难题。首先是导频开销问题,随着用户数量的增加、移动速度的提升以及载波频率的升高,所需的导频资源呈线性增长,影响了系统的频谱效率。其次,多用户联合发送和接收的过程中涉及矩阵求逆操作,其计算复杂度随用户数的增加呈三次方增长,对计算资源提出了巨大的挑战。这些问题限制了大规模 MIMO 技术的性能发挥与实际应用。

在大规模天线系统中,准确的信道估计对于实现高效的数据传输至关重要,它直接影响波束成形的性能。为了实现这一目标,研究者们开发了多种信道估计方法,主要包括以下几种。

基于最小二乘(LS)的信道估计:这是最基本的信道估计方法,它通过最小化接收信号与通过信道模型预测信号之间的差异来估计信道。LS 方法的计算复杂度低且实现简单,但未考虑噪声的影响,因而在高噪声环境下性能欠佳。

MMSE 信道估计:该方法在 LS 基础上考虑了噪声的影响,通过最小化估计误差的均方误差来优化信道估计。MMSE 方法的优势在于它能够较好地利用信道之间的相关性,从而在一定程度上抵御导频污染的影响,尽管其计算复杂度更高,详见 5.5.2 节。

基于特征值分解的信道估计:该方法通过对接收信号的协方差矩阵进行特征值分解来估计信道。该方法利用信号的统计特性,有效提高了信道估计的精度,并对导频污染具备一定的抵抗能力,但该方法的性能依赖天线数量,天线数量不足时效果会降低。

基于压缩感知的信道估计:针对大规模 MIMO 系统在某些传输环境下信道具备的稀疏性,该方法利用信道的稀疏性减少测量次数,从而以较低采样率恢复信道信息。该方法特别适合毫米波通信等高频段的大规模天线系统,能够在保证估计精度的同时降低计算复杂

度和资源消耗。

在实际通信环境中,由于设备和信道都存在噪声,需要通过设计特定的下行发送和上行接收算法以实现低误码率的多用户传输。这些传输和检测算法的计算复杂度直接与天线阵列的规模和用户数量相关。此外,基于大规模天线的预编码/波束成形技术与阵列结构设计、设备成本、功率效率和系统性能密切相关。预编码/波束成形技术主要分为线性预编码和非线性预编码。线性预编码因低复杂度而广受欢迎,常见的线性预编码技术包括 MRT、ZF 和正则化迫零。尽管线性预编码简单高效,但在用户数量众多时,性能不及非线性预编码。非线性预编码通过引入非线性操作(如求模、反馈、格搜索、扰动等)提升性能,但也增加了计算复杂度。

从理论上讲,当基站的天线数量非常庞大且天线间的相关性较低时,由天线阵列形成的多个波束之间将不会产生干扰,进而提升系统容量。在这种情况下,简单的线性多用户预编码技术,如特征值波束成形、匹配滤波和正则化迫零,能够实现接近最优的容量性能。这表明,在大规模 MIMO 系统中,即使是简单的线性预编码方法,在特定条件下也能达到非常高的性能水平,为实际应用中的系统设计提供了重要参考。

8.3 5G 网络架构及部署

8.3.1 基于服务的 5G 网络架构

5G 系统架构由核心网、接入网和终端三部分构成,其中,核心网与接入网之间的连接通过用户平面接口和控制平面接口实现,接入网与终端之间的通信则依赖无线空口协议栈。5G 接入网架构设计的核心在于适应多样化的 5G 部署模式,同时确保与 4G LTE 系统的平滑融合,以及与核心网的高效互通。

总体上看,5G 系统架构继承并扩展了 3GPP 的现有设计理念,将整个网络划分为两个主要部分:5G 核心网(5G Core,5GC,包括 AMF/UPF)和 5G 接入网(Next Generation Radio Access Network,NG-RAN)。如图 8.9 所示,5G 核心网被视为 5G 网络的"心脏",其主要功能是高效处理数据和信令传输。核心网由控制平面和用户平面的多个网元组成,其

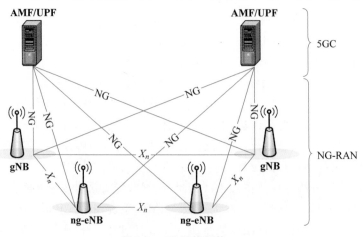

图 8.9　5G 网络架构

中控制平面的关键网元包括接入与移动管理功能(Access and Mobility Management Function，AMF)和会话管理功能(Session Management Function，SMF)。NG-RAN 由两类逻辑节点构成：新无线基站(gNB)和支持连接到 5G 核心网的 LTE 演进基站(ng-eNB)。这些节点的作用在于将用户设备(如智能手机、物联网设备等)接入核心网。gNB 之间、ng-eNB 之间以及 gNB 和 ng-eNB 之间的通信通过 X_n 接口实现,这种结构设计提升了网络的灵活性和可扩展性。

从整体来看,尽管 5G 网络架构与 4G 有共同点,但在核心网和无线接入网的内部结构上都发生了颠覆性的变革。5G 核心网采用了由中国移动牵头,联合 26 家公司共同提出的基于服务的架构(Service-Based Architecture，SBA)作为统一的基础架构。SBA 架构是一种基于云的设计,不仅延续了 4G 核心网网元的网络功能虚拟化,还实现了网络功能的模块化。这一架构设计有助于网络快速升级、资源利用率的提升。此外,SBA 架构还支持网内和网外的能力开放,使得 5G 系统能够通过云化架构实现快速扩展和缩容,提供更高的灵活性和应对未来需求的能力。

在无线接入网的部署方面,考虑到 LTE 网络的广泛覆盖,运营商在推进 5G 网络时采取了渐进式的部署策略,以避免短期内的大量资金投入,并降低部署风险。因此,NG-RAN 不仅包括升级后能够支持 5G 的 LTE 基站(ng-eNB),还涵盖了全新的 5G 基站(gNB)。这两种基站在覆盖范围、网络容量、延迟以及对新业务的支持等方面存在差异。ng-eNB 通过对现有 4G 网络的升级来提供 5G 服务,主要实现业务的连续覆盖。然而,由于其物理架构仍基于 4G 技术,无法完全满足 5G 对超低延迟和超高速率的需求。相比之下,gNB 则是为满足 5G 的所有关键性能指标而设计的,能够支持更广泛的 5G 业务,并对前传和回传网络的带宽及延迟提出了更高的要求。

5G 移动通信系统采用以用户为中心的多层异构网络架构,通过宏基站与小基站的组合,优化小区边缘的协同处理,提升无线接入和回传资源的效率,从而在复杂环境下提高整体性能。该系统支持多种网络拓扑结构,如多接入/多连接、分布式/集中式架构、自组织网络等,具备智能化的无线资源管理和共享能力,支持基站的即插即用功能。与 4G 系统相比,5G 系统需要更迅速地适应市场变化,通过灵活部署网络功能,实现服务的快速响应和优化,同时保持网络功能间的灵活切换和多种品牌设备之间的连接使用。这种灵活性与适应性是 5G 系统设计的关键。

8.3.2　5G 网络部署

为了降低部署成本并确保与现有 4G 网络的兼容性,在 3GPP 5G 标准的首个版本 R15 中,将 5G 新空口标准划分为非独立组网(Non-Standalone，NSA)和独立组网(Standalone，SA)两种主要的部署模式。其中,SA 代表了一种全新的 5G 网络架构,包括全新的基站和核心网,而 NSA 则通过升级改造现有 4G 网络,引入部分 5G 设备,以提升热点区域的带宽为主要目标,从而避免了现有资源的浪费,并且所需投资成本较低。

对比这两种部署模式时可以发现,NSA 并未接入 5G 核心网,而是依赖现有的 4G 核心网实现连接,而 SA 则完全基于 5G 架构,包括 5G 核心网的全面应用。在 NSA 模式下,5G 与 4G 在接入网层面的互通较为复杂,虽然利用了现有的 4G 设备,但组网和运营成本增加;相对而言,在 SA 模式下,5G 与 4G 的互通仅限于核心网层面,操作更加简便。

从终端设备的角度来看,在 NSA 模式下,终端需要同时支持 LTE 和 NR 双连接,而在 SA 模式下,终端仅需支持 5G 新空口一种无线接入技术,因此 SA 的成本远远低于 NSA。从技术性能的角度分析,NSA 的表现虽然不及 SA,但由于能够利用现有设备,并实现快速部署,因此成为运营商在初期推广 5G 时的重要选择。然而,SA 将成为运营商未来的主要方向,因为它能够全面发挥 5G 网络的优势,而 NSA 仅作为一种过渡性方案,适用于短期内的快速部署。

1. NSA 方式

1) 利用现有 LTE 基础设施实现快速 5G 部署

在 5G 网络的初期部署阶段,NSA 通过 LTE 基站(eNB)提供广泛的网络覆盖,同时在流量密集的热点区域部署能够连接到 4G 演进型分组核心网(Evolved Packet Core,EPC)的 5G NR 基站(en-gNB)。这一部署策略的主要优势在于无须立即引入新的 5G 核心网功能,能够充分利用现有的 LTE 网络基础设施,从而快速实现 5G 网络的覆盖。

2) 随着 5G 核心网的完善,gNB 提供主要覆盖

随着 5G 核心网基础设施的逐步完善,5G NR 基站(gNB)将逐渐成为主要的网络覆盖设备,而升级后能够连接到 5GC 的 LTE 基站(ng-eNB)则主要部署在需求集中的热点区域。在这一场景下,gNB 通过 NG 接口与 5GC 连接,而 ng-eNB 则通过 NG-U 接口与 5GC 建立连接。ng-eNB 和 gNB 之间通过 X_n 接口进行连接,以支持网络的无缝覆盖和服务的连续性。

3) ng-eNB 提供广泛覆盖,gNB 专注于热点区域

随着 5G 网络的大规模部署和 5G 核心网基础设施的基本建成,ng-eNB 将继续作为主要的覆盖设备,为用户提供广泛的连续覆盖,而 gNB 则将集中部署于流量密集的热点区域,如图 8.10 所示。此时,gNB 通过 NG-U 接口连接至 5GC,ng-eNB 则通过 NG-U 和 NG-C 接口与 5GC 建立连接,ng-eNB 与 gNB 之间通过 X_n 接口实现相互连接,以确保网络覆盖的无缝性与服务的连续性。

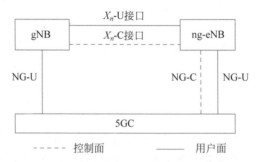

图 8.10 5G 网络部署模式中 ng-eNB 提供覆盖结构

2. SA 方式

SA 架构是 5G 网络在成熟阶段的目标架构。在该模式下,所有的 5G 网络元素均直接连接到 5GC,无须依赖现有的 4G LTE 网络基础设施。5G 接入网的组成可以包括 gNB 或 ng-eNB,均与 5GC 相连。如图 8.11 所示,gNB 通过 NG 接口与 5GC 连接,为用户提供广泛的连续覆盖。同样,图 8.12 展示了 ng-eNB 通过 NG 接口与 5GC 连接,由 ng-eNB 负责提供连续覆盖。在这种架构下,无论是 gNB 还是 ng-eNB,都能够通过与 5GC 的连接,实现稳

定且高效的网络服务,从而满足 5G 网络对低延迟和高带宽的严格要求。

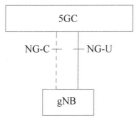

图 8.11　gNB 连接至 5GC

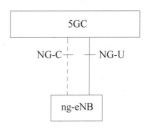

图 8.12　ng-eNB 连接至 5GC

8.4　5G 技术的应用

5G 标准明确定义了三大主要应用场景,分别是 eMBB、mMTC 和 uRLLC。eMBB 主要面向如 3D/超高清视频等需要高带宽的大量流媒体业务;mMTC 专注于支持大规模物联网设备的连接;uRLLC 则针对无人驾驶和工业自动化等对低时延和高可靠性有严格要求的应用场景。

未来,5G 的应用将围绕上述三大场景展开,并进一步细分为虚拟现实/增强现实(VR/AR)、自动驾驶、工业 4.0 和智慧城市等领域。5G 将推动工业 4.0 的发展,实现大规模设备互联和多业务融合,支持数十亿终端的连接,从而提升运营效率。此外,5G 技术的应用将在智慧城市的建设中发挥重要作用,通过提供实时监控,改善人们在衣食住行等各方面的生活品质,如图 8.13 所示。

图 8.13　5G 业务与三大标准场景的关系

8.4.1　云 VR/AR

虚拟现实(VR)通过计算机模拟生成一个三维空间的虚拟环境,为用户提供视觉、听觉、触觉等多感官的沉浸式体验,使用户能够在虚拟空间中进行实时且自由地观察和互动。增强现实(AR)则通过计算机技术将虚拟信息叠加到现实环境中,实现虚拟与现实的无缝融合,在同一画面或空间中同时展现真实环境与虚拟物体。

VR/AR 技术的未来演进可分为五个阶段,如图 8.14 所示:阶段 0/1 主要聚焦于操作模拟、指导、游戏、远程办公、零售和营销的可视化服务;阶段 2 则扩展至全息可视化的应用场景,特别是在公共安全领域的高度联网化 AR 应用;阶段 3/4 进一步发展至基于云的混合现实应用。这些技术的演进将使得 VR 与 AR 逐步融合,形成扩展现实。

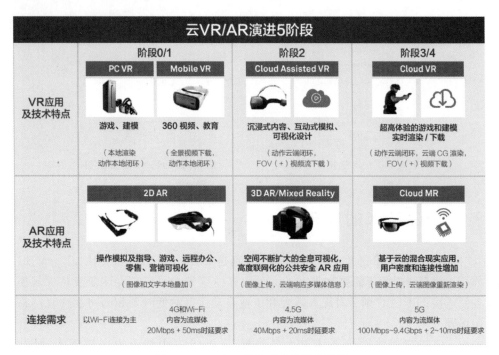

图 8.14　VR/AR 连接需求及演进阶段

实现真实的沉浸式 XR 体验需要多种技术的协同设计,集成了无线通信、计算、存储以及人类感官、认知和生理学等多个维度的需求。在 XR 应用中,用户的视觉、听觉、触觉、嗅觉、味觉甚至情感都会被调动起来,从而突破时间和空间的限制,用户能沉浸式地享受虚拟教育、虚拟旅游、虚拟运动、虚拟绘画等多样化的体验。这种深度的沉浸体验要求引入一种新的用户感知质量度量概念,与传统的服务质量和用户体验质量相结合,涵盖人类用户的物理和认知因素。影响用户感知质量的主要因素包括大脑认知、身体生理反应以及手势动作。

在用户终端方面,XR 体验将通过轻型眼镜实现,这类设备将具备高分辨率、快速帧率和宽动态范围的显示能力,能够将图像投射到用户眼中,并通过耳机和触觉接口为其他感官提供反馈。为了支持这些功能,终端设备需要集成成像设备、生物传感器、计算处理器以及用于定位服务和感知物理环境的无线技术。传感和成像设备能够捕捉真实的物理环境,而虚拟世界的保真度也将不断提高。由于沉浸式 XR 对终端的性能要求极高,新型 XR 终端不仅需要满足轻量化和高分辨率/高刷新率显示的要求,还需具备高保真定位音频和真实触感反馈能力,并在智能交互方面表现出色。然而,当前移动设备普遍缺乏独立的计算能力,必须依赖分布式计算来满足这些需求,这进一步突显了无线网络性能的重要性。

对于沉浸式 XR,将渲染任务完全置于终端设备上会导致极高的计算需求和能耗。因此,可以通过云端处理复杂的数据和渲染任务,提升模型的精细度,而终端仅负责视频流的采集和播放,这一模式被称为沉浸式云 XR。在这种情况下,对终端本身的硬件要求降低,但对网络带宽和时延的要求将进一步提升。

目前,支持 8K 显示的 AR 技术需要约 55.3Mbps 的带宽才能在移动设备上提供良好的用户体验,而 XR 技术则要求 0.44Gbps 的吞吐量。为了满足沉浸式环境中大规模低时延用户交互的需求,数据速率需要达到 Tbps 量级。随着人工智能和压缩感知技术的整合,6G 网络有望提供无缝且不间断的通信服务,从而提升 XR 技术的体验。

8.4.2 车联网 V2X

车辆对一切(Vehicle to Everything,V2X)技术,即车辆与外界的信息交互,代表了车联网的发展方向。车联网通过整合全球定位系统导航技术、车对车通信技术、无线通信以及远程感应技术,实现了手动驾驶与自动驾驶的兼容性。在 4G 时代,由中国主导的基于 LTE 蜂窝网络的 LTE-V2X 技术成为车联网发展的重要里程碑。该技术按照全球统一的体系架构、通信协议和数据交互标准,在车与车、车与路、车与人之间实现了实时通信,建立了数据共享的桥梁,从而推动了汽车流量的实时监控、车辆安全驾驶以及智能交通管理的实现。

LTE-V2X 由中国通信企业在 2013 年底提出,3GPP 的标准化工作启动于 2015 年 2 月,2017 年 3 月核心协议正式冻结。其中,华为、大唐是 LTE-V2X 主要的标准化主导者,也是 3GPP LTE-V2X 研究组和工作组的主要报告起草者。"中国制造 2025"智能汽车联网规划如图 8.15 所示。5G-V2X 完全自主的运输系统对可靠性和延迟的要求严苛,可靠性需要高于 99.999 99%,延退要低于 1ms。为了使车辆网络高效安全地运行,无线网络还需要提供超高的可靠性。自主车辆严重依赖基于极低延迟的连接及基于人工智能的技术来提供有效的路线规划和决策。在自主运输系统中,每一辆车都需要配备许多传感器,包括摄像机和激光扫描仪等。系统的算法必须快速融合多类数据,包括车辆周围环境、位置、其他车辆、人、动物、结构或可能导致碰撞或伤害的危险的信息,同时需要在短时间内快速决定如何控制车辆。

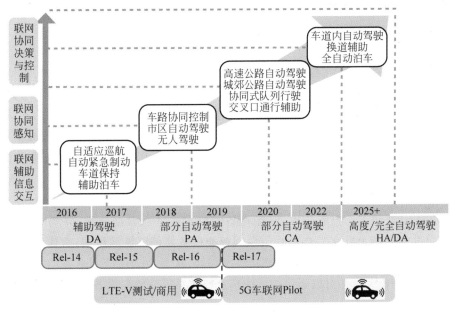

图 8.15 "中国制造 2025"智能汽车联网规划

时延、速率、可靠性以及通信距离是 5G-V2X 智能车联网中需要考虑的重要指标。5G-V2X 业务场景对通信的要求如表 8.3 所示。

表 8.3　5G-V2X 业务场景对通信的要求

业务场景	通信时延/ms	数据速率/Mbps	通信距离/m	通信可靠性
车辆编队	10~25	10.12~65	80~350	90%~99.99%
扩展传感器	3~100	10~53	360~700	90%~99.999%
先进驾驶	3~100	10~1000	50~1000	90%~99.999%
远程驾驶	5	上行 25,下行 1	无限制	99.999%

8.4.3　工业 4.0

伴随国家级战略如"一带一路"和"中国制造 2025"的实施,未来 15 年内,工业制造将成为中国经济的重要支柱产业。预计到 2030 年,智慧工厂将在中国全面实现,其核心之一便是精准工业控制。"精准"意味着机器作业需具备高度的确定性和实时性,这离不开对大量信息的精确采集和处理。在智能工厂中,数字化机床、高速智能机器人、高精度机械臂等设备将被广泛应用,而 5G 技术将为这些工业控制终端提供敏捷且确定性的通信支持。

图 8.16　精准工业制造的示例

未来精准工业控制的关键在于控制信息能否可靠且精确地传递至作业终端,以及生产信息能否实现实时在线处理。例如,在全自动化生产线上,机械臂和监控机器人将进行高精度的生产作业,如汽车制造、精密零件制造和 3D 扫描等。这些自动化设备接收的控制信息须具备超高可靠性和超低时延,要求误码率不超过十亿分之一,时延低至 0.1ms,并且抖动控制在 $10\mu s$ 以内,设备间的同步精度须达 $1\mu s$ 以内。要满足这些严苛的需求,只有 6G 网络能够在非有线环境中保障如此高精度的作业,从而助力智能制造的实现。精准工业制造的示例如图 8.16 所示。

理想的工业 4.0+ 不仅依赖大量的数据采集,还需要 6G 网络的超高带宽、超低时延和超高可靠性,以实时监测工厂内的车间、机床和零部件的运行状态。随着工业服务的数字化和自动化不断发展,对网络的延迟要求也越来越高。为提高未来工业自动化的质量和成本效益,每个传感器、执行器、网络物理系统和机器人都需在数毫秒的精度内完成指令执行。然而,由于工业机器人和传感器生成的数据量巨大,仅依赖中心云进行数据处理已不再是最优解决方案。因此,工业 4.0+ 中的所有终端将能够实现去中心化的数据交互,而无须经过云中心处理,从而提升生产效率。

借助边缘计算和人工智能技术,终端设备可以直接进行数据监测,并实时执行控制命令。基于先进的 6G 网络,工厂内的任何联网智能设备都可以灵活组网,智能装备的组合同样可以根据生产线的需求进行灵活调整和快速部署,从而主动适应制造业的个性化和定制化趋势。此外,操作人员还可以通过 VR 或全息通信来远程监控设备,并通过触觉网络进行操作和控制。

在 Beyond 5G 时代的工业 4.0+ 中,通信、计算、缓存、控制和智能将得到联合优化。预计将需要超过 24Gbps 的数据传输速率、$10~100\mu s$ 的端到端延迟,以及每平方千米超过 1.25 亿台设备的覆盖率。无线能量传输、能量收集和反向散射通信技术将为能量受限的传感器和机器人提供可持续的解决方案。此外,Sub-6 GHz通信、机器学习、区块链、集群无人机、3D网络与可见光通信等新兴技术也将进一步推动工业4.0＋的发展。

8.4.4　智慧城市

智慧城市通过信息和通信技术的应用,实现对城市核心系统各项关键信息的感知、分析与整合,从而对民生、环保、公共安全、城市服务等多种需求做出智能化响应。其核心在于利用边缘计算、网络切片等先进技术,将整个城市网络化,推动城市统一管理与智慧化运行,最终为城市居民创造更美好的生活环境,促进城市的和谐与可持续发展。随着人类社会的不断发展,未来城市将承载日益增长的人口压力。5G时代的到来,为智慧城市的建设提供了强大的技术支撑,目标在于实现万物互联,并在大规模物联网领域中提升网络容量和连接密度。5G技术的应用将实现每平方千米内百万级个终端的连接,增强人与机器、机器与机器之间的连接能力。

5G网络以高优先级接入为标准,提供安全、可靠且具有弹性的宽带网络服务。这种服务能够支持多渠道的大规模连接,确保实时信息来源(如监控摄像头、无人机、传感器等)的高效传输,并通过实时计算与分析缩短反应时间,提升识别准确度。此举不仅保障了公共安全网络的稳定连接,还支持了它与其他商业网络的互联,智慧城市如图8.17所示。

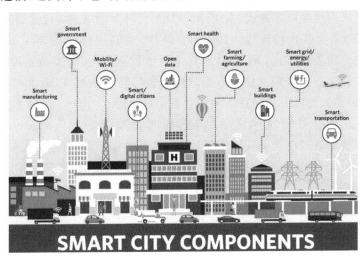

图8.17　智慧城市

智慧城市是5G技术的典型应用场景,5G将成为新型智慧城市运转中不可或缺的要素。作为建设智慧城市的重要技术工具,5G不仅推动了城市应用的技术创新,还进一步丰富了智慧城市的内涵。5G作为支撑社会态势感知能力的基础设施,提供了畅通沟通渠道的技术途径。在5G时代,互联网将更多地以物联网的形式存在,从而实现城市各要素的深度融合。

智慧城市的建设是转变城市发展模式、提升城市发展质量的客观要求。通过智慧城市的建设,可以及时传递、整合、交流并利用涵盖城市经济、文化、公共资源、管理服务、市民生活和生态环境等各领域的信息。智慧城市的建设将使城市发展更加全面、协调和可持续,同时改善城市生活的健康性、和谐性与美好程度。通过5G技术的赋能,智慧城市能够更好地适应未来发展的需求,为市民提供更高质量的生活环境。

8.5 B5G 技术展望

本节将对 Beyond 5G(B5G)移动通信中的潜在关键技术进行探讨。B5G 旨在打破现有 eMBB、uRLLC 和 mMTC 单一业务模型的局限,实现跨场景、多维度的融合。通过创新, B5G 在能力增强、边界延伸和效率提升三方面进行创新迭代。将从各项技术的特征出发, 逐一分析 B5G 的优点、局限性、应用前景以及未来可能的适用场景。

首先介绍在现有基础上进一步增强性能的关键技术,包括同频同时全双工技术、非正交 多址技术和智能超表面技术。这些技术的引入旨在提高通信系统的性能和容量。其次探讨 对现有技术进行边界扩展的创新技术,如通信感知一体化、智能全息无线电以及空天地一体 化组网技术。这些技术通过多项融合,旨在拓展通信网络的覆盖范围和应用场景,为未来通 信系统提供更广泛的支持。此外,用于提升运营效率和设备硬件效率的能源空口技术虽未 详细讨论,但它在 B5G 中的应用前景同样值得关注。

8.5.1 同频同时全双工技术

双工技术指的是终端与网络间实现上下行链路协同工作的模式。在当前的 2G、3G 和 4G 网络中,主要采用两种双工方式:FDD 和 TDD,且每个网络通常仅采用其中一种双工模 式。FDD 和 TDD 各有其独特优势。具体而言,FDD 在高速移动场景、广域连续组网以及 上下行干扰控制方面表现出色,而 TDD 则在非对称数据应用、突发数据传输、频率资源配 置以及信道互易性对新技术的支持等方面具有明显优势。然而,FDD 和 TDD 都基于半双 工传输模式,这种模式的固有缺陷在于频谱效率相对较低。

作为 B5G 潜在的关键技术之一,同频同时全双工(Co-Frequency Co-Time Full Duplex,CCFD)技术通过在同一频段内同时建立两条数据链路,有望提高频谱利用率,并有 效降低端到端时延。在 CCFD 通信系统中,本地收发机与远端收发机在相同频段内同时工 作,由于本地收发天线间距较短,导致在时域和频域内,远端发射的期望信号易被本地发射 的高功率信号覆盖。这种情况下,本地发射的信号会在全双工接收机中产生自干扰(Self-Interference,SI)。因此,全双工通信系统的核心挑战在于如何有效抑制本地接收机中的自 干扰信号。如果自干扰能够被完全消除,则系统容量理论上可提升一倍。图 8.18 展示了 CCFD 无线通信系统模型,其中本地发射机的信号经过直射和反射路径形成复杂的自干扰 信号,并进入本地接收机。由于自干扰信号与远端发射的期望信号在时域和频域上完全重 合,这两种信号将混合后共同进入本地接收机,造成信号处理的挑战。

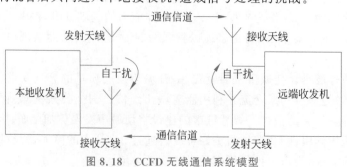

图 8.18 CCFD 无线通信系统模型

本地接收信号主要由 3 部分构成,分别为本地发射信号经过多径自干扰信道到达本地接收机端的自干扰信号、远端发射信号经过多径信道到达本地接收机端的期望信号以及来自本地和远端发射机及信道环境中的白噪声,则本地接收机的接收信号为

$$R(t) = X(t) + X_s(t) + N(t) \tag{8.5}$$

式中,$X(t)$ 为本地接收机接收的远端发射的期望信号;$X_s(t)$ 为本地接收机接收的本地发射机发射的自干扰信号;$N(t)$ 是以白噪声为模型的各种噪声的总和。

设 A 和 B 两个节点间进行数据通信,A 有数据发送给 B,B 也有数据发送给 A。两节点采用 FDD、TDD、CCFD 3 种双工机制进行数据传输时,可以通过对比频带资源和时间资源的消耗来评估性能,如图 8.19 所示。

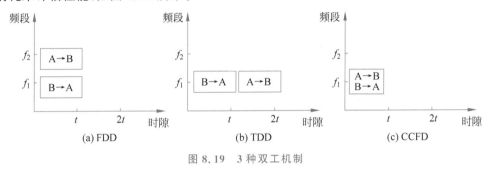

图 8.19　3 种双工机制

1) CCFD 与 FDD

在 FDD 模式下,为了同时实现两个数据包在两个方向上的传输,需要两个频带资源:频带 f_1 用于 B 向 A 发送数据,频带 f_2 用于 A 向 B 发送数据。这两个频带是相互隔离且正交的,因此接收时两个数据包可以被分离出来。在这种情况下,传输这两个数据包所需的时间为一个时隙 t。然而,在 CCFD 模式中,两个数据传输同样消耗一个时隙 t,但仅使用了一个频带 f_1。因此,CCFD 模式在提高频带利用率的同时,也提升了系统的吞吐量。

此外,由于 FDD 模式使用了两个正交的频带,其他节点也可能收到这两个数据包的混合信号,并从中分离出有用信息,这可能导致通信信息的泄露。而 CCFD 模式使用同一个频带,只有发送节点能够通过自干扰消除技术从混合信号中分离出有用信息,其他节点则无法解析出任何信息。因此,CCFD 模式有效地避免了信息泄露,提升了通信的安全性。

2) CCFD 与 TDD

在 TDD 模式中,尽管两个数据包的传输仅使用了一个频带 f_1,但为此付出了时间代价,即发送两个数据包所消耗的时间是使用 CCFD 模式的两倍。相比之下,CCFD 模式不仅提高了系统吞吐量,还缩短了传输时延。此外,与 FDD 模式类似,TDD 模式在安全性方面依然不如 CCFD 模式。

8.5.2　非正交多址技术

回顾移动通信网络中多址接入技术的发展历程,可以清晰地看到一条不断演进的脉络。从 1G 到 4G,FDMA、TDMA、码分多址(Code Division Multiple Access, CDMA)以及正交频分多址(Orthogonal Frequency Division Multiple Access, OFDMA)依次成为各个时代的核心多址接入技术。尽管这些技术随着时代的发展不断演进,但都属于正交多址接入(Orthogonal Multiple Access,OMA)技术的范畴。

在蜂窝通信系统中,上下行传输并非简单的点对点信道。上行传输是多点发送、单点接收,下行传输则是单点发送、多点接收。因此,实际应用中,上下行信道均为多用户信道,其信道容量不同于单用户点对点信道。根据多用户信息理论,非正交传输技术可以更接近上下行多用户信道容量的极限,而正交传输技术的性能则次于非正交传输技术。OMA 的设计初衷是让每个用户独占所分配的信道资源,理论上避免了用户间的多址干扰,因此信道可以被划分为多个相互独立的正交子信道。然而,OMA 技术的频谱效率和系统容量受到这些独立子信道数量的限制。

进入 B5G 时代,面对 eMBB 场景下对系统吞吐量和峰值速率的更高要求,mMTC 场景下对连接数量的激增需求,以及 uRLLC 场景在端到端时延方面的严苛指标,单一依赖 OMA 技术已难以满足需求。因此,非正交多址接入(Non-Orthogonal Multiple Access,NOMA)技术成为 B5G 空口设计中的一大创新方向。NOMA 的核心思想是在 OMA 划分的正交时域、频域或码域资源上复用多个用户,实现单个自由度上的过载,从而突破传统 OMA 的频谱效率限制。

当前,NOMA 技术的候选方案主要分为功率域和码域两个维度,包括基于功率域的非正交多址接入、基于波束分割的多址接入、多用户共享多址接入、稀疏码多址接入以及基于图样分割的多址接入等。与码域 NOMA 相比,功率域 NOMA 的实现相对简单,接入现有网络时不需要进行大规模改动,也无须额外的带宽来提高频谱效率。以下将介绍功率域 NOMA 的基本原理。

在功率域 NOMA 技术中,发送端采用功率域叠加编码(Superposition Coding,SC),主动引入干扰信息,而接收端则通过串行干扰消除(Successive Interference Cancellation,SIC)技术实现正确解调。这是一种公认能够逼近高斯标量信道容量的 NOMA 接入方案。以图 8.20 所示的下行两用户 NOMA 方案为例,与之对比的还有相应的 OMA 方案。在 NOMA 方案中,基站向两个用户发送的叠加信号表示如下:

$$x = \sqrt{1-\alpha}\,x_1 + \sqrt{\alpha}\,x_2 \tag{8.6}$$

式中,α 表示功率分配因子;x_1 和 x_2 分别表示两用户各自的期望信号。

在 NOMA 技术中,发送端对多个用户的信号进行叠加编码,这导致接收端接收的信号中包含其他用户信号的干扰。为了解码期望信号,接收端采用 SIC 技术对叠加信号逐步进行解码、重构和干扰消除,直至成功译码出期望信号。具体而言,如图 8.20 所示,当用户 2(U_2)的信道条件优于用户 1(U_1)时,用户 2 的解码策略是先解码用户 1 的数据,然后从接收信号中消除用户 1 的信号,再解码自身的数据(用户 2 的数据)。同时,用户 1 则直接进行解调译码,获取其对应的信号 x_1。

研究表明,当两个用户的信道质量存在差异时,NOMA 方案可以实现优于正交传输的传输速率,即 $|h_2| > |h_1|$,特别是,当用户 2 的信道条件明显优于用户 1 时,NOMA 的叠加传输相对于正交传输的优势将更加明显。究其原因,在 NOMA 中,同一频率资源同时分配给具有不同信道条件的多个用户,弱信道条件用户的资源也被强信道条件用户使用。通过接收端的 SIC 过程,强用户能够有效减轻甚至完全消除来自弱用户的干扰,从而提升传输效率。然而,NOMA 的性能提升是以接收机复杂度增大和能量消耗为代价的。因此,设计更高效的干扰消除、功率分配和用户配对方案对于进一步改善频谱效率和提升系统吞吐量具有重要意义。

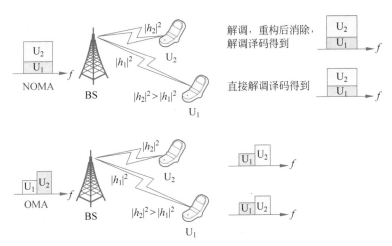

图 8.20 下行 NOMA 与 OMA 方案

8.5.3 智能超表面

RIS 作为电磁超材料的一种二维实现,具备通过可编程方式动态调整入射电磁波信号的幅度和相位的能力。这赋予了 RIS 独特的电磁波调控能力,使其能够影响电磁波的折射、反射和透射等特性,最终实现对无线信道的调控目标。换言之,RIS 的"智能反射"特性使得电磁波信号的无线传播环境变得智能可控,克服了传统无线通信系统中只能被动适应信道的局限性。与固定参数的微波反射面等装置不同,RIS 通过动态调整被动反射源节点信号的方式工作,无须通过射频发射单元消耗功率来进行信号放大或再生。作为超材料与通信领域的交叉研究热点,RIS 在物理学与信息科学之间架起了桥梁,其独特的电磁波智能调控方式为新型调制硬件范式与智能无线环境的构建提供了无限可能。

RIS 的应用场景广泛,包括非视距场景的增强、解决局部覆盖盲区、提升边缘用户的传输性能、减小电磁波污染、实现安全通信、高精度定位以及通信感知一体化等。为了充分发挥 RIS 在通信系统中的潜力,真实的信道测量、通信性能分析、精确的信道估计、灵活的波束成形设计以及人工智能驱动的优化设计至关重要。图 8.21 考虑了一个三节点通信系统,该系统由一个发射机、一个接收机和具有大规模电磁单元的 RIS 组成。尽管 RIS 具备巨大的应用前景,但在实际应用中仍然面临诸多挑战,如信道估计的复杂性、反射面反射因子的设计优化以及基带处理算法的高效性等,这些问题的解决对于 RIS 技术的广泛应用至关重要。

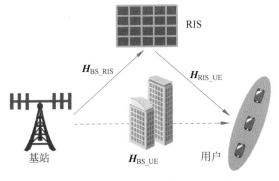

图 8.21 智能超表面辅助的通信系统模型

该传输模型通常采用两路信号叠加的建模方式，其中一路信号经直连信道 H_{BS_UE} 直接到达用户，另一路经信道 H_{BS_RIS} 到达 RIS 表面，通过 RIS 反射/透射再经信道 H_{RIS_UE} 到达用户，此时接收信号 y 可以表示为

$$y = (H_{BS\_UE} + H_{RIS\_UE}\boldsymbol{\Phi}H_{BS\_RIS})x + n \tag{8.7}$$

式中，$\boldsymbol{\Phi} = \mathrm{diag}\{\xi_1 e^{j\alpha_1}, \xi_2 e^{j\alpha_2}, \cdots, \xi_M e^{j\alpha_M}\}$ 为一对角矩阵，表征 RIS 对入射电磁波的幅度和相位调整，其中 $\xi_m \in [0,1]$，$\alpha_m \in [0,2\pi]$ 表示 RIS 反射面第 m 个电磁波单元的反射系数及相移；n 为高斯白噪声。传输中历经的信道可以建模为莱斯信道，以 H_{BS_UE} 为例，可建模为如下形式：

$$H_{BS\_UE} = \sqrt{\frac{\kappa_{BS\_UE}}{\kappa_{BS\_UE}+1}}\overline{H}_{BS\_UE} + \sqrt{\frac{1}{\kappa_{BS\_UE}}}R_{BS\_UE}^{1/2}\widetilde{H}_{BS\_UE} \tag{8.8}$$

式中，κ_{BS_UE} 为基站和用户之间信道的莱斯因子；$\overline{H}_{BS\_UE}$ 为确定性的视距信道；$\widetilde{H}_{BS\_UE}$ 为非视距信道；R_{BS_UE} 为非视距径的空间相关性矩阵，当各非视距径不具备空间相关性时，R_{BS_UE} 可视为单位矩阵。

一种可能的优化机制为设计 RIS 的相移矩阵使得 RIS 的反射信号在用户端同相叠加，优化用户端接收的信噪比，从而提高系统的传输速率。类似地，该模型可推广至多基站、多RIS 的场景中。得益于 RIS 提供的信道自由度，根据场景的需求，未来需要定制设计 RIS 调控矩阵，能够进一步实现多种场景下传输性能的提升。

8.5.4　通信感知一体化

ISAC 是通过空口及协议的联合设计、资源复用、硬件设备共享等手段，将通信和感知两个功能融合于一体的技术。ISAC 使得无线网络不仅能够进行高质量的通信交互，还能实现高精度、精细化的感知功能，从而提升网络整体性能和业务能力。

在 ISAC 技术中，感知能力主要集中在对无线信号的感知上。通过分析无线电波的直射、反射和散射信号，可以获取目标对象或环境的信息（如属性和状态），从而完成定位、测距、测速、成像、检测、识别和环境重构等功能，实现对物理世界的深度感知与探索。根据无线感知方式，感知可以分为主动式/被动式与交互式/非交互式两个维度。

（1）被动感知：感知者（如网络侧或终端）通过获取目标对象发射的电磁波（如太赫兹波）或反射自感知者和目标对象之外的电磁波进行感知。这种方式类似射电天文中的无源成像类感知技术。

（2）主动感知：感知者通过发送电磁波，接收目标对象反射回的回波信号来进行感知。例如雷达技术中发射探测信号并接收反射波的方式。感知节点可以是发送探测信号的节点，也可以通过多个节点间的联合处理实现。

（3）交互感知：感知者与目标对象之间通过信息交互来约定电磁波的发送主体、时间、频率和格式等参数。这可以通过实时握手交互或者标准规范的事先约定来实现。现有通信系统中的定位方式可以视为交互感知的应用。

（4）非交互感知：感知者（网络侧或终端）与目标对象之间不进行信息交互。

根据以上两种维度，实际的感知方式可以是主动-交互式、主动-非交互式、被动-交互式与被动-非交互式的。

　　ISAC 的核心设计理念是让无线通信和无线感知在同一系统中实现功能互惠互利,见图 8.22。感知不再仅仅是通信网络的优化或辅助工具,而是 B5G 网络中的原生能力,与通信能力共生共长,并为 B5G 开辟新的应用前景。一方面,通信系统可以利用相同的频谱资源,甚至复用硬件或信号处理模块来完成多种类型的感知服务。另一方面,感知结果可以用于辅助通信接入或管理,从而提高服务质量和通信效率。展望 2030 年的信息社会,ISAC 将成为 B5G 网络的基础性核心技术,有力支撑以万物智联、通感共生、虚实交融为特征的新型信息基础设施的加速构建。

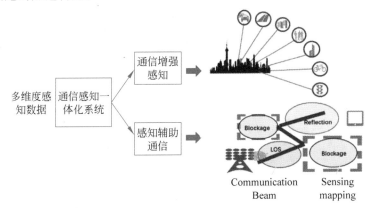

图 8.22　通信感知一体化范畴

8.5.5　空天地海一体化组网技术

　　空天地海一体化通信的目标是扩展通信的覆盖广度和深度,实现全球无缝连接。这一网络体系在传统蜂窝网络的基础上,深度融合了卫星通信和深海远洋通信(水下通信),形成覆盖太空、空中、陆地、海洋等自然空间的综合通信网络。空天地海一体化网络是以地面网络为基础、以空间网络为延伸,构建了覆盖多维空间的通信基础设施。该网络能够为天基(卫星通信网络)、空基(如飞机、热气球、无人机等通信网络)、陆基(地面蜂窝网络)以及海基(海洋水下无线通信及近海沿岸无线网络)用户提供稳定的信息保障。这种全方位的覆盖能力,使得通信网络不仅能够满足传统的陆地需求,还能够适应海洋和空间场景的复杂要求。

　　6G 网络的愿景是实现全覆盖、全频段和全业务,其中全覆盖指的是提供全球无缝覆盖,利用所有可用的无线频谱,支持各种无线接入技术,确保在任何地点都能够提供稳定的连接服务。然而,由于无线频谱的限制、服务的地理区域范围和运营成本等问题,传统的陆地蜂窝移动通信系统难以真正实现无处不在、高质量、随时随地的高可靠性服务。因此,开发空天地海一体化网络以实现全球连接已成为 6G 时代的迫切需求。空天地海一体化通信网络的建设不仅是 6G 实现全覆盖目标的重要途径,也是应对未来通信需求的重要手段。通过将地面网络与卫星通信和海洋通信深度融合,这一网络能够有效覆盖太空、空中、陆地、海洋等各类自然空间,为多种场景下的用户提供一致的通信服务保障。如图 8.23 所示,空天地海一体化通信系统为天基、空基、陆基和海基用户提供了全面的通信支持,使得全球无缝覆盖的愿景得以实现。

　　与传统蜂窝移动通信网络不同,空天地海一体化通信网络采用分层异构的系统架构。该网络通过多层次的网络组件协同工作,实现了全球范围的无缝覆盖和服务优化。其中,陆地网络提供了基本的通信覆盖,承担着大多数用户的通信需求。然而,陆地网络的覆盖范围在某些偏远地区、灾难场景、危险区域以及公海等地可能受到限制或无法覆盖。此时,卫星

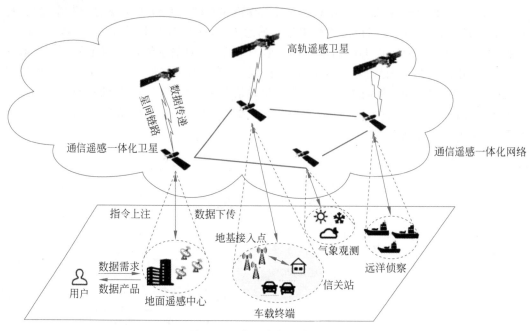

图 8.23　空天地海一体化通信

网络作为陆地网络的重要补充,可以有效填补这些空白区域,确保在地面网络不足时仍然能够提供稳定的通信服务。此外,无人机能够通过高度动态地部署卸载陆地网络的数据流量,特别是在局部热点区域内,无人机的介入可提升服务质量。无人机还可以与卫星一起,利用携带的遥感技术,支持各类监测数据的可靠获取。这些数据对陆地网络的资源管理和规划决策具有重要的支持作用。与此同时,海洋通信网络的构建使得在广袤的海域和深海区域内的通信业务成为可能。海洋通信网络不仅满足了海上通信的需求,还能够支持远洋和深海的科学研究、资源开发以及安全监控等任务。通过空天地海一体化通信的分层异构架构,全球不同区域的通信需求得到了有效保障,实现了从地面到太空、从陆地到海洋的全方位覆盖。

8.6　本章小结

　　本章对 5G 及 B5G 关键技术进行了全面探讨,深入分析了其概念、愿景及应用需求。首先,概述了 5G 的典型应用场景、关键性能指标和频谱规划,明确了 5G 时代的整体愿景和技术发展方向;接着,详细探讨了 5G NR 系统物理层的关键技术,涵盖了 NR 的帧结构、大规模 MIMO 技术以及毫米波技术,这些技术的引入与创新,使 5G 网络在频谱效率、传输速率和覆盖范围等方面得到了提升;分析了基于服务的 5G 网络架构和 5G 网络部署策略,探讨了如何通过灵活、可扩展的架构设计,来满足多样化的业务需求和场景应用;此外,还介绍了 5G 技术的应用场景,包括云 VR/AR、车联网 V2X、工业 4.0 以及智慧城市,这些新兴应用场景表明,5G 技术不仅是通信网络的演进,更是推动各行各业数字化转型的重要支撑;最后,对 B5G 技术进行了展望,重点介绍了同频同时全双工技术、非正交多址技术、智能超表面、通信感知一体化等关键技术,通过这些技术的持续发展与演进,B5G 网络将进一步实现全方位的覆盖与应用场景的拓展,为未来的网络通信提供更加广阔的发展空间。

第9章

CHAPTER 9

无线通信系统开发平台及实验教程

《现代无线通信——理论、技术与应用》是通信工程专业本科和研究生阶段最重要的专业核心课之一,该课程不仅阐述了移动通信的基本知识,包括无线信道特性、常见调制解调技术、正交频分复用技术等,还介绍了最新的无线通信新趋势,包括大规模 MIMO、5G/B5G、可重构智能超表面等领域的最新进展,为学生紧跟通信前沿技术的同时进行科技创新提供必要保障。《现代无线通信——理论、技术与应用》课程的内涵是通过课堂教学、综合实验和课程设计环节,使学生建立信号传输时域-复频域转换的概念,牢固掌握无线通信技术和系统的基本框架,提升学生对无线通信系统建模、问题分析、射频仿真、研发设计的系统性思维和能力。为了紧跟通信技术快速变革的发展脚步,顺应国内教学改革的深入,迫切需要在通信原理授课中引入更为先进灵活的教学平台。

《现代无线通信——理论、技术与应用》配套的教学实验内容中,注重通信系统原型设计,而非实际电路设计与制作。因此,鉴于当今的工程实际和课程本身的要求,将软件无线电技术应用于《现代无线通信——理论、技术与应用》实验教学是非常适合的。这样可以在紧扣现代移动通信基础课程内容的前提下,串联无线通信系统从理论分析到实际工程系统实验的全过程,指导学生真正意义上完成无线通信系统的搭建,加强学生对无线通信基本原理及工程应用全面而深刻的理解。

9.1 XSRP 软件无线电设备

可扩展的软件无线电平台(eXtensible Software Radio Platform,XSRP)采用现场可编程门阵列(Field Programmable Gate Array,FPGA)、数字信号处理器(Digital Signal Processing,DSP)以及射频收发器的软件无线电架构,通过标准的千兆以太网接口和计算机通信,计算机上的应用程序不需要单独的驱动,可以直接通过网口和 XSRP 设备进行数据交互。

XSRP 软件无线电平台定位于实验教学,在架构上更加灵活,既有通用软件无线电平台所具有的 FPGA 和射频收发,也有专为教学而设计的 DSP、ADC、DAC 等基带处理单元,可以将基带数据转换后输出到示波器上,通过示波器观测实验过程和实验结果数据,更加直观,更便于学生理解。

XSRP 软件无线电平台采用射频捷变收发器,能够实现 70MHz~6GHz 射频信号的发射与接收(可支持 2 发 2 收),信道带宽可调(200kHz~56MHz),支持 FDD 和 TDD 两种双工模式。

XSRP 软件无线电平台通过创新设计,将集成开发软件、软件无线电平台硬件、示波器等有机结合,以软硬结合、虚实结合的方式,构建了从基础实验到综合设计的立体实验体系,主要面向电子信息类专业的专业课程实验以及各类综合设计。

XSRP 软件无线电平台将软件无线电技术应用到通信原理、移动通信、数字信号处理、无线通信、软件无线电、5G 移动通信等课程的实验教学,以及课程设计、综合设计、专业设计、创新开发等综合应用环节,通过可升级、可替换的软件和可编程的硬件,构建多种无线通信系统,可以为高校提供一个功能强大、软硬件开放、案例丰富的多功能实验教学平台。

XSRP 软件无线电平台由数字基带部分、宽带射频部分、集成开发软件等部分组成,如图 9.1 所示。

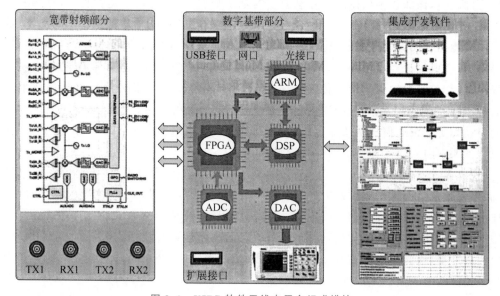

图 9.1　XSRP 软件无线电平台组成模块

9.1.1　数字基带部分

XSRP 软件无线电平台的数字基带部分由 FPGA 单元、DSP 单元、ARM 单元、ADC 单元、DAC 单元、时钟单元、扩展接口单元等组成,各单元的主要组成、技术参数和功能如下。

（1）FPGA 单元:采用 Intel/Altera 公司的 Cyclone IV GX 系列 EP4CGX75,包括 73920LE、4620 LAB,数据速率为 3.125Gbps,最大工作频率为 200MHz。FPGA 是整个数字基带部分的核心,主要实现数据转发、算法实现、上下位机通信等功能。

（2）DSP 单元:采用 TI 公司的 TMS320VC5416,具有 3 个独立的 16 位数据存储器总线和一个程序存储器总线,40 位算术逻辑单元（ALU）包括一个 40 位桶形移位器和两个独立的 40 位累加器,17×17 位并行乘法器耦合到一个 40 位专用加法器上,用于非流水线单周期乘法/累积（MAC）操作,2.048×10 位片上 RAM,2.56×10 位片上 ROM,1.28×10 位最大可寻址外部程序空间。DSP 主要完成数字信号处理课程实验、移动通信协议栈算法处理,以及复杂的数字信号处理算法。DSP 的外围分别连接到 ARM 和 FPGA。

（3）ARM 单元：采用 NXP 公司 LPC2138，包括 32kB RAM，512kB 闪存，两个 8 位 ADC，一个 10 位 DAC。ARM 主要实现与集成开发软件通信，通过集成开发软件对射频参数进行配置。

（4）ADC 单元：采用 ADI 公司 AD9201，双通道、10 位、20MSPS。主要作扩展使用，可以外接信号输入。

（5）DAC 单元：采用 ADI 公司 AD9761，双通道、10 位、40MSPS。主要实现数/模转换，数据来自 FPGA，转换后可以输出到示波器上。

（6）时钟单元：为各模块提供工作时钟，默认为 26MHz。

（7）扩展接口单元：包括 FPGA/DSP 下载接口、通用型输入输出（General-PurposeInput/Output，GPIO）接口、光接口、网口、射频接口、内部参考时钟输出接口、内部同步信号输出接口、外部参考时钟输入接口、外部同步信号输入接口、DAC 通道输出接口、ADC 通道输入接口。

9.1.2 宽带射频部分

XSRP 软件无线电平台的宽带射频部分采用 Analog Devices 公司的 AD9361，支持 2 发 2 收，实现了一个 2×2 MIMO。

AD9361 是一款面向 3G 和 4G 基站应用的高性能、高集成度的射频捷变收发器（RFAgile Transceiver），工作频率范围为 70MHz～6.0GHz，支持的通道带宽范围为 200kHz～56MHz。该器件融射频前端与灵活的混合信号基带部分为一体，集成频率合成器，为处理器提供可配置数字接口，支持 FDD 和 TDD 模式。

AD9361 的每个接收子系统都拥有独立的自动增益控制（Automatic Gain Control，AGC）、直流失调校正、正交校正和数字滤波功能，从而消除了在数字基带中提供这些功能的必要性。AD9361 还拥有灵活的手动增益模式，支持外部控制。每个接收通道搭载两个高动态范围 ADC，先将收到的 I 路信号和 Q 路信号进行数字化处理，然后将其通过可配置抽取滤波器和 128 抽头有限脉冲响应（Finite Impulse Response，FIR）滤波器，对结果以相应的采样率生成 12 位输出信号。

AD9361 的发射器含有两个独立控制的通道 I 和 Q，每个通道含有两个输出通道 TX（A、B），通道提供了所需的数字处理、混合信号和射频模块，能够形成一个直接变频系统，同时共用一个通用型频率合成器。从基带处理器接收的数据进入 FIR 滤波器，经该滤波器后发送到插值滤波器中，实现细致的滤波和数据速率插值处理，然后进入 DAC，每个 DAC 都拥有可调的采样速率，最后信号通过通道 I、Q 进入射频模块进行上变频。

9.1.3 集成开发软件

XSRP 软件无线电平台为了更好地配合实验教学，开发了专门的集成开发软件，集上下位机通信、射频参数配置、网络参数配置、FPGA 参数配置、硬件参数配置、虚拟仿真、波形输出、软件编程等功能于一体，界面友好、直观形象、操作方便。软件按照实验课程、主要章节、实验项目的顺序，以三级目录树形式展现，单击相应实验项目，即可进入实验界面。软件可直接调用 MATLAB 编写程序，并提供了硬件接口函数，方便使用。

9.2 衰落信道实验

9.2.1 实验目的

衰落信道实验的目的如下：

(1) 掌握衰落信道的原理和实现方法；

(2) 掌握衰落信道软件仿真的原理和使用方法；

(3) 掌握基于 XSRP 软件无线电创新开发平台实现衰落信道的原理和方法。

9.2.2 实验设备

衰落信道实验的设备如下：

(1) 硬件平台包括 XSRP 软件无线电创新开发平台、计算机、数字示波器；

(2) 软件平台包括 XSRP 软件无线电创新开发平台集成开发软件、LabVIEW2015、MATLAB2012b。

整体实验环境如图 9.2 所示。

图 9.2 实验环境

9.2.3 实验步骤

1. 实验准备

1) 硬件环境准备

(1) 检查 XSRP 软件无线电创新开发平台是否正确连接了电源线、天线(2 根白色天线)、USB 转串口线(在机箱的背部)、网线(确保连接的计算机是千兆网卡)和红色 U 盘(破解加密狗)。

(2) 打开 XSRP 软件无线电创新开发平台电源开关 POWER,对应指示灯亮,且信号指示灯交替闪烁,表明设备工作正常。

2) 软件环境准备

(1) 打开计算机的"设备管理器",查看"端口(COM 和 LPT)"下面是否新增了除 COM1 以外的 COM 端口,如果没有,则表明驱动程序没有安装或没有安装成功,需重新安装,直至端口(COM 和 LPT)下有新增端口。

(2) 更改计算机的 IP 地址为 192.168.1.180。XSRP 软件无线电创新开发平台的 IP

地址默认为 162.168.1.166。

（3）双击打开 XSRP 软件无线电创新开发平台的集成开发软件，启动后会提示硬件加载的过程，如果都显示"Successful"，如图 9.3 所示，则表明设备通信正常。

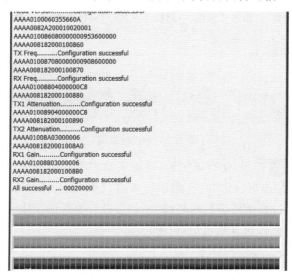

图 9.3　硬件加载成功

软件启动后，观察右上角，如果"ARM 状态"和"FPGA 状态"都亮绿色指示灯，则表明硬件和软件都正常，只有一个指示灯亮或者两个都不亮，则表明设备工作不正常，需要排除问题后再做实验。

2. 实验基本操作

步骤 1　打开 XSRP 软件无线电创新开发平台集成开发软件并找到所做实验的实验位置

打开 XSRP 软件无线电创新开发平台集成开发软件，在程序界面左侧的实验目录中，找到"2　移动通信/2.4　信道模拟/2.4.1　衰落信道"，如图 9.4 所示。双击"2.4.1　衰落信道"打开实验界面。

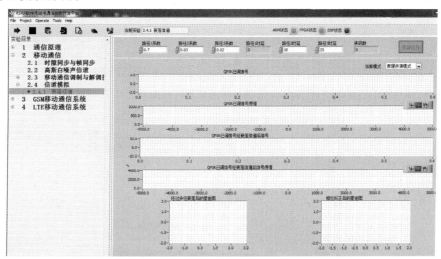

图 9.4　XSRP 创新开发平台实验界面

步骤 2　配置第一种情况下的路径参数和路径时延,观测并记录波形

按表 9.1 所示情况 1 的参数进行配置,如图 9.5 所示。

表 9.1　情况 1 参数

	路径 1 系数	路径 2 系数	路径 3 系数	路径 1 时延	路径 2 时延	路径 3 时延
情况 1	0.1	0.05	0.01	0	0	0

图 9.5　参数配置图

单击开始仿真  按钮,运行该实验,可得实验波形如图 9.6～图 9.11 所示,观察波形并将 QPSK 已调信号波形、QPSK 已调信号频谱、QPSK 已调信号经过衰落信道后的波形、QPSK 已调信号经过衰落信道后的频谱、经过多径衰落后的星座图和相位纠正后的星座图记录在“1、情况 1 的软件仿真结果记录”中。

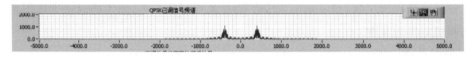

图 9.6　QPSK 已调信号波形

图 9.7　QPSK 已调信号频谱

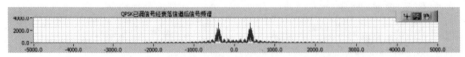

图 9.8　QPSK 已调信号经过衰落信道后的波形

图 9.9　QPSK 已调信号经过衰落信道后的频谱

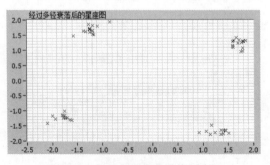

图 9.10　经过多径衰落后的星座图

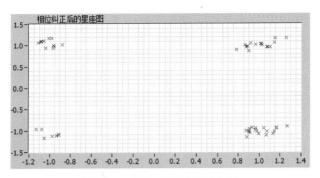

图 9.11 相位纠正后的星座图

步骤 3 配置第二种情况下的路径参数和路径时延,观测并记录波形

按表 9.2 所示参数进行配置。

表 9.2 情况 2 参数

	路径 1 系数	路径 2 系数	路径 3 系数	路径 1 时延	路径 2 时延	路径 3 时延
情况 2	0.7	0.03	0.02	0	10	25

单击开始仿真 按钮,将经过多径衰落后的星座图和相位纠正后的星座图记录在 "2、情况 2 的软件仿真结果记录"中。持续改变路径 2 和路径 3 的时延,可观察到衰落后的星座图呈旋转状态,且该旋转可被纠正,相位纠正后的星座图变化很小,误码率为 0。

步骤 4 配置第三种情况下的路径参数和路径时延,观测并记录波形

按表 9.3 所示参数进行配置。

表 9.3 情况 3 参数

	路径 1 系数	路径 2 系数	路径 3 系数	路径 1 时延	路径 2 时延	路径 3 时延
情况 3	1	1	1	0	20	45

单击开始仿真 按钮,将经过多径衰落后的星座图和相位纠正后的星座图记录在 "3、情况 3 的软件仿真结果记录"中。

9.2.4 实验记录

(1) 情况 1 的软件仿真结果记录

情况 1 的仿真结果记录表见表 9.4。

表 9.4 情况 1 的仿真结果记录表

波 形 名 称	软件仿真波形图
QPSK 已调信号波形	
QPSK 已调信号频谱	
QPSK 已调信号经过衰落信道后的波形	
QPSK 已调信号经过衰落信道后的频谱	
经过多径衰落后的星座图	
相位纠正后的星座图	

(2) 情况 2 的软件仿真结果记录

情况 2 的仿真结果记录表见表 9.5。

表 9.5 情况 2 的仿真结果记录表

波 形 名 称	软件仿真波形图
经过多径衰落后的星座图	
相位纠正后的星座图	

（3）情况 3 的软件仿真结果记录

情况 3 的仿真结果记录表见表 9.6。

表 9.6 情况 3 的仿真结果记录表

波 形 名 称	软件仿真波形图
经过多径衰落后的星座图	
相位纠正后的星座图	

9.2.5 实验结果分析

分析三种路径参数和路径时延情况下，QPSK 已调信号波形、QPSK 已调信号频谱、QPSK 已调信号经衰落信道后的波形、QPSK 已调信号经衰落信道后的频谱、经过多径衰落后的星座图和相位纠正后的星座图之间的变化关系，请回答下列问题。

（1）为什么情况 1 的星座点集中，且相位无旋转？

（2）为什么情况 2 的星座点较集中，相位旋转？

（3）为什么情况 3 的星座点分散，完全无法纠正？

（4）请分析多径衰落信道接收端信号星座点分散和相位旋转是由什么导致的？

（5）测试在路径系数为（0,0,0）路径 1 和 2 的时延（0,0）及无误码情况下，路径 3 时延的最大值是多少？（即开始有无码出现对应的路径 3 时延），并分析原因。

9.3 GMSK 调制解调实验

9.3.1 实验目的

GMSK 调制解调实验的目的如下：

（1）掌握 GMSK 调制的原理和实现方法；

（2）掌握 GMSK 解调的原理和实现方法；

（3）掌握基于 XSRP 软件无线电创新开发平台的虚拟仿真和真实测量的实验方法。

9.3.2 实验设备

GMSK 调制解调实验的设备如下：

（1）硬件平台包括 XSRP 软件无线电创新开发平台、计算机、数字示波器；

（2）软件平台包括 XSRP 软件无线电创新开发平台集成开发软件、LabVIEW2015、MATLAB2012b。

9.3.3 实验步骤

1. 实验准备

实验准备与 9.2.3 节一致。

2. 实验基本操作

(1) 按要求配置实验参数,验证实验原理,观测并记录实验波形

步骤 1 打开 XSRP 软件无线电创新开发平台集成开发软件并找到所做实验的实验位置

打开 XSRP 软件无线电创新开发平台集成开发软件,在程序界面左侧的实验目录中,找到"1.8.1 GMSK 调制解调实验"。双击"GMSK 调制解调实验"打开实验界面。

步骤 2 配置实验参数

将数据类型配置为自定义数据,**自定义数据为 1101001101**,采样率 30 720 000 Hz,码元速率 307 200,载波频率为 614 400 Hz,不添加噪声,如图 9.12 所示。

图 9.12 参数配置界面

步骤 3 单击"开始运行"按钮,在"实验现象"页面观察并记录"基带信号、码型变换后信号、差分编码后信号、串并转换后 I 路和 Q 路信号、乘加权系数后 I 路和 Q 路信号",如图 9.13 所示,将实验波形记录到"实验记录"中。

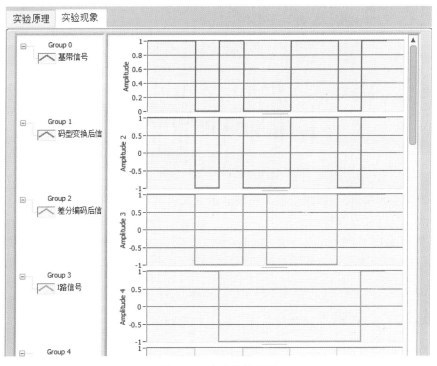

图 9.13 实验波形示例

步骤 4 参照以上实验过程波形变换,对照实验原理进行验证

(2) 改变实验参数配置,观测并记录实验波形

步骤 1 配置实验参数

将数据类型配置为随机数据,数据长度 20,采样率 30 720 000 Hz,码元速率 307 200,载波频率为 614 400 Hz,不添加噪声,如图 9.14 所示。

图 9.14　实验参数配置

　　步骤 2　单击"开始运行"按钮,在"实验现象"页面观察并记录"I 路和 Q 路高斯低通滤波后信号、I 路和 Q 路已调信号"波形,如图 9.15 所示,将实验波形记录到"实验记录"中。

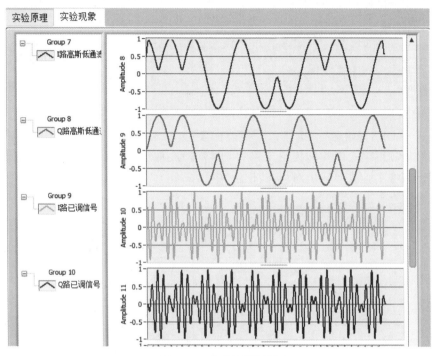

图 9.15　实验波形示例

　　(3) 改变实验参数配置,用示波器观测并记录实验波形。

　　步骤 1　配置实验参数

　　数据类型为随机数据,改变载波频率为 1 228 800Hz,数据长度为 100 位,采样率 30 720 000Hz,码元速率 307 200,添加噪声,信噪比 10dB,如图 9.16 所示。

图 9.16　实验参数配置

　　步骤 2　单击"开始运行"按钮,在原理框图上点击 I 路高斯低通滤波后探针![探针],观察"信号时域波形",如图 9.17 所示,并在"输出到 DA"处选择"输出到 CH1"。将波形记录到"实验记录"对应位置。

　　步骤 3　在原理框图上单击 Q 路高斯低通滤波后探针![探针],观察信号时域波形,如图 9.18 所示,并在"输出到 DA"处选择"输出到 CH2"。将波形记录到"实验记录"对应位置。

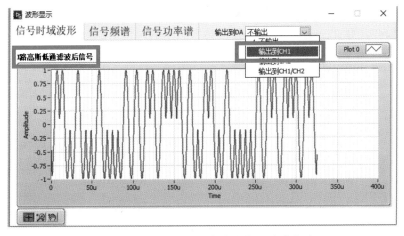

图 9.17　I 路高斯低通滤波后信号时域波形

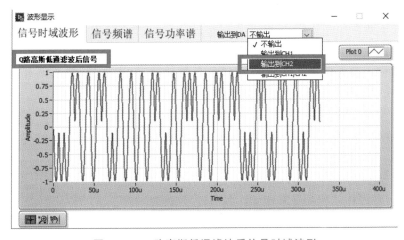

图 9.18　Q 路高斯低通滤波后信号时域波形

步骤 4　观测并记录示波器双通道时域波形,如图 9.19 所示。

步骤 5　在示波器"HORIZONTAL"栏选择"MENU"菜单,将时基由"Y-T"改为"X-Y",观测星座图,如图 9.20 所示。

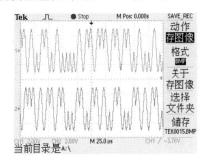

图 9.19　I 路和 Q 路高斯低通滤波后
示波器实测时域波形

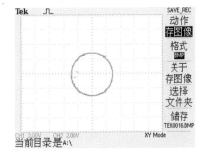

图 9.20　I 路和 Q 路星座图

步骤 6　在原理框图上单击"已调信号"探针,在"输出到 DA"处选择"输出到 CH1"。在示波器上观测已调信号时域波形,如图 9.21 所示。在示波器"VERTICAL"栏选择

"MATH"菜单,将显示方式由"分屏"调整为"全屏",观测已调信号频域波形,如图 9.22 所示,将波形记录到"实验记录"对应位置。

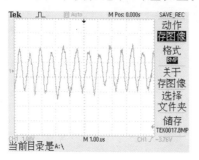

图 9.21 已调信号示波器实测时域波形

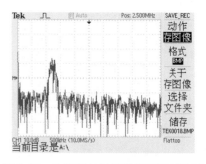

图 9.22 已调信号示波器实测频域波形

9.3.4 实验记录

(1) 数据类型为自定义数据,自定义数据为 1101001101,采样率 30 720 000Hz,码元速率 307 200,载波频率为 614 400Hz,不添加噪声的软件仿真结果记录。

固定数据输入的软件仿真波形记录(输入数据类型为 10 交替,载波频率为 5000Hz,数据长度为 8,不勾选添加噪声的软件仿真结果记录)。

仿真实验结果记录表见表 9.7。

表 9.7 仿真实验结果记录表

序号	波 形 名 称	软件仿真波形
1	基带信号	
2	差分编码后波形	
3	串/并转换后 I 路波形	
4	串/并转换后 Q 路波形	
5	乘加权系数后 I 路波形	
6	乘加权系数后 Q 路波形	

(2) 基带数据为随机数据,改变载波频率为 1 228 800Hz,数据长度为每个同学学号后三位,采样率 30 720 000Hz,码元速率 307 200,添加噪声 10dB 的软件仿真结果记录表见表 9.8 和表 9.9。

表 9.8 添加噪声的滤波后波形记录表

序号	波 形 名 称	软件仿真波形	示波器实测波形
1	高斯低通滤波后 I 路波形		
2	高斯低通滤波后 Q 路波形		

表 9.9 添加噪声后的星座图和信号波形记录表

序 号	波 形 名 称	示波器实测波形	
1	星座图		
2	已调信号	时域	频域

9.4　AT 指令及其应用实验

9.4.1　实验目的

AT 指令及其应用实验的目的如下：

（1）掌握 AT 指令基础知识及分类；

（2）掌握查阅 4G 移动终端模块资料的方法，进而掌握其使用方法；

（3）掌握 4G 移动终端与计算机之间通信测试、开启 AT 指令错误上报、开启 4G 网络注册事件、SIM 卡检测、获取 IMSI 等功能对应的 AT 指令，并进行测试。

9.4.2　实验设备

AT 指令及其应用实验的设备包括 4G 移动终端模块、5V 直流电源、4G SIM 卡（支持 TD-LTE 网络）、2 根 4G 直棒天线、MiniUSB 线、计算机。

9.4.3　实验原理

实验中用到的 4G 模块（Module）是采用大唐联芯科技 LC1761 芯片设计的模组 LC5761，可按各模块功能划分为射频子系统、数字基带子系统和电源子系统（图 9.23）。此外，时钟和复位等功能电路为各子系统提供时钟和复位等信号。其工作频段如下。

TD-SCDMA 支持工作频段：A：2010～2025MHz、F：1880～1920MHz；

GSM 支持的频段：GSM850、EGSM900、DCS1800、PCS1900；

LTE 支持测频段：TDD：band38、band39、band40。

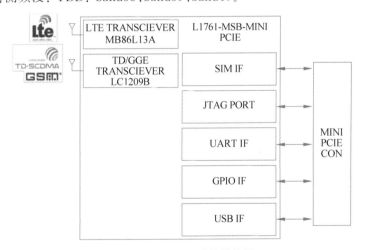

图 9.23　LC5761 功能模块图

LC5761 支持 TDD-LTE/TD-SCDMA/GGE 三模，其中，TDD-LTE 模式的终端能力等级为 Category4；TD-SCDMA 模式的 HSDPA 的能力等级为 Category15，HSUPA 的能力等级为 Category6。在承载方面，TD-LTE/FDD-LTE 支持的最大速率为 UL50Mbps/DL150Mbps，HSUPA/HSDPA 支持的最大速率为 UL2.2Mbps/DL2.8Mbps。

9.4.4　实验步骤

1. 实验准备

1）硬件环境准备

AT 指令实验硬件准备如图 9.24 所示。步骤如下：

打开实验箱电源；

连接 MiniUSB 线到 PC 机；

安装两根 4G 天线（白色）；

安装 SIM 卡（用 SIM 卡套将支持 TD-LTE 的 SIM 卡进行转接）；

开关 SA2 拨到 USB_ON 端，开关 SA3 拨到 POWER_ON 端，模块上电。

图 9.24　AT 指令实验硬件准备

2）软件环境准备

检查驱动程序是否安装成功。

打开计算机的"设备管理器"，如果出现如图 9.25 所示端口，则表示安装成功。

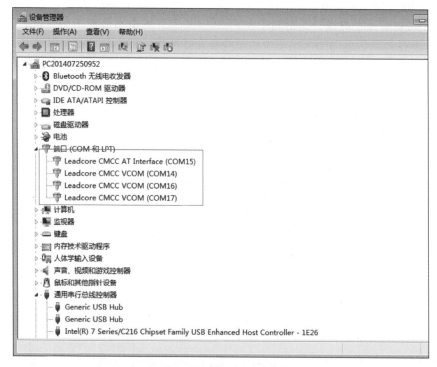

图 9.25　驱动安装成功

测试 4G 移动终端与计算机通信是否正常。

"4G 移动终端应用软件"的使用方法：

（1）双击 UeTester 软件，如果提示"没有可用的串口……"，单击"确定"按钮即可；

（2）打开"设置"-"设置连接"，在弹出的对话框中对参数进行设置（串口选择 Leadcore

CMCC **AT** Interface COM＊；其余保持默认即可）。

在对话框输入 AT(大小写均可)，单击发送，如果返回 OK，则表明 4G 移动终端和计算机通信正常，如图 9.26 所示。

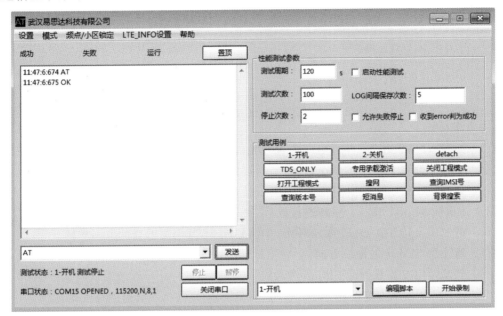

图 9.26　返回 OK，终端与计算机成功通信

2. 实验基本操作

查找资料，按照表 9.10 的格式完成实验内容，并将实验结果填写在实验记录中。

表 9.10　AT 指令实验格式

功　能	AT 指令	AT 指令的解释及测试结果
4G 移动终端与计算机之间通信测试	AT	(1) 命令解释：检测 Module 与 PC 的串口是否通信正常，能否接收 AT 命令 (2) 命令格式：AT<CR> (3) 命令返回：OK (4) 测试结果：如下图 11:47:6:674 AT 11:47:6:675 OK

填写要求：

按照第一个功能的格式填写；

命令解释需仔细阅读 *LC5761 AT Command Set User Manual*，找到指令对应的出处，并翻译成中文；

测试结果必须以截图形式填写，截图只截有返回值的部分。

9.4.5　实验记录

AT 指令实验记录表如表 9.11 所示。

表 9.11　AT 指令实验记录表

序号	功　　能	AT 指令	AT 指令的解释及测试结果
1	4G 移动终端与计算机之间通信测试		
2	开启 AT 指令错误上报		
3	开启 4G 网络注册事件		
4	SIM 卡锁定状态检测		（注意：AT^DUSIMR 这条指令模块已不支持，需要使用查询 SIM 卡 LOCK 状态这条指令）
5	获取 IMSI		

注意事项如下。

（1）如果"设备管理器"中的端口时有时无，可能是 MiniUSB 线连接有问题，请将其重新拔插。如果出现端口消失的情况，请重新连接以后，再发送完整流程的 AT 指令。

（2）如果"4G 移动终端应用软件"中提示端口连接不上，请等待一会，如果还是无法连接，则重新拔插 MiniUSB 线。重新连接以后，再发送完整流程的 AT 指令。

（3）请使用支持 TD-LTE 的 SIM 卡（中国移动卡，其余运营商的卡不支持）。

（4）请注意 SIM 卡的缺口方向。

（5）严禁带电安装或拆卸 SIM 卡和天线。

（6）AT 指令如果重复发送，第二次及以后只会返回 OK，不会返回详细信息。

9.5　4G 移动终端入网与上网实验

9.5.1　实验目的

4G 移动终端入网与上网实验的目的如下。

（1）掌握查阅 4G 移动终端模块资料的方法，进而掌握其使用方法。

（2）掌握 4G 移动终端入网的 AT 指令及使用方法。

（3）掌握 4G 移动终端上网的 AT 指令及使用方法。

（4）掌握编写 AT 指令脚本编写的方法。

9.5.2　实验设备

4G 移动终端入网与上网实验的设备包括 4G 移动终端模块、5V 直流电源、4G SIM 卡（支持 TD-LTE 网络）、2 根 4G 直棒天线、MiniUSB 线、计算机。

9.5.3　实验原理

（1）入网——正常开机流程（TD-LTE 接入技术）

入网信令流程见图 9.27。

（2）激活分组数据业务（TD-LTE 接入）

激活分组数据信令流程见图 9.28。

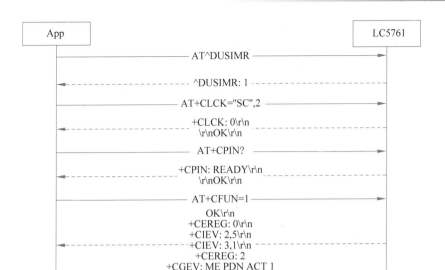

图 9.27　入网信令流程

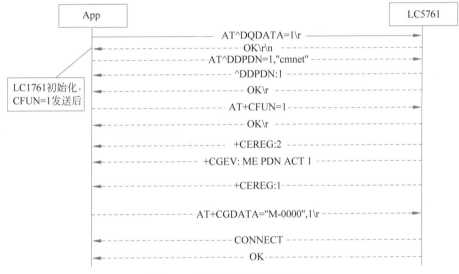

图 9.28　激活分组数据信令流程

9.5.4　实验步骤

（1）在《LC5761 模块软件手册》中查找"4.2.1.1　正常开机流程（TD-LTE 接入技术）"中相关功能的说明,和"4.4.1.1　激活分组数据业务（TD-LTE 接入技术采用默认承载）"中相关功能的说明,找到功能对应的 AT 指令,将实验结果填写在实验记录中。

说明:流程中提到的 AT 指令中,有的已经在入网（TD-LTE 接入）中输入过,如 AT＋CFUN＝1,不用重复输入,也不用填在实验报告中,请不要机械地按照 pdf 文档执行。

通过 AT 指令在 *LC5761 AT Command Set User Manual* 中查找其详细解释,并翻译成中文,填写在实验报告中。

在"UeTester 软件"中输入相关的 AT 指令进行测试,并将正确的测试结果填写在实验记录中。

提示：

入网成功以后，基站会反馈一个时间消息（格林尼治时间）；

能上网（激活分组数据业务）的前提是先入网，所以必须确保入网成功。

激活分组数据业务成功以后，基站会给终端分配一个临时 IP 地址和网关地址，这时计算机的有线网络就已经连接到互联网了，用浏览器就可以上网（这时候 4G 移动终端模块就相当于一个计算机网卡）。

（2）AT 指令脚本编辑。

打开"功能测试命令脚本"文件夹（图 9.29），新建一个文件名为"初始化"的脚本文件和一个文件名为"开机与上网"的脚本文件。

图 9.29　创建 AT 指令脚本

"初始化"的脚本文件：如果文件夹是空的，没有脚本文件，则可以新建一个 txt 格式文本文档，并将其扩展名改为.ini，文件名改为"初始化"即可。

"开机与上网"脚本文件：如果文件夹是空的，没有脚本文件，则可以新建一个 txt 格式文本文档，并将其扩展名改为.ini，文件名改为"开机与上网"即可。

在"初始化"和"开机与上网"脚本文件中编辑脚本。

AT

OK

……

说明：输入一条 AT 指令以后，下一行输入 OK，不用空行，也不用输入其他任何字符，再接着输入下一条 AT 指令，这样直至脚本文件中应该包含的 AT 指令全部输入完成为止，单击保存，关闭该文件。

脚本测试：

打开"UeTester 软件"，在其"测试用例"区域，就会出现"初始化"和"开机与上网"按钮，准备好硬件和软件环境以后（需要重新启动 4G 移动终端模块），依次单击"初始化"和"开机与上网"按钮，通过返回消息分析每条 AT 指令的结果，并与单条输入的方式进行对比。

9.5.5　实验记录

（1）AT 指令、AT 指令的解释及测试结果记录

测试结果记录表见表 9.12。

表 9.12　测试结果记录表

序号	功　　能	AT 指令	AT 指令的解释及测试结果
1	入网（TD-LTE 接入）		
2	激活分组数据业务（TD-LTE 接入）		

填写要求：

填写指令、AT 指令的解释以及测试结果的截图；

指令解释需仔细阅读 *LC5761 AT Command Set User Manual*，找到指令对应的出处，并翻译成中文；

AT 指令的测试结果必须以截图形式填写，截图只截返回信息部分。

（2）AT 指令脚本编辑记录（请贴上脚本编辑的截图和生成测试用例按钮的截图）

脚本编辑截图。

生成测试用例按钮截图。

分配 IP 地址的截图（即网络属性中的 IP 地址分配图），并说明 IP 为多少。

ping 百度的截图，说明是否 ping 通。

（3）简述 4G 入网前的所有步骤并画出流程图

注意事项如下。

（1）如果"设备管理器"中的端口时有时无，可能是 MiniUSB 线连接有问题，请将其重新拔插。如果出现端口消失的情况，请重新连接以后，再发送完整流程的 AT 指令。

（2）如果"4G 移动终端应用软件"中提示端口连接不上，请等待一会，如果还是无法连接，则重新拔插 MiniUSB 线。重新连接以后，再发送完整流程的 AT 指令。

（3）请使用支持 TD-LTE 的 SIM 卡（中国移动卡，其余运营商的卡不支持）。

（4）请注意 SIM 卡的缺口方向。

（5）严禁带电安装或拆卸 SIM 卡和天线。

（6）AT 指令如果重复发送，第二次及以后只会返回 OK，不会返回详细信息。

参 考 文 献

[1] 蔡跃明,吴启晖,田华,等. 现代移动通信[M]. 5版. 北京:机械工业出版社,2023.

[2] MISCHA S. 移动无线通信(Mobile Wireless Communications)[M]. 许希斌,李云洲,译. 北京:电子工业出版社,2006.

[3] THEODORE S R. 无线通信原理与应用[M]. 周文安,付秀花,王志辉,等译. 北京:电子工业出版社,2006.

[4] 樊昌信. 通信原理教程[M]. 4版. 北京:电子工业出版社,2019.

[5] 李晓辉,刘晋东,吕思婷. 移动通信系统[M]. 北京:清华大学出版社,2022.

[6] 啜钢,高伟东,孙卓,等. 移动通信原理[M]. 2版. 北京:电子工业出版社,2016.

[7] ANDREAS F M. 无线通信[M]. 2版. 田斌,帖翊,等译. 北京:电子工业出版社,2020.

[8] GORDON L S. Principles of Mobile Communication[M]. Berlin:Springer,2018.

[9] 张炜,王世练,高凯,等. 无线通信基础[M]. 北京:科学出版社,2014.

[10] RAPPAPORT T S,SUN S,MAYZUS R,et al. Millimeter wave mobile communications for 5G cellular:It will work![J]. IEEE Access,2013(1):335-349.

[11] LIN X,ZHANG R. Millimeter-wave massive MIMO communication for future wireless systems:A survey[J]. IEEE Communications Surveys & Tutorials,2018,20(2):836-869.

[12] 3GPP. Technical specification group services and system aspects [EB/OL]. 3rd Generation Partnership Project (3GPP),3GPP TS 23. 501,version16. 5. 0. Available:https://portal. 3gpp. org/desktopmodules/Specifications/SpecificationDetails. aspx? specificationId=3144.

[13] BROWN G,ANALYST P. Service-based architecture for 5G core networks[EB/OL]. Huawei Heavy Reading White Paper,2017,1. Available:https://www. 3g4g. co. uk/5G/5Gtech_6004_2017_11_Service-Based-Architecture-for-5G-Core-Networks_HR_Huawei. pdf.

[14] ALNAAS M,ALHODAIRY O. Comparison of 5G networks non-standalone architecture (NSA) and standalone architecture (SA) [J]. International Journal of Computer Science Engineering Techniques,2024,8(1):11-12.

[15] AKYILDIZ I F,GUO H. Wireless extended reality (XR):Challenges and new research directions[J]. ITU Journal of Future Evolution Technologies,2022,3(2):1-15.

[16] RAMMOHAN A. Revolutionizing intelligent transportation systems with cellular vehicle-to-everything (C-V2X) technology:Current trends,use cases,emerging technologies,standardization bodies,industry analytics and future directions[J]. Vehicular Communications,2023,43(10):100638.

[17] ZHANG C,Xianbin Y U,Li X,et al. Co-frequency co-time full duplex (CCFD) signal receiving method:U S 11 664 966[P]. 2023-05-30.

[18] Senel K,Cheng H V,Larsson E G. What role can NOMA play in massive MIMO?[J]. IEEE Journal of Selected Topics in Signal Processing,2019,13(3):597-611.

[19] ELMOSSALLAMY M A,ZHANG H,SONG L,et al. Reconfigurable intelligent surfaces for wireless communications:Principles,challenges,and opportunities [J]. IEEE Transactions on Cognitive Communications and Networking,2020,6(3):990-1002.

[20] EZIO B,ROBERT C,ANTHONY C,et al. MIMO Wireless Communications [M]. Cambridge:Cambridge University Press,2007.

[21] JERRY R H. Introduction to MIMO Communications[M]. Cambridge:Cambridge University Press,2013.

[22] YONG S C,JAEKWON K,WON Y Y,et al. MIMO-OFDM 无线通信技术及 MATLAB 实现[M]. 孙锴,黄威,等译. 北京:电子工业出版社,2013.

［23］ THOMAS L M，ERIK G L，HIEN Q N，et al. Fundamentals of Massive MIMO［M］. Cambridge：Cambridge University Press，2016.

［24］ EMIL B，JAKOB H，LUCA S. Massive MIMO Networks：Spectral，Energy，and Hardware Efficiency［J］. Foundations and Trends in Signal Processing，2017，11(3-4)：154-655.

［25］ EMIL B，ÖZLEM T D. Introduction to Multiple Antenna Communications and Reconfigurable Surfaces［M］. Boston-Delft：Now Publishers，2024.

［26］ ANDREA G. 无线通信［M］. 杨鸿文，李卫东，等译. 北京：人民邮电出版社，2007.

［27］ DAVID T，PRAMOD V. 无线通信基础［M］. 李锵，周进，等译. 北京：人民邮电出版社，2007.

［28］ 杨学志. 通信之道：从微积分到 5G［M］. 北京：电子工业出版社，2016.

［29］ HUANG Y，HE Y G，WU Y T，et al. Deep learning for compressed sensing based sparse channel estimation in FDD massive MIMO systems［J］. Journal on Communications，2021，42(8)：61-69.

［30］ YE H，LI G Y，JUANG B H. Power of deep learning for channel estimationand signal detection in OFDM systems［J］. IEEE Wireless Communications Letters，2017，7(1)：114-117.

［31］ SEUNG H H，JAE H L，et al. An overview of peak-to-average power ratio reduction techniques for multicarrier transmission［J］. IEEE Wireless Communications，2005，12(2)：56-65.

［32］ HOLMA H，TOSKALA A. LTE for UMTS：OFDMA and SC-FDMA based radio access［M］. New York：John Wiley & Sons，Inc. ，2009.